北美典型页岩油气藏开发特征丛书

Utica 深层页岩油气藏开发特征

于荣泽 高金亮 张晓伟 等著

石油工业出版社

内容提要

本书对北美 Utica 页岩油气藏 1999—2021 年完钻投产的近 3000 口页岩气井进行了系统全面分析，对页岩气水平井钻完井、分段体积压裂、开发指标和开发成本现状及发展趋势进行了详细论述。依托非常规油气数智平台（UOG），按照业务规则统一治理派生水垂比、平均段间距、加砂强度、用液强度、建井周期、百米段长压裂成本、单段压裂成本、砂液比、钻完井成本占单井钻压成本比例、压裂成本占单井钻压成本比例、单井页岩油最终可采储量占比、单井页岩气最终储量占比、百米段长产油当量、百吨砂量产油当量、单位钻压成本产油当量等标准指标，阐述该页岩气藏开发特征和技术发展趋势。基于页岩气藏开发特征数据，对水平段长、测深、水垂比、平均段间距和加砂强度等关键开发技术政策进行了分析论述。

本书适合从事页岩油气勘探开发的技术人员阅读，也可供高等院校相关专业师生参考使用。

图书在版编目（CIP）数据

Utica 深层页岩油气藏开发特征 / 于荣泽等著. —— 北京：石油工业出版社，2025.5. ——（北美典型页岩油气藏开发特征丛书）. —— ISBN 978-7-5183-7567-7

Ⅰ. P618.130.8

中国国家版本馆 CIP 数据核字第 2025AH6598 号

出版发行：石油工业出版社

（北京安定门外安华里 2 区 1 号楼　100011）

网　　址：www.petropub.com

编辑部：（010）64523829　　图书营销中心：（010）64523633

经　　销：全国新华书店

印　　刷：北京中石油彩色印刷有限责任公司

2025 年 5 月第 1 版　2025 年 5 月第 1 次印刷

787×1092 毫米　开本：1/16　印张：9.75

字数：217 千字

定价：70.00 元

（如出现印装质量问题，我社图书营销中心负责调换）

版权所有，翻印必究

《Utica 深层页岩油气藏开发特征》编写组

组　　长：于荣泽

副组长：高金亮　张晓伟　胡志明

成　　员：董大忠　赵素平　郭　为　王玫珠　孙钦平
　　　　　　端祥刚　田文广　刘翰林　程　峰　卞亚南
　　　　　　常　进　刘兆龙　俞霁晨　胡云鹏　金亦秋
　　　　　　吕　洲　方　圆　陈玉龙　黄小青　张亚兵
　　　　　　付博程　吴　桐

序

油气工业勘探开发领域正快速从占油气资源总量 20% 的常规油气向占油气资源总量 80% 的非常规油气延伸。非常规油气用传统技术无法获得工业产量，需要有效改善储层渗透率或流体黏度等新兴技术才能经济有效规模开采。继油砂、油页岩、致密气和煤层气等非常规油气资源规模有效开发后，借助水平井钻完井、体积压裂、工厂化作业等核心技术突破，页岩油气实现了规模有效开发并在全球范围内掀起了一场"黑色页岩革命"。页岩油气的规模有效开发具有三大战略意义：一是大幅延长了世界石油工业生命周期、突破了传统资源禁区；二是引发了油气工业科技革命，促进整个石油工业理论技术升级换代；三是推动了全球油气储量和产量跨越式增长，改变了全球能源战略格局。

我国非常规油气也取得了战略性突破，目前以四川盆地为重点，实现了海相页岩气规模有效开发。国内页岩气规模开发经历了合作借鉴、自主探索和工业化开发三大阶段。通过引进、吸收和自主创新，实现了海相页岩气直井、水平井、"工厂化"平台井组和"工厂化"作业跨越发展。以四川盆地埋深 3500 m 以浅海相页岩为重点，2020 年全国累计探明页岩气储量超 2.0×10^{12} m^3，实现页岩气产量 200×10^8 m^3，其中中国石油在川西南长宁、威远和昭通等区块实现页岩气产量 116×10^8 m^3，中国石化在川东涪陵、川南威荣等区块实现页岩气产量 84×10^8 m^3。我国已成为除美国、加拿大之外最大的页岩气生产国，页岩气也成为未来中国天然气增储上产的重要组成部分。

北美页岩油气资源丰富，开采条件优厚，在页岩油气理论、关键工程技术、作业管理模式等方面持续创新发展。美国能源信息署（EIA）数据显示，2020 年美国页岩气产量为 7330×10^8 m^3，占其天然气总产量约 80%，致密油/页岩油产量 3.5×10^8 t，占其原油总产量比例超 50%。北美页岩油气产量快速增长的同时也积累了海量油气井数据，可为我国页岩油气开发和学习曲线的建立提供参考借鉴。因此，系统剖析北美典型页岩油气开发特征必将有助于我国页岩油气勘探开发快速发展，促进页岩油气勘探开发理论技术进步，实现页岩油气产量快速增长。

《北美典型页岩油气藏开发特征丛书》共六册，分别为《Marcellus 页岩气藏开发特征》《Haynesville 深层页岩气藏开发特征》《Eagle Ford 深层页岩油气藏开发特征》《Barnett 页岩气藏开发特征》《Utica 深层页岩油气藏开发特征》和《Austin Chalk 致密油气藏开发特征》。丛书对近 70 000 口页岩油气井开发数据进行全面分析，信息涵盖水平井钻完井、分段压裂、生产动态、开发指标、开发成本及开发技术政策等。丛书作者由中国石油勘探开发研究院一直从事页岩油气开发的专业技术人员组成，丛书覆盖北美地区已开发典型页岩油气藏开发特征，类型包括浅层常压、中深层常压、中深层超压、深层超压和超深层页岩油气藏；数据分析系统全面，涉及钻完井、分段压裂、生产动态及开发成本全业务流程；依托海量数据派生系列关键指标体系，多维度总结开发特征及发展趋势。

《北美典型页岩油气藏开发特征丛书》信息全面、资料详实、内容丰富，涵盖页岩油气开发工程全业务流程。我国页岩油气勘探开发进入了新阶段，重点转向海相深层和非海相页岩油气资源，相信《北美典型页岩油气藏开发特征丛书》的出版可为我国页岩油气资源的规模高效开发起到积极的推动作用。

中国科学院院士

丛书前言

页岩一般指层状纹理较为发育的泥岩，主要类型有硅质泥岩、灰质白云质泥岩、生屑质泥岩等。按照沉积学的理论，页岩主要发育在水体较深，且比较安静的还原环境，如深水陆棚、大型湖盆中央等，往往富含有机质。通常都具页状或薄片状层理，其中混有石英、长石的碎屑以及其他化学物质。根据其混入物成分可分为钙质页岩、铁质页岩、硅质页岩、碳质页岩、黑色页岩、油母页岩等。其中铁质页岩可能成为铁矿石，油母页岩可以提炼石油，黑色页岩可以作为石油的指示地层。页岩形成于静水的环境中，泥沙经过长时间的沉积，所以经常存在于湖泊、河流三角洲地带，在海洋大陆架中也有页岩形成，页岩中也经常含有古代动植物的化石。

页岩油气是指富集在富有机质黑色页岩地层中的石油天然气，油气基本未经历运移过程，不受圈闭的控制，主体上为自生自储、大面积连续分布。页岩油气藏属于典型低孔极低渗油气藏，基本无自然产能，通常需要大规模储层压裂改造才能获得工业油气流。页岩油气藏基本特征包括：（1）页岩本身既是烃源岩又是储层，即自生自储型油气藏；（2）储层大面积连续分布，资源潜力大；（3）页岩储层具备低孔隙度和极低渗透率特征；（4）裂缝发育程度是页岩油气运移聚集经济开采的主要控制因素之一；（5）气井几乎无自然产能，通常需要大规模水力压裂措施才能获得工业油气流；（6）开发投资大、开采周期长，投资回收期长。

美国率先实现了页岩油气规模开发，在页岩气勘探开发理论认识、关键工程技术装备、管理模式等方面不断创新发展，在全球范围内掀起了一场"页岩油气革命"，带动了产业飞速发展。美国页岩油气也成为全球油气产量增长的主要领域，推动美国实现了能源独立。页岩油气革命突破了传统油气勘探理念，其内涵包括科技革命、管理革命、战略革命。科技革命以"连续型"油气聚集理论、水平井"平台化"开采技术为标志，将资源视野由单一资源类型扩展到烃源岩系统。管理革命实现将按圈闭部署开发扩展到按资源量体裁衣，低成本高效运行。战略革命将区域性能源影响扩展到全球性能源战略，助推美国实现能源独立。页岩油气革命的发展影响全球战略，重塑国际能源新版图。

美国最早实现了页岩油气资源的规模勘探开发，其境内发育多个页岩层系、分布范围广、页岩油气资源丰富。目前已经对本土48个州境内40多套页岩层系开展了勘探开发工作，已经规模开发的页岩油气藏包括Antrim、Bakken、Barnett、Eagle Ford、Fayetteville、Haynesville、Marcellus、Utica、Woodford等。已开发页岩油气藏从垂深上涵盖浅层、中深层和深层，从地层压力特征涵盖常压和超压页岩油气藏。页岩油气产量快速增长的同时也积累了海量页岩油气井开发数据，可为同类型页岩油气藏开发提供价值信息及学习曲线。《北美典型页岩油气藏开发特征丛书》共包含六册，分别为《Marcellus页岩气藏开发特征》《Haynesville深层页岩气藏开发特征》《Eagle Ford页岩油气藏开发特征》《Barnett页岩气藏开发特征》《Utica深层页岩气藏开发特征》《Austin Chalk致密油气藏开发特征》。其中Marcellus为巨型常压页岩气藏，垂深覆盖浅层和中深层。Haynesville为典型深层超压页岩气藏，垂深覆盖中深层、深层和超深层。Eagle Ford为深层超压页岩油气藏，垂深覆盖中深层和深层。Barnett为常压页岩气藏，垂深覆盖浅层和中深层。Utica为超压页岩气藏，垂深覆盖中深层和深层。Austin Chalk为深层超压致密油气藏，垂深覆盖中深层和深层。

丛书内容主要包括气藏概况、气藏特征、水平井钻完井、水平井分段压裂、开发指标、开发成本、开发技术政策和展望，基本涵盖了浅层常压、中深层常压、中深层超压和深层超压页岩油气藏的工程参数及开发指标，可为科研院所、油气公司等从事页岩油气研究的科研人员提供参考借鉴。丛书由中国石油勘探开发研究院一直从事页岩油气开发的专业技术人员编写。

本书在页岩油气藏概况及特征内容中引用了大量北美页岩油气勘探开发研究成果。丛书编写过程中难免有不足之处，敬请读者批评指正。

前　言

随着全球对清洁能源需求的持续扩大，天然气需求快速增长。油气勘探开发领域从占油气资源总量20%的常规油气向占油气资源总量80%的非常规油气延伸。非常规油气资源主要包括油页岩、油砂矿、煤层气、页岩气、致密气、水合物等。近年来，继油砂矿、致密气和煤层气之后，美国、中国、加拿大及阿根廷等国家也陆续实现了页岩气的商业开发。水平井钻完井和分段压裂技术的进步及规模应用，使得美国率先在多个盆地实现了页岩气商业性开采，在能源领域掀起了一场全球范围内的"页岩油气革命"。页岩油气革命延长了世界石油工业生命周期，助推了全球油气储量和产量增长，影响着各国能源战略格局。中国页岩气资源丰富，可采资源量高达 $12.85 \times 10^{12} \text{ m}^3$，具有广阔的勘探开发前景。目前，在四川盆地及周缘上奥陶统五峰组—下志留统龙马溪组海相页岩成功实现页岩气商业开发，2020年页岩气产量达到 $200 \times 10^8 \text{ m}^3$。

Utica页岩是在Marcellus页岩下发现的另一套潜力巨大的含气页岩，属于目前美国页岩气产量增长最为迅猛的页岩区带之一。Utica页岩油气带分布面积约 $26.6 \times 10^4 \text{ km}^2$，比Marcellus页岩分布更广泛，覆盖美国的肯塔基州、马里兰州、纽约州、俄亥俄州、宾夕法尼亚州、西弗吉尼亚州、弗吉尼亚州，以及加拿大的安大略湖、伊利湖。截至2021年底，Utica页岩气田共钻探井3174口。

本书内容共分为八章，针对Utica深层页岩油气藏2874口井进行了深入系统分析。其中，第1章介绍Utica深层页岩油气藏概况，第2章介绍Utica深层页岩油气藏地质特征，第3章介绍水平井钻完井，第4章介绍水平井分段压裂，第5章介绍开发指标，第6章介绍开发成本，第7章介绍开发技术政策，第8章进行展望。各章针对具体内容进行了丰富详实的论述，对页岩油气勘探开发研究具有一定的参考价值。

本书编写过程中难免有不足之处，敬请读者批评指正。衷心希望本书能够为科研院所、高校、油气公司等从事页岩气勘探开发及相关研究人员提供参考。

目 录

第1章　Utica深层页岩油气藏概况 ··· 1

第2章　Utica深层页岩油气藏地质特征 ·· 3

  2.1　盆地概况 ·· 3

  2.2　地理位置 ·· 4

  2.3　构造特征 ·· 4

  2.4　地层特征 ·· 5

  2.5　沉积环境 ·· 8

  2.6　储层特征 ·· 9

  2.7　资源潜力 ··· 12

  2.8　本章小结 ··· 12

第3章　水平井钻完井 ··· 14

  3.1　钻井垂深 ··· 14

  3.2　水平段长 ··· 20

  3.3　钻井测深 ··· 26

  3.4　水垂比 ··· 34

  3.5　钻井周期 ··· 41

  3.6　小结 ··· 44

第4章　水平井分段压裂 ·· 46

  4.1　压裂段数 ··· 46

  4.2　压裂液量 ··· 48

  4.3　支撑剂量 ··· 51

  4.4　平均段间距 ··· 53

  4.5　用液强度 ··· 55

  4.6　加砂强度 ··· 58

| 4.7 | 砂液比 | 60 |
| 4.8 | 小结 | 62 |

第5章 开发指标 64
5.1	首年平均日产油当量	64
5.2	单井最终可采储量	68
5.3	百米段长可采储量	71
5.4	百吨砂量可采储量	75
5.5	建井周期	78
5.6	小结	81

第6章 开发成本 83
6.1	开发成本构成	83
6.2	降低成本措施	85
6.3	影响因素分析	86
6.4	单井成本及构成	87
6.5	钻井成本	90
6.6	固井成本	96
6.7	压裂成本及构成	102
6.8	单位产油当量钻压成本	119
6.9	小结	122

第7章 开发技术政策 123
7.1	垂深	124
7.2	水平段长	125
7.3	加砂强度	129
7.4	小结	133

第8章 展望 134

参考文献 143

第 1 章　Utica 深层页岩油气藏概况

Utica 页岩是在 Marcellus 页岩下发现的另一套潜力巨大的含气页岩，主要分布在加拿大的魁北克（Quebec）地区和美国纽约州、宾夕法尼亚州西部到俄亥俄州东部之间，以及西弗吉尼亚州。

Utica 页岩的早期勘探是在加拿大蒙特利尔和魁北克地区，1970—1990 年，只有少数几个小公司的几口井钻遇 Utica 页岩，仅发现少量气，未能取得预期结果。2000 年末期，Talisman 和 Forest 两个大公司开始关注 Utica 页岩的勘探开发，并在 2007—2010 年期间钻了 27 口井，包括 10 口水平井，2008 年 9 月，Talisman 公司钻遇 Utica 页岩的一口直井测试获得 22 653 m^3 的页岩气，产量持续保持 18 d 的时间。由于页岩气开发对环境的影响，2011 年，魁北克地区页岩气的勘探开发活动都暂时停止。Utica 页岩在美国境内的开发要晚于加拿大魁北克地区，2007—2011 年之间仅有 5 口井钻遇 Utica 页岩。2011 年 8 月，Chesapeake 公司进入美国俄亥俄州 Utica 页岩，另有多家油气公司相继涌入俄亥俄州东北部及其附近的村庄，购买了 Utica 页岩矿产租赁权，勘探开发这个被业内认为可能是美国最后一个大的、非常规的、尚未进行商业开采的页岩油气田。

Utica 页岩的钻探和生产于 2006 年在魁北克开始，主要集中在蒙特利尔和魁北克市之间的圣劳伦斯河以南。截至 2021 年底，Utica 页岩气田共钻探井 3174 口（图 1-1）。Utica 页岩区块水平井钻井活动在 2017 年达到高峰，最高时有 30 口/月的新钻水平井。之后逐年降低，在 2020 年达到低潮，随后又有所增加。

图 1-1　美国俄亥俄州 Utica 页岩气田水平井分布情况

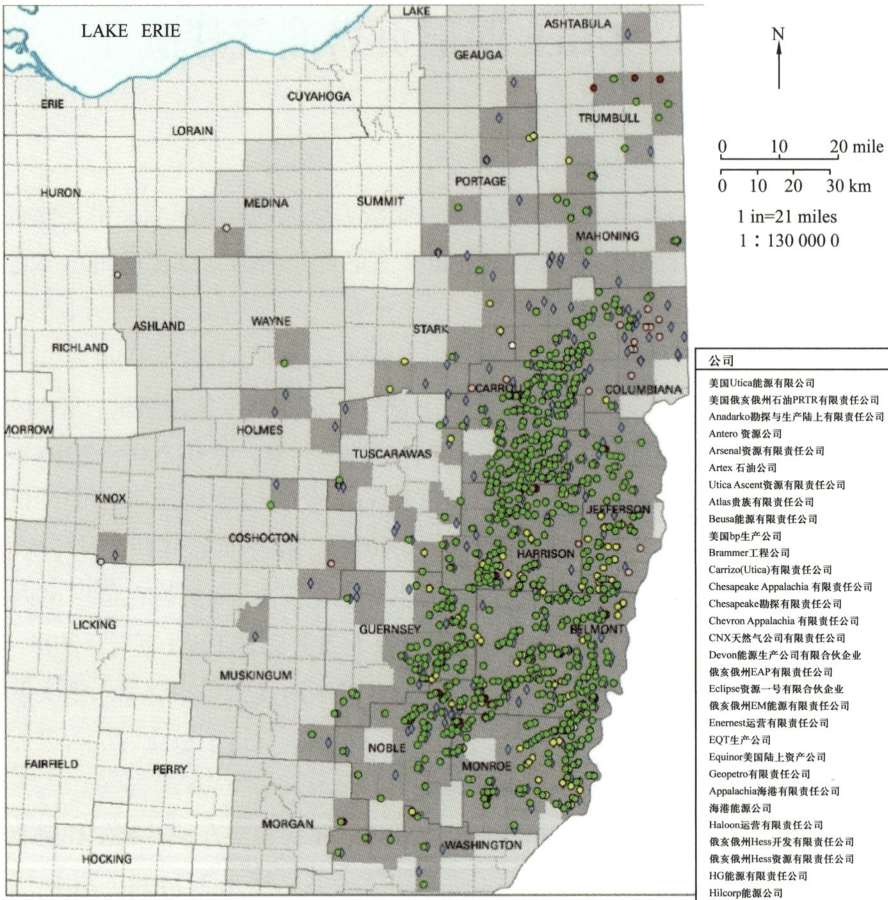

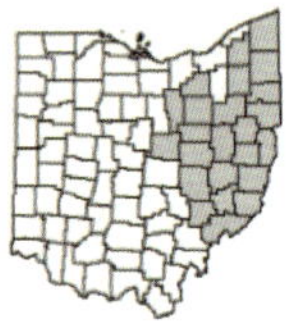

第 2 章　Utica 深层页岩油气藏地质特征

位于美国东北部的 Appalachian 盆地，是美国石油工业的发源地，也是目前页岩油气资源勘探开发的主要盆地之一，其中的 Marcellus 页岩是北美洲最高产的区带之一。尽管 Marcellus 页岩区带仍是 Appalachian 盆地中具有低风险、高质量的资源区域，但是该区域内很多业内领先的生产商都在逐步将注意力从 Marcellus 页岩转向其下伏地层。美国能源部化石能源办公室认为"就厚度和延伸范围等方面而言，Marcellus 页岩下方的 Utica 页岩的油气勘探开发潜力更大"。

Utica 页岩属于目前美国页岩气产量增长最为迅猛的页岩区带之一。Utica 页岩油气带分布面积约 26.6×10^4 km^2，其中美国境内约 26×10^4 km^2，加拿大境内约 6 000 km^2。Utica 页岩分布面积比 Marcellus 页岩更广泛，覆盖美国的肯塔基州、马里兰州、纽约州、俄亥俄州、宾夕法尼亚州、西弗吉尼亚州、弗吉尼亚州，以及加拿大的安大略湖、伊利湖，已被证实是具有工业价值的页岩储层。

2.1　盆地概况

Appalachian 盆地位于美国东北部，包括纽约州西部、宾夕法尼亚州、西弗吉尼亚州、俄亥俄州、肯塔基州、亚拉巴马州、田纳西州东部，面积约为 47.5×10^4 km^2。盆地沿北东—南西向展布，东北—西南向长 1730 km，西北—东南向宽 32~499 km。

东界为 Appalachian 山脉，西界为中部平原。1859 年，Drake 井在二叠系 Pennsylvania 组中获得油气发现，揭开了该盆地油气勘探的历史。1880 年，在靠近西弗吉尼亚边界附近 Kentucky 县的俄亥俄页岩地层中发现了 Big Sandy 气田，是美国发现的第一个页岩气气田；1885 年，盆地所在的俄亥俄州在下志留统 Clinton 砂岩储层中获得了第二个大的油气发现，其后一直到 1901 年，盆地大的油气发现主要集中在志留系和泥盆系的碳酸盐岩中。盆地至今已开采 100 余年，是一个以产天然气为主的油气区，尤其是 2006 年以后盆地页岩油气资源的规模勘探开发为美国天然气产量的大幅度增加做出了较大的贡献。据 WOODMA 预测，加拿大魁北克地区 Utica 页岩油气带页岩气地质储量约 5.4×10^{12} m^3，美国境内 Utica 页岩油气带页岩气可采储量 9.08×10^8 m^3，页岩油可采储量 6.67×10^8 t。

Appalachian 盆地经历了寒武纪早期的大陆边缘拉张、中寒武—中奥陶世（部分区域为晚奥陶世）的被动大陆边缘，以及中奥陶世至晚古生代的三期造山构造运动的演化，沉积了寒武系至下宾夕法尼亚统（二叠系）沉积地层，其中泥盆系中上部黑色页岩为主要的生油层，其次为上奥陶统下部的 Utica 黑色页岩，下奥陶统的 Conoheagne 石灰岩也有一定的生油条件。

Appalachian盆地中、上泥盆统烃源岩分布面积约为331 520 km², 沿盆地边缘出露地表, 地层厚度超过1524 m, 其中黑色页岩厚约300 m, 富含有机质的黑色页岩的有效厚度大于152 m, TOC含量平均为2%～12%, 生烃潜力指数大于300 mg/g (HC), 以Ⅰ型和Ⅱ型干酪根为主, 镜质组反射率介于0.6% (西) ～1.7% (东)。上泥盆统页岩在二叠纪进入生油窗, 在三叠纪进入生气窗。其中俄亥俄、Marcellus页岩层系沉积于造山运动早期, 前陆盆地呈饥饿状态, 其处于赤道附近, 温度较高, 沉积环境极度缺氧, 且生物扰动少, 有机质快速沉积得以良好保存, 岩层厚度薄但侧向变化小, 既是泥盆系主要烃源岩, 也是盆地页岩气主要产层。目前在盆地泥盆系发现的含气页岩层包括俄亥俄、Marcellus、Rhinestreet、Huron—Dunkirk及Cleveland等。

Appalachian盆地奥陶系Utica页岩主要由富含有机质的钙质黑色页岩组成, 它形成于奥陶纪晚期, 比Marcellus页岩分布面积更广, 但厚度不大, 通常为30～50 m, 从东到西逐渐变薄。是盆地次要烃源岩, 也是未来页岩气勘探的重要目标。

2.2 地理位置

Appalachian盆地位于美国东部, 包括纽约州西部、宾夕法尼亚州、西弗吉尼亚州、俄亥俄州、肯塔基州、田纳西州东部等, 盆地长112 km, 宽400 km, 面积53×10⁴ km²。东界为Appalachian山脉, 西界为中部平原, 属Appalachian高原。

2.3 构造特征

Appalachian盆地属于北美地台与Appalachian褶皱带间的山前坳陷带, 呈北东—南西向延伸。盆地西部以辛辛那提隆起为界, 东部以Appalachian山脉为界。西北边界以加拿大地盾隆起的古生代沉积地层侵蚀线为界, 与黑勇士 (Black Warrior) 盆地相邻。

构造演化主要分为以下四个时期:

(1) 裂谷时期: 前寒武纪晚期—早寒武世 (765—535 Ma)。

最初的Appalachian边缘形成于晚新元古代的罗迪尼亚超大陆裂解时的裂谷作用, 此时, 劳伦古陆远离冈瓦纳大陆西缘, 这时期一系列的内克拉通裂谷盆地形成。这时期的岩石以不整合的方式覆盖在Grenvillian基底之上, 沉积厚度变化0～48 000 ft。在765—570 Ma属于不完整裂谷作用时期, 在570—535 Ma属于完全裂谷阶段, 并且逐渐转变为被动陆缘。

(2) 被动陆缘阶段: 早寒武世—早奥陶世晚期 (上Sauk层序, 535—472 Ma)。

新元古代晚期, 劳伦古陆东部边缘是一个稳定的、面向新形成的古大西洋 (Iapetus) 的被动陆缘。由于热沉降作用和温室效应产生的海平面升高, 形成了海侵层序。起初的沉积物主要是新元古代晚期到早寒武世海进阶段来自劳伦古陆克拉通西北部的石英质碎屑岩，是一套分布广泛的海岸平原沉积环境。由于陆缘的大量沉降，形成了碎屑岩沉积楔形体，盆地东部的沉积晚且很厚，在该处的岩石主要是早寒武世沉积的。但是沉积物向西逐渐变薄，主要是晚寒武世沉积的。早期的碎屑岩沉积主要受构造环境的影响，然而晚期地层的差异性主要反映在海平面的变化上。

（3）加里东造山旋回：中奥陶世—早泥盆世（Tippecanoe 层序，472—411 Ma）。

由于古大西洋（Iapetus）闭合，盆地边缘受到俯冲作用及碰撞造山运动影响，这时期主要产生了加里东运动，该构造运动包括两次造山运动：塔康造山运动，该造山运动是北美克拉通东部边缘在古生代首次的碰撞造山运动，该运动是从南向北进行的，影响了 Appalachian 南部和中部地区；劳伦古陆东缘的开始碰撞，标志着塔康造山运动的开始，这个运动是一个相当复杂的构造运动，不像现今太平洋的西南部分。在劳伦古陆东缘，早期的汇聚开始于寒武纪—早奥陶世期间。到了早—中奥陶世，由于劳伦古陆东缘与一个近海岛弧碰撞，Appalachian 陆架和大陆坡抬升并遭受剥蚀，同样的剥蚀作用延伸到克拉通内，形成了一个大型的不整合面。在 Appalachian 地区，该不整合面反映着塔康造山运动的开始，也表示由被动陆缘转变为汇聚边缘，Appalachian 前陆盆地开始形成。早志留世，紧跟着塔康构造运动的是 Appalachian 北部的一个构造运动，该运动事件为 Salnic 造山运动，这包括至少两个西南方向的移动，该造山运动说明了来自波罗地的阿瓦隆（Avalonian）地块与 Appalachian 边缘的北部碰撞期间，加里东运动向南移动。

（4）华力西—海西造山旋回：早泥盆世—二叠纪（Kaskaskia 和 Absaroka 层序，411—251 Ma）。

该造山旋回是由于瑞亚克洋（Rheic）闭合产生的，此时冈瓦纳与劳伦古陆碰撞，形成了潘基亚超大陆，该造山旋回同样包含两次造山运动：阿卡德造山运动（Acadian）和阿勒格尼造山运动（Alleghnian）。阿勒格尼造山运动代表着劳伦古陆与冈瓦纳古陆碰撞的结束，该运动开始于早石炭世，从南部一直向北进行着，反映着不规则陆缘的穿时接触。阿勒格尼造山运动是 Appalachian 盆地最后的一个挤压阶段，代表着瑞亚克洋的关闭，此时，冈瓦纳大陆与劳伦古陆像拉链一样合并。

综上所述，主要板块构造事件：前寒武纪—中寒武世：超大陆裂解，导致新德里裂谷复合体形成。奥陶纪：塔康造山运动，导致早—中奥陶世基底断层重新活化。泥盆纪—密西西比纪：阿卡德造山运动，导致早—晚泥盆世基底断层二次活化，使得早—中密西西比世在一些区域和局部构造上产生轻微褶皱。宾夕法尼亚纪—二叠纪：阿勒格尼造山运动，导致盆地内普遍发育构造变形。三叠纪—侏罗纪：联合古陆解体，导致盆地应力状态从拉张转为东西向到北东—南西向的水平挤压，发育新马德里地震带。

2.4 地层特征

Appalachian 盆地晚奥陶世地层包括 Kope 组、Utica 页岩、Point Pleasant 组和 Lexington/Trenton 组。其中，Trenton 组和 Lexington 组指的是同一套地层单元。在前人研究

中，将该套地层命名为 Lexington 组或 Trenton 组，为保持一致，在此统一称其 Lexington/Trenton 组。在局部地区，可以根据有机质及碳酸盐含量特点将 Lexington/Trenton 组细分为若干个段，下部有机质含量较低的层段为 Curdsville 段，上部有机质丰富的为 Logana 段。Logana 段和 Point Pleasant 组之间的岩层非正式命名为 Lexington/Trenton 组上段。在晚奥陶世地层中，最具生产能力的烃源岩主要为 Point Pleasant 组、Lexington/Trenton 组上段，以及 Logana 段（图 2-1）。

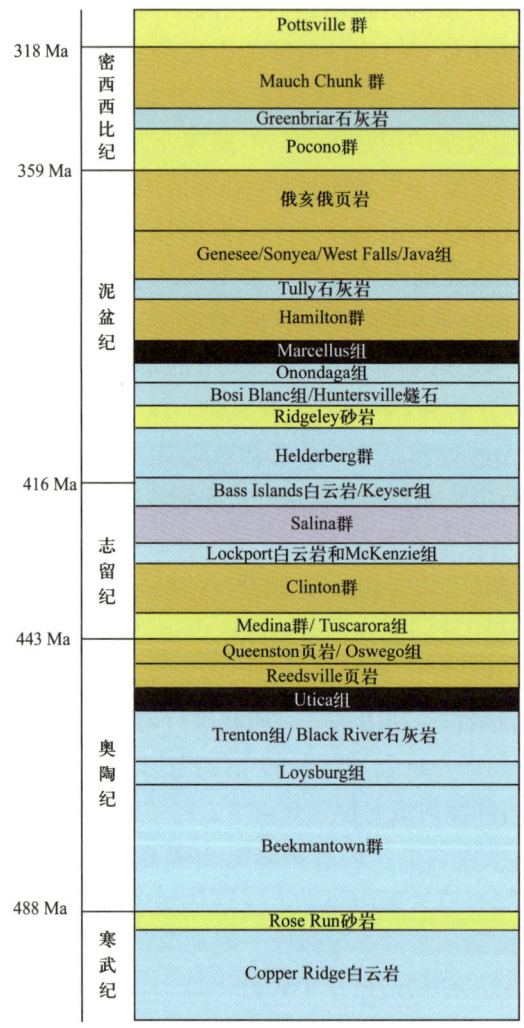

图 2-1　Appalachian 盆地地层图

Kope 组：Kope 组指的是 Utica 页岩上部的低有机质含量的页岩和粉砂岩层段，与 Kentucky 州的 Calloway Creek 石灰岩、纽约州的 Lorraine 群、Pennsylvania 州和 West Virginia 州的 Reedsville 页岩同期形成。Kope 组岩性主要为页岩（占 60%~80%）、石灰岩（20%~40%），以及少量粉砂岩互层，在研究区其厚度为 40~1600 ft。通常页岩层厚 2~5 ft，少见生物化石；常见厚 2~6 in 的薄层石灰岩，富含生物化石，多套石灰岩薄层组合形成厚几英尺的石灰岩层段。石灰岩通常与页岩呈突变接触。

Utica 页岩：本章中将 Kope 组和 Point Pleasant 组之间的所有地层统称为 Utica 页岩。在 Kentucky 州，Utica 页岩相当于 Clays Ferry 组上段，而在纽约州则对应 Indian Castle 页岩上段；在 Appalachian 褶皱带露头，Utica 页岩不发育，被同期形成的 Antes 页岩和 Martinsburg 组所替代。Utica 页岩由暗色易剥裂页岩和灰质页岩（含方解石 10%~60%）交互组成（图 2-2），常见生物扰动构造，局部生物化石发育。Utica 页岩向南尖灭于俄亥俄州南部和 Virginia 州西部，沿 Sebree 海槽延伸至研究区的西南部，大致对应 Kentucky 州 / Indiana 州的边界。Utica 页岩层向北东方向变厚，在纽约州的中东部其厚度接近 400 ft。

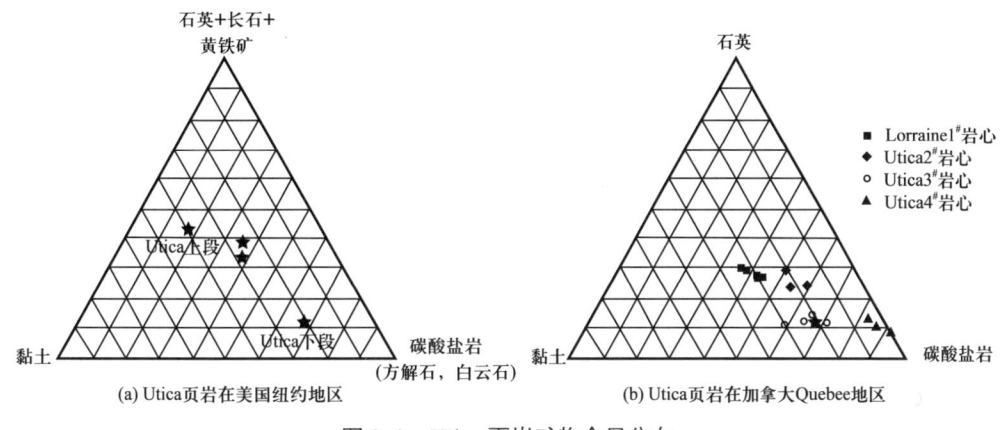

图 2-2　Utica 页岩矿物含量分布

Point Pleasant 组：Point Pleasant 组位于 Utica 页岩和 Lexington / Trenton 组上部地层之间，由石灰岩和暗色页岩的互层组成。该层段对应 Kentucky 州 Clays Ferry 组下段和纽约州 Indian Castle 页岩下段。该地层向北延伸至 Utica 页岩下部，由富含生物化石的石灰岩、页岩，以及少量的粉砂岩交互组成。其中，石灰岩和页岩所占比例基本相等，粉砂岩仅占该沉积单元很少的一部分。在工区范围里，Point Pleasant 组厚度在西北部为 0，而在 Pennsylvania 州的北部厚度可达 240 ft。该套地层与 Utica 页岩在局部区域与 Lexington/Trenton 组呈舌状互相穿插沉积。Point Pleasant 组上部为有机质含量较低的灰色页岩，夹碳酸盐岩薄层，薄层中含 Prasopora bryozoans（葱苔属苔虫）。TOC 相对较低，大多数样品 TOC 小于 1%。储层不发育，大部分为非储层。该层段可见大量风暴层和种类多样的开放海洋环境动物群体化石。

Lexington / Trenton 组上段：Lexington / Trenton 组上段与 Kentucky 州 Lexington 石灰岩的 Millersburg 和 Grier 石灰岩段（未分化），以及纽约州的 Dolgeville 组相当，由具有不规则层理的富含生物化石的瘤状灰岩及 Lexington 石灰岩上部的页岩组成。该套石灰岩晶粒细小，泥粉晶级别，灰泥基质中可见大量完整的或破碎的生物化石。其中，苔藓虫、腕足类、软体动物，以及三叶虫碎片最为发育，层孔虫和群体珊瑚等化石仅在局部地区发育，常见生物扰动构造。该石灰岩主要形成于水清且富氧的潮下带环境，水体循环带来丰富的养分利于各类生物的生长。

Logana 段：Logana 段相当于纽约州的 Flat Creek 页岩，是纽约州 Utica 群最下部的地层，由粉砂屑硅质石灰岩、页岩及介壳灰岩组成。介壳灰岩中生物化石以德姆贝苏卡达腕足类（Dalmanellasulcata）为主，堆积紧密；粉砂屑硅质石灰岩通常呈层状或宽缓透镜状，层厚 0.2~0.3 ft，生物化石不发育。俄亥俄州西部 Logana 段厚 30 ft，向纽约州方向逐渐变厚，达到 220 ft。Logana 段在 Lexington/Trenton 初始海进期海平面达到最高点时沉积而成。

Curdsville 石灰岩段：Curdsville 石灰岩段位于 Lexington/Trenton 组的底部，由厚 20~450 ft 的生物碎屑砂屑灰岩组成，局部含砂质和燧石，常见硅化的生物化石。在该层段的顶部石灰岩呈不规则层状，颗粒变细，生物化石更发育。Curdsville 石灰岩在 Lexington 海初次海侵时沉积，形成于浅水动荡的沉积环境中，在整个露头区均有分布。Curdsville 石灰岩段上覆于中奥陶统 Black River 组，与下伏地层呈整合接触。

2.5 沉积环境

整体而言，晚奥陶世页岩段沉积特征明显，可见生物潜穴、层理、冲刷面、明显的不整合面，以及大量的生物化石。俄亥俄州东部的大多数 Utica 岩心中都可见生物潜穴。大量生物化石的存在揭示了长时间富氧的沉积环境，研究区页岩中发育三叶虫和清介形虫，因为二者容易破碎，可见并未经历长距离搬运，是原地堆积的结果。此外，也可见由整个腕足类动物组成的岩层，对于这种单种类化石的聚集，认为其不可能经历长距离搬运，属于原地沉积。

层理几乎在所有的富有机质页岩及富含黏土矿物且有机质较少的页岩中部发育，它们主要是由于流体运移而非悬浮荷载的变化而产生的。

冲刷面在 Kope 组到 Curdsville 层段都有发育，通常出现在细粒页岩相的顶部，较粗粒岩层的底部。这些冲刷面是由于水体能量增加而形成的剥蚀面。根据其出现频率（毫米到厘米规模），可以判断这些冲刷面有可能形成于陆棚风暴环境，富含有机质沉积相形成时期频繁受风暴作用的影响。

目前可明确识别出两个不整合面，一个位于 Lexington/Trenton 组上段的顶部且在富有机质层段的中部，另一个不整合面位于 Point Pleasant 组的顶部。在有机质含量较少的 Utica 组顶部发育两套测井标志层，该标志层可能是层序界面，测井响应特征明显并可长距离大范围对比。

Point Pleasant 组、Lexington/Trenton 组上段，以及 Logana 段的沉积环境为水深相对较浅、小于 30 m、风暴作用占主导，并且频繁经历赤潮的碳酸盐岩陆棚环境。晚奥陶世页岩中的 Utica 及其同期岩层的有机物主要来源于藻类。对比剖面显示富有机质和有机质含量较低的区域的水深并未有太大区别。石灰岩中的化石类型表明沉积时期为水浅、阳光充足并且富氧的环境。风暴层理表明某些地层是在风暴浪基面之上沉积的。该环境有可能受频繁的赤潮引起的季节性缺氧控制（图 2-3）。

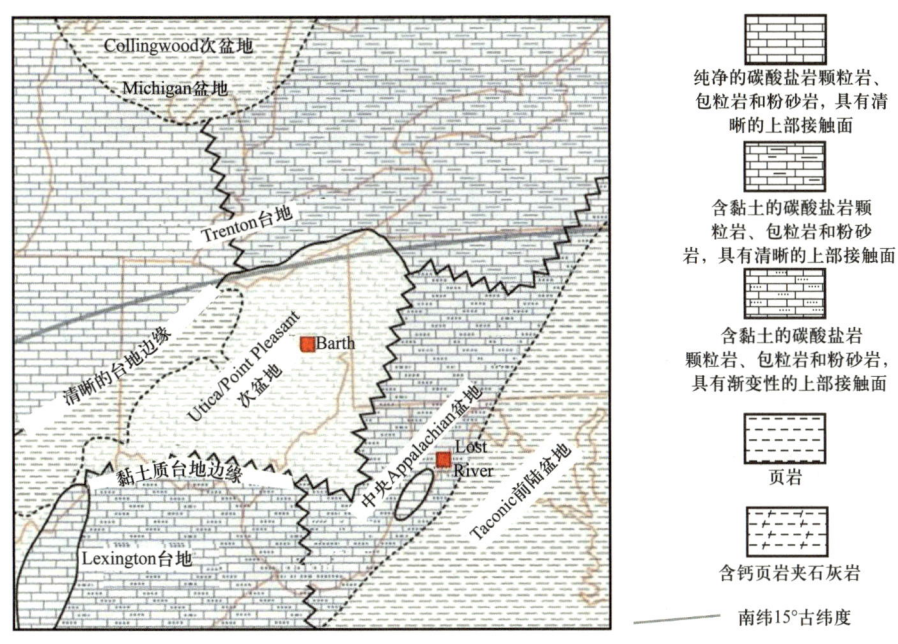

图 2-3　Trenton/Point Pleasant 组沉积相图（据 Wickstrom and others，2012）

2.6　储层特征

2.6.1　有机质含量

Utica 页岩形成于奥陶纪晚期，主要由富含有机质的钙质黑色页岩和灰质泥岩组成。Utica 页岩为 Ⅱ 型干酪根，资源类型包括干气、湿气和原油。Utica 页岩在美国 Appalachian 盆地的 TOC 为 1.0%～10.0%，其中富液气区 TOC 为 3.0%～10.0%，油区 TOC 为 2%～5%。

根据 Appalachian 盆地石油天然气研究协会（AONGRC）的研究，Utica 页岩主要由 TOC 达 3.5% 的碳质黑色页岩组成，其碳酸盐含量约为 25%，明显高于上覆 Kope 组，但是却低于下伏的富有机质碳酸盐岩相（Point Pleasant 组和 Lexington/Trenton 组）。

为评价研究区域晚奥陶世地层的油气生产潜力，Kentucky 州地质调查局应用 LECO 碳/硫分析仪对 29 口井的 1094 个样品进行分析。通过综合考虑每口井富有机质岩层段厚度，以 TOC 最高值直观描述其平面展布情况，整体呈现沿盆地北东—南西方向，中部 TOC 值较高，向两侧变小的趋势（图 2-4）。

2.6.2　热成熟度

横向上来看，Utica 或 Point Pleasant 组的成熟度水平和氯仿沥青反射率自西向东增加，增加幅度最大区域位于俄亥俄州东部，这主要由 Utica 或 Point Pleasant 组在该区域

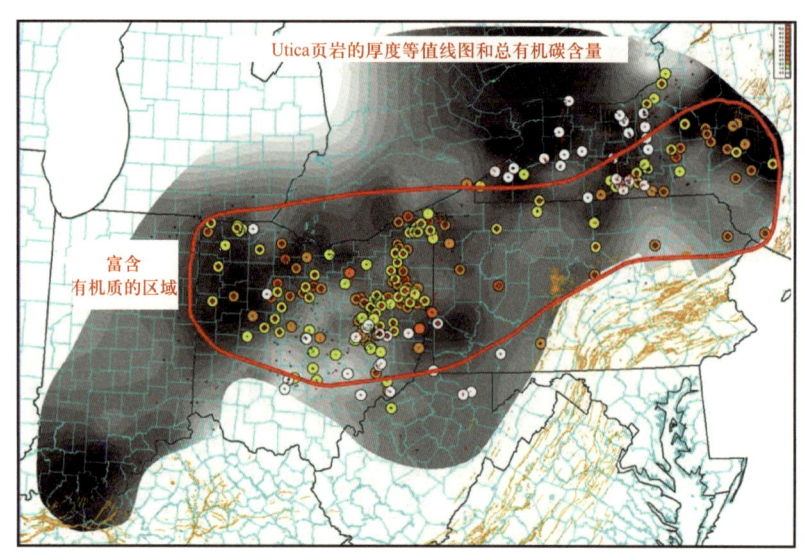

图 2-4　Utica 页岩层最大 TOC 平面分布图

的深度急剧增加而导致。俄亥俄州中部的 R_o 值范围在 $0.66\%\sim0.84\%$ 之间变化。在俄亥俄州东部，该值范围在 $0.94\%\sim1.43\%$ 之间变化。总的来说，俄亥俄州中部的晚奥陶世页岩的热成熟度在生油窗的下部和中部。俄亥俄州东北部的晚奥陶世页岩的热成熟度在生油窗和湿气窗的中部和上部、干气窗的下部（图 2-5）。宾夕法尼亚州西部的 Utica 组或 Point Pleasant 组的热成熟度向盆地方向逐渐增加，范围从生油窗的上部到干气窗的顶部。

2.6.3　地层厚度

Utica 页岩厚度在 $50\sim150$ m 之间，从东到西逐渐变厚，宾夕法尼亚州中部最大厚度可达 210 多米。在加拿大魁北克地区，Utica 页岩埋深为 $427\sim3353$ m，厚度 $92\sim333$ m，矿物成分中碳酸盐岩含量较高，泥质含量比美国境内稍高，以凝析气和干气为主。纽约州地区的 Utica 的厚度和魁北克南部一样，向东增加，从大约 50 m 增加到接近 1000 m，同沉积断层控制了厚度，在一定程度上控制了单元的总有机碳丰度（图 2-6）。

2.6.4　孔渗特征

Appalachian 盆地中 Utica 页岩孔隙度整体在 $3.1\%\sim6.3\%$ 之间，其中富液气区孔隙度为 $3.1\%\sim6.3\%$，油区孔隙度为 $4.5\%\sim5.5\%$。孔隙类型包括层状硅酸盐骨架孔隙（由差异压实或者层状黏土矿物沿不同方向堆叠而形成）、碳酸盐矿物溶解形成的溶蚀孔隙，以及烃类外排而形成的有机质孔隙。孔隙大小各不相同，发育的部位也明显不同，孔隙规模一般从几十纳米或几百纳米到 1 μm 或者更大。扫描电镜分析结果显示岩石基质孔隙度较小或者为 0，有机质孔隙是影响 Utica/Point Pleasant 油气藏油气产量的主要控制要素。

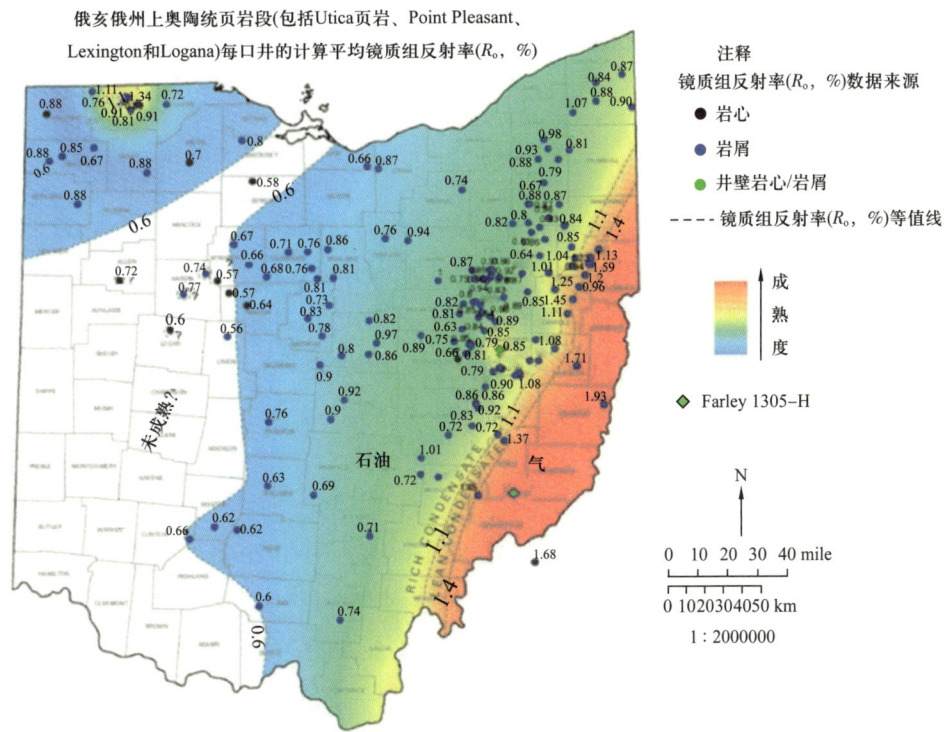

图 2-5 俄亥俄州 Utica 页岩 R_o 分布图（据 Wickstrom，2012）

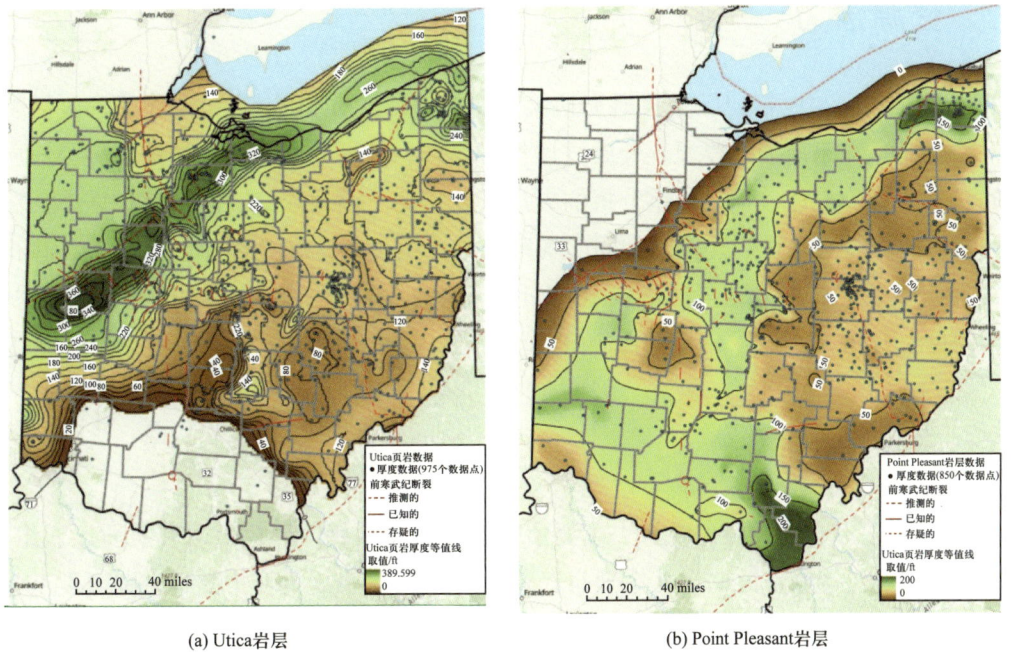

(a) Utica岩层

(b) Point Pleasant岩层

图 2-6 俄亥俄州地区 Utica 岩层及 Point Pleasant 岩层厚度等值线图（据 James McDonald，2022）

俄亥俄州早期对其 Barth 井开展了气体孔隙度测量，结果显示大多数样品渗透率值都小于 0.1 mD，个别层段渗透率可高达 0.2～0.25 mD，然而，标准页岩渗透率通常在微达西以下到纳达西的范围。

2.6.5 天然裂缝

Utica 页岩的特征是存在顺层状平行裂缝和共轭剪切裂缝，其纹状指示正常的倾斜滑动。在 Trenton 石灰岩中观察到含硫化物矿化的垂向开放裂缝和垂向玉髓脉。在 Trenton 石灰岩中也观察到顺层平行裂缝，且多与泥质夹层有关。Utica 页岩中具有正向位移的共轭剪切裂缝和 Trenton 石灰岩中的垂向开放裂缝和脉状裂缝与岩石单元施加的静岩石应力作用一致。在页岩和泥灰岩中，由于层序沿层理面容易分离，更容易产生顺层平行裂缝。

2.6.6 含气饱和度

Donald Neal 于 2016 年的研究表明：在 Farley 1305-H 井和附近区域，Point Pleasant 组页岩含气饱和度为 0.35%～6.01%，平均为 4.75%，Utica 组页岩含气饱和度为 0.70%～2.54%，平均不足 2%。Jinming Zhu 于 2020 年也通过俄亥俄州东部地区三维地震数据反演，对该地区 Utica 页岩储层特征及地质力学特征进行了研究，计算出 Utica 组含水饱和度 10%～24%，而 Point Pleasan 组含水饱和度 2%～10%。

2.7 资源潜力

Appalachian 盆地石油天然气研究协会（AONGRC）对 Utica 油气藏资源，包括剩余可采油气资源和原地油气资源，开展过评价工作。剩余可采油气资源是按照美国地质调查局研发的评价流程，采用概率分析的方法来确定的。原地油气资源量是根据体积法确定的。这两种方法评价的是大致相同的气藏区域（图 2-7）。应用概率统计方法计算得出 Utica 油气藏的可采资源量约 1960×10^6 bbl 油和 782.2×10^{12} ft³ 气。运用体积法确定初始原地油量约为 829.03×10^8 bbl，初始原地气量为 $3\,192.4 \times 10^{12}$ ft³。

2.8 本章小结

Utica 页岩形成于奥陶纪晚期，主要由富含有机质的钙质黑色页岩和灰质泥岩组成，页岩厚度在 50～150 m 之间，从东到西逐渐变厚。Utica 页岩为 II 干酪根，资源类型包括干气、湿气和原油，油气带分布面积约 26.6×10^4 km²，TOC 为 1.0%～10.0%，孔隙度整体在 3.1%～6.3% 之间。Utica 油气藏的可采资源量约 1960×10^6 bbl 油和 782.2×10^{12} ft³ 气。

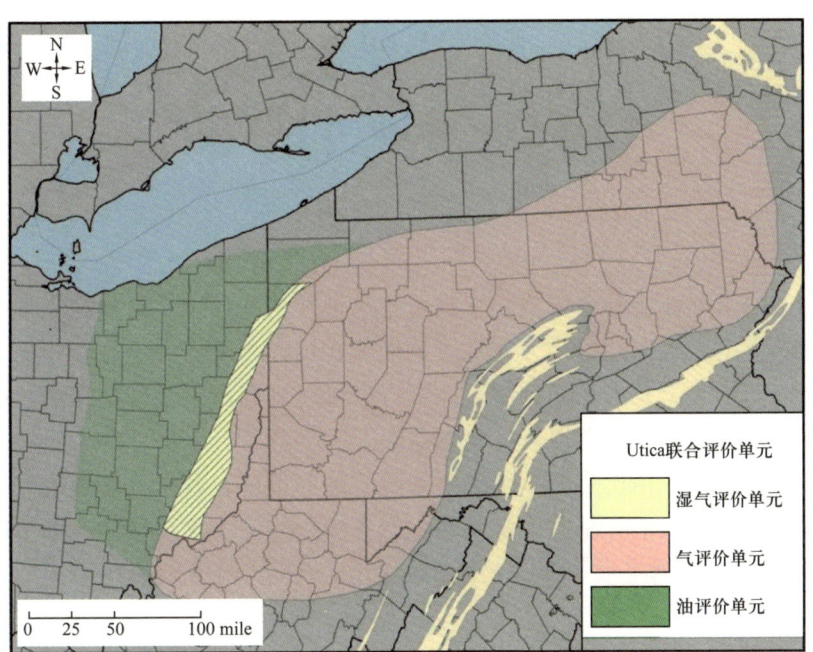

图 2-7　本次研究中资源评价区域范围

绿色区域所代表的是油评价单元，红色区域所代表的是气评价单元

第3章 水平井钻完井

自 1991 年 Mitchell 能源公司成功实践后，水平井钻井技术在常规和非常规油气藏均得到了广泛的应用。水平井可最大化地接触气藏岩层，与页岩层中裂缝相交，明显改善储层流体的流动状况，尤其在超低渗透性页岩中可起到提高采收率的作用。典型的水平井首先垂直钻井至造斜点，再以一定角度造斜至水平部分。水平井两大优势是提高单井产量和降低开采成本。相比直井，水平井减少了地面设施，开采延伸范围大，避免了地面不利条件的干扰。水平井钻井关键参数包括垂深、测深、水平段长、水垂比及钻井周期等。本章对 Utica 页岩气水平井钻完井参数进行了全面系统分析。

3.1 钻井垂深

图 3-1 为 Utica 页岩油气藏历年完钻水平井垂深散点分布图，本次累计统计 1999—2021 年该油气藏完钻水平井 2874 口。历年完钻水平井垂深范围 324.61~4 377.84 m，其中埋深小于 2000 m 范围完钻井数量仅为 85 口、埋深介于 2000~3500 m 中深层完钻井 2725 口。该页岩油气藏所有统计水平井平均完钻垂深 2636 m、P25 完钻垂深 2 392.45 m、P50 完钻垂深 2 539.90 m、P75 完钻垂深 2 912.75 m。不同年份水平井完钻垂深分布稳定，无明显增加或下降趋势（图 3-1）。

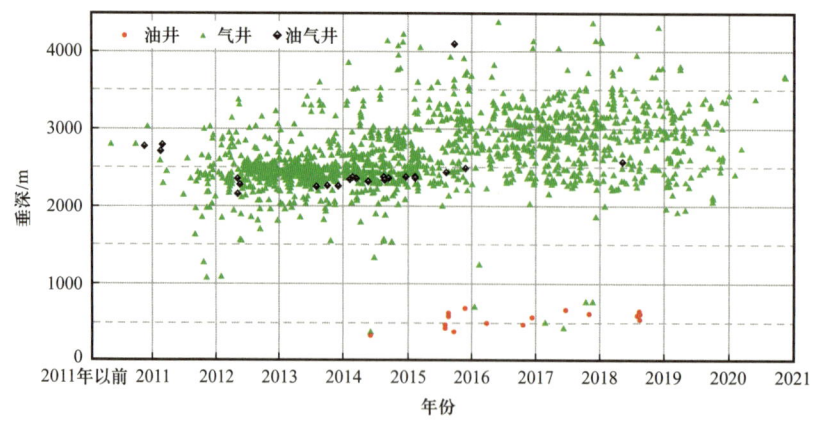

图 3-1 Utica 页岩油气藏完钻水平井垂深散点分布图

图 3-2 为 Utica 页岩油气藏完钻水平井垂深统计分布图，按照 500 m 垂深间距对所有油气井完钻垂深进行统计。根据统计分布图可知，垂深 500~1000 m 完钻井 25 口，统计

占比 0.87%。垂深 1000~1500 m 完钻井 5 口，统计占比 0.17%。垂深 1500~2000 m 完钻井 43 口，统计占比 1.5%。垂深 2000~2500 m 完钻井 1209 口，统计占比 42.07%。垂深 2500~3000 m 完钻井 1057 口，统计占比 36.78%。垂深 3000~3500 m 完钻井 459 口，统计占比 15.97%。垂深 3500~4000 m 完钻井 49 口，统计占比 1.7%。垂深 4000~4500 m 完钻井 15 口，统计占比 0.52%。

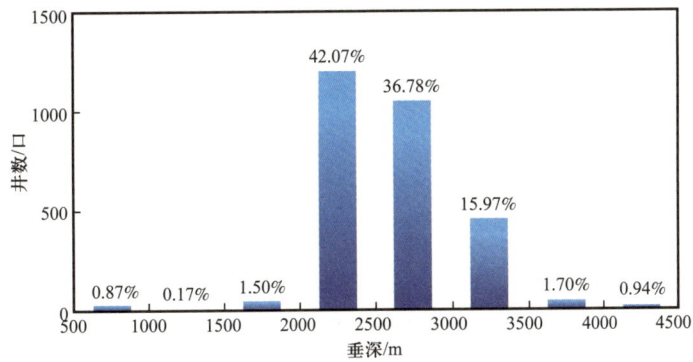

图 3-2　Utica 页岩油气藏完钻水平井垂深统计分布图

按照目前页岩油气藏根据埋深的通用分类界限，埋深小于 2000 m 为浅层页岩油气藏、埋深 2000~3500 m 为中深层页岩油气藏。Utica 页岩油气藏浅层完钻水平井 85 口、中深层完钻水平井 2725 口。根据水平井完钻垂深统计情况显示，Utica 页岩油气藏主体为中深层页岩油气藏（图 3-3）。

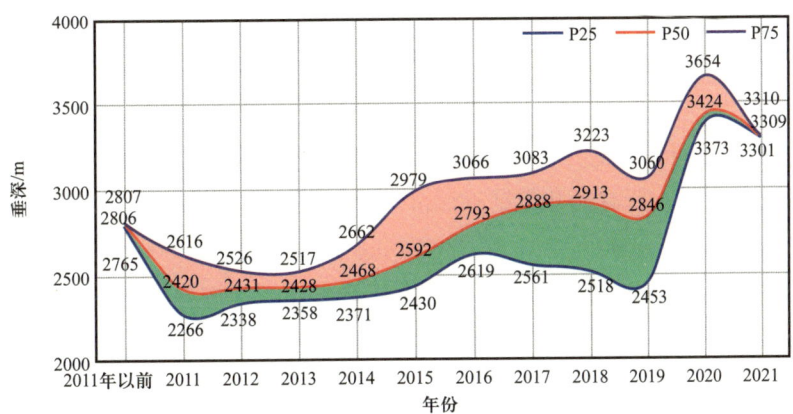

图 3-3　Utica 页岩油气藏完钻水平井垂深学习曲线

将 Utica 页岩油气藏不同年度完钻水平井垂深进行统计分析，利用 P25 和 P75 统计垂深作为水平井完钻垂深上下限值，同时结合 P50 完钻垂深绘制不同年度垂深学习曲线。图 3-3 给出了 Utica 页岩油气藏水平井不同年度完钻垂深学习曲线。根据水平井完钻垂深学习曲线可知，2011 年以前统计完钻井 5 口、平均完钻垂深 2439 m、P25 完钻垂深 2765 m、P50 完钻垂深 2806 m、P75 完钻垂深 2807 m。2011 年统计完钻井 44 口、平均完钻垂深

2384 m、P25 完钻垂深 2266 m、P50 完钻垂深 2420 m、P75 完钻垂深 2616 m。2012 年统计完钻井 266 口、平均完钻垂深 2436 m、P25 完钻垂深 2338 m、P50 完钻垂深 2431 m、P75 完钻垂深 2526 m。2013 年统计完钻井 466 口、平均完钻垂深 2451 m、P25 完钻垂深 2358 m、P50 完钻垂深 2428 m、P75 完钻垂深 2517 m。2014 年统计完钻井 626 口、平均完钻垂深 2529 m、P25 完钻垂深 2371 m、P50 完钻垂深 2468 m、P75 完钻垂深 2662 m。2015 年统计完钻井 339 口、平均完钻垂深 2657 m、P25 完钻垂深 2430 m、P50 完钻垂深 2592 m、P75 完钻垂深 2979 m。2016 年统计完钻井 265 口、平均完钻垂深 2814 m、P25 完钻垂深 2619 m、P50 完钻垂深 2793 m、P75 完钻垂深 3066 m。2017 年统计完钻井 417 口、平均完钻垂深 2803 m、P25 完钻垂深 2561 m、P50 完钻垂深 2888 m、P75 完钻垂深 3083 m。2018 年统计完钻井 251 口、平均完钻垂深 2881 m、P25 完钻垂深 2518 m、P50 完钻垂深 2913 m、P75 完钻垂深 3223 m。2019 年统计完钻井 183 口、平均完钻垂深 2773 m、P25 完钻垂深 2453 m、P50 完钻垂深 2846 m、P75 完钻垂深 3060 m。2020 年统计完钻井 9 口、平均完钻垂深 3310 m、P25 完钻垂深 3373 m、P50 完钻垂深 3424 m、P75 完钻垂深 3654 m。2021 年统计完钻井 3 口、平均完钻垂深 3304 m、P25 完钻垂深 3301 m、P50 完钻垂深 3309 m、P75 完钻垂深 3310 m。

Utica 页岩油气藏水平井完钻垂深学习曲线显示，不同年度水平井完钻垂深 P25、P50 和 P75 统计值保持整体上升趋势。

Utica 页岩油气藏钻井许可中定义井许可类型划分为油井、油气井和气井等。本次统计 1999—2021 年水平井 2874 口，其中油井 29 口、油气井 28 口、气井 2817 口，部分未标注井未统计在内。本节针对不同钻井许可类型完钻垂深进行了分类详细描述。

3.1.1 油井

根据 Utica 页岩油气藏钻井许可类型可知，该页岩油气藏完钻水平井油井较少，累计完钻水平采油井 29 口。所有油井完钻垂深范围 324.61~670.56 m、平均完钻垂深 548.38 m、P25 完钻垂深 474.88 m、P50 完钻垂深 586.74 m、P75 完钻垂深 609.60 m。

图 3-4 为 Utica 页岩油气藏完钻油井垂深统计分布图，按照 100 m 垂深间距对所有油气井完钻垂深进行统计。根据统计分布图可知，垂深 300~400 m 完钻井 4 口，统计占比 13.8%。垂深 400~500 m 完钻井 5 口，统计占比 17.2%。垂深 500~600 m 完钻井 7 口，统计占比 24.1%。垂深 600~700 m 完钻井 13 口，统计占比 44.9%。

图 3-5 给出了 Utica 页岩油气藏油井不同年度完钻垂深学习曲线。根据水平井完钻垂深学习曲线可知，2014 年统计完钻井 3 口、平均完钻垂深 337 m、P25 完钻垂深 325 m、P50 完钻垂深 325 m、P75 完钻垂深 344 m。2015 年统计完钻井 10 口、平均完钻垂深 548 m、P25 完钻垂深 490 m、P50 完钻垂深 591 m、P75 完钻垂深 602 m。2016 年统计完钻井 5 口、平均完钻垂深 512 m、P25 完钻垂深 475 m、P50 完钻垂深 492 m、P75 完钻垂深 567 m。2017 年统计完钻井 6 口、平均完钻垂深 647 m、P25 完钻垂深 654 m、P50 完钻垂深 654 m、

P75 完钻垂深 655 m。2018 年统计完钻井 5 口、平均完钻垂深 593 m、P25 完钻垂深 587 m、P50 完钻垂深 602 m、P75 完钻垂深 610 m。

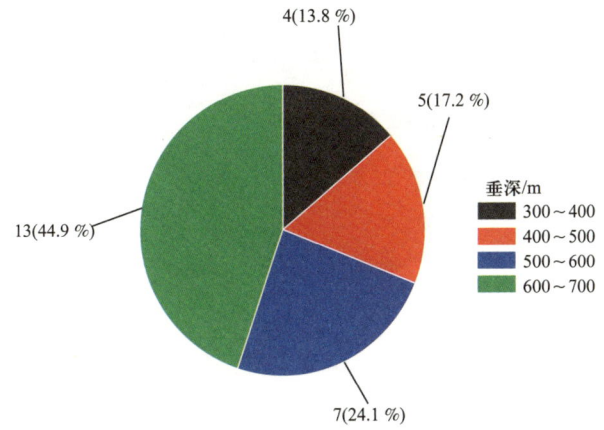

图 3-4 Utica 页岩油气藏完钻油井垂深统计分布图

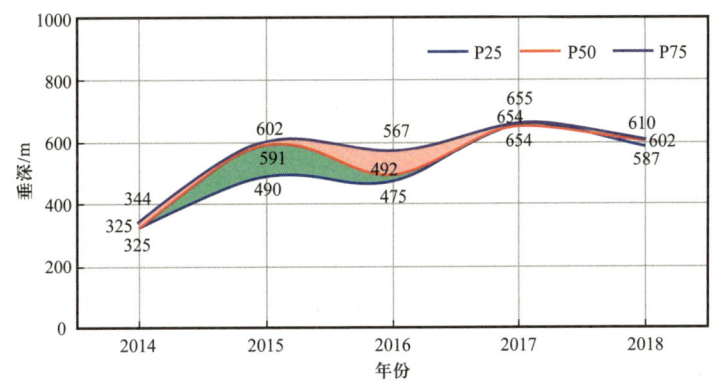

图 3-5 Utica 页岩油气藏完钻油井垂深学习曲线

Utica 页岩油气藏油井完钻垂深学习曲线显示，不同年度水平井完钻垂深 P25、P50 和 P75 统计值保持相对稳定趋势。水平井 P25 完钻垂深稳定在 325~654 m、P50 完钻垂深稳定在 325~654 m、P75 完钻垂深稳定在 344~655 m。

3.1.2 油气井

根据 Utica 页岩油气藏钻井许可类型可知，该页岩油气藏完钻水平井中油气井 28 口，所有油气井完钻垂深范围 2 167.74~4 092.24 m、平均完钻垂深 2 453.12 m、P25 完钻垂深 2 309.01 m、P50 完钻垂深 2 361.74 m、P75 完钻垂深 2 440.15 m。

图 3-6 为 Utica 页岩油气藏完钻油气井垂深统计分布图，按照 400 m 垂深间距对所有气井完钻垂深进行统计。根据统计分布图可知，垂深 2000~2400 m 完钻井 20 口，统计占比 71.4%。垂深 2400~2800 m 完钻井 7 口，统计占比 25%。垂深 4000~4400 m 完钻井 1 口，统计占比 3.6%。

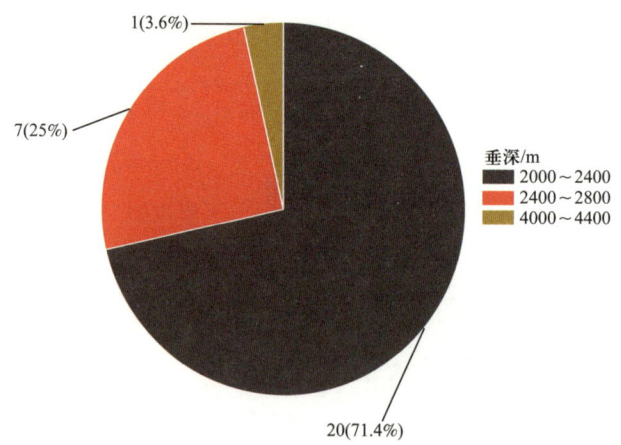

图 3-6　Utica 页岩油气藏完钻油气井垂深统计分布图

图 3-7 给出了 Utica 页岩油气藏油气井不同年度完钻垂深学习曲线。根据水平井完钻垂深学习曲线可知，2011 年前统计完钻井 1 口、完钻垂深 2765 m。2011 年统计完钻井 2 口、完钻垂深分别为 2718 m 和 2785 m。2012 年统计完钻井 3 口、平均完钻垂深 2269 m、P25 完钻垂深 2229 m、P50 完钻垂深 2290 m、P75 完钻垂深 2320 m。2013 年统计完钻井 5 口、平均完钻垂深 2255 m、P25 完钻垂深 2254 m、P50 完钻垂深 2257 m、P75 完钻垂深 2259 m。2014 年统计完钻井 8 口、平均完钻垂深 2355 m、P25 完钻垂深 2346 m、P50 完钻垂深 2360 m、P75 完钻垂深 2367 m。2015 年统计完钻井 8 口、平均完钻垂深 2616 m、P25 完钻垂深 2364 m、P50 完钻垂深 2408 m、P75 完钻垂深 2454 m。2018 年统计完钻井 1 口、完钻垂深 2568 m。

Utica 页岩油气藏油气井完钻垂深学习曲线显示，不同年度水平井完钻垂深 P25、P50 和 P75 统计值保持相对稳定趋势。水平井 P25 完钻垂深稳定在 2229～2765 m、P50 完钻垂深稳定在 2257～2765 m、P75 完钻垂深稳定在 2259～2768 m。

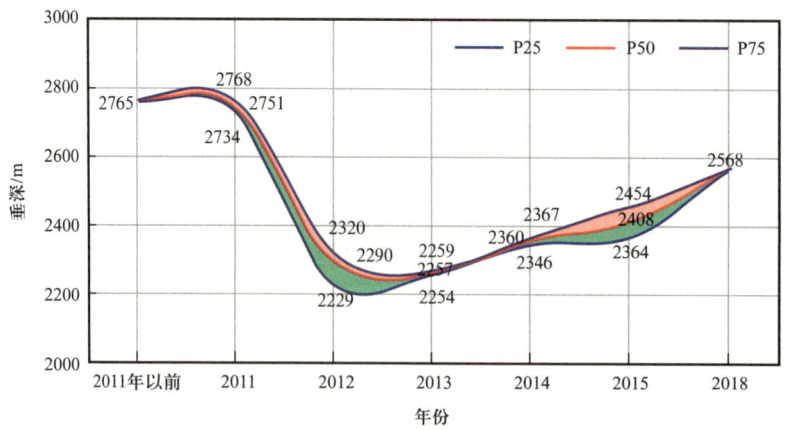

图 3-7　Utica 页岩油气藏完钻油气井垂深学习曲线

3.1.3 气井

根据 Utica 页岩油气藏钻井许可类型可知,该页岩油气藏完钻水平井中气井 2817 口,所有气井完钻垂深范围 362.71~4 377.84 m、平均完钻垂深 2659 m、P25 完钻垂深 2399 m、P50 完钻垂深 2552 m、P75 完钻垂深 2919 m。

图 3-8 为 Utica 页岩油气藏完钻气井垂深统计分布图,按照 1000 m 垂深间距对所有气井完钻垂深进行统计。根据统计分布图可知,垂深 0~1000 m 完钻井 8 口,统计占比 0.29%。垂深 1000~2000 m 完钻井 48 口,统计占比 1.7%。垂深 2000~3000 m 完钻井 2239 口,统计占比 79.48%。垂深 3000~4000 m 完钻井 508 口,统计占比 18.03%。垂深 4000~5000 m 完钻井 14 口,统计占比 0.5%。

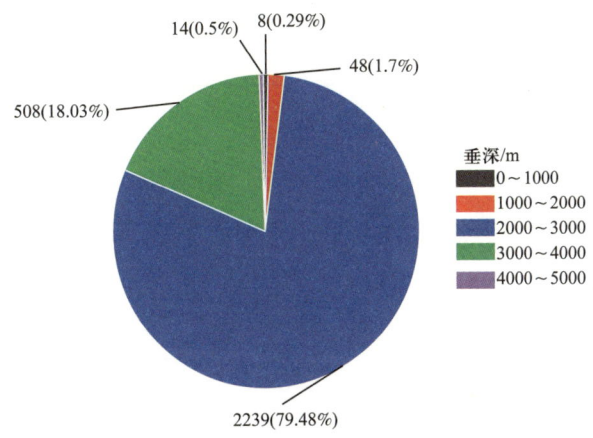

图 3-8　Utica 页岩油气藏完钻气井垂深统计分布图

图 3-9 给出了 Utica 页岩油气藏油井不同年度完钻垂深学习曲线。根据水平井完钻垂深学习曲线可知,2011 年以前统计完钻井 4 口,平均完钻垂深 2357 m、P25 完钻垂深 2303 m、P50 完钻垂深 2807 m、P75 完钻垂深 2860 m;2011 年统计钻井 42 口,平均完钻垂深 2366 m,P25 完钻垂深 2222 m,P50 完钻垂深 2416 m,P75 完钻垂深 2580 m;2012 年统计钻井 263 口,平均完钻垂深 2442 m,P25 完钻垂深 2344 m,P50 完钻垂深 2434 m,P75 完钻垂深 2526 m;2013 年统计钻井 461 口,平均完钻垂深 2453 m,P25 完钻垂深 2361 m,P50 完钻垂深 2429 m,P75 完钻垂深 2518 m;2014 年统计钻井 615 口,平均完钻垂深 2542 m,P25 完钻垂深 2373 m,P50 完钻垂深 2470 m,P75 完钻垂深 2667 m;2015 年统计钻井 321 口,平均完钻垂深 2724 m,P25 完钻垂深 2435 m,P50 完钻垂深 2604 m,P75 完钻垂深 2992 m;2016 年统计钻井 260 口,平均完钻垂深 2858 m,P25 完钻垂深 2648 m,P50 完钻垂深 2815 m,P75 完钻垂深 3068 m;2017 年统计钻井 411 口,平均完钻垂深 2834 m,P25 完钻垂深 2568 m,P50 完钻垂深 2895 m,P75 完钻垂深 3085 m;2018 年统计钻井 245 口,平均完钻垂深 2929 m,P25 完钻垂深 2545 m,P50 完钻垂深 2913 m,P75 完钻垂深 3242 m;2019 年统计钻井 183 口,平均完钻垂深 2773 m,P25 完钻垂深 2453 m,P50 完钻垂深 2846 m,P75 完钻垂深 3060 m;2020 年统计钻井 9 口,平

均完钻垂深 3310 m，P25 完钻垂深 3373 m，P50 完钻垂深 3424 m，P75 完钻垂深 3654 m；2021 年统计钻井 3 口，平均完钻垂深 3304 m，P25 完钻垂深 3301 m，P50 完钻垂深 3309 m，P75 完钻垂深 3310 m。

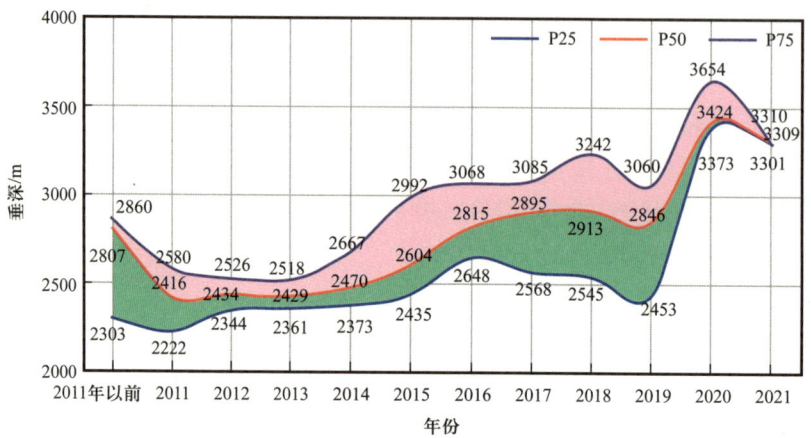

图 3-9　Utica 页岩油气藏完钻气井垂深学习曲线

Utica 页岩油气藏气井完钻垂深学习曲线显示，不同年度水平井完钻垂深 P25、P50 和 P75 统计值保持相对上升趋势。水平井 P25 完钻垂深稳定在 2222～3373 m、P50 完钻垂深稳定在 2416～3424 m、P75 完钻垂深稳定在 2518～3654 m。

3.2　水平段长

水平段长通常是指从着陆点（A 点，一般是指钻入预定油层组位，井斜达到基本水平的点）到完钻井深（B 点）的长度。水平井钻完井作为页岩油气藏开发的核心技术之一，主要是通过在页岩储层内建立水平井眼轨迹增加井筒与储层的接触面积。水平段长是水平井钻完井的关键参数，直接反映了钻完井和压裂工程技术水平，也是水平井产量的重要影响因素。长水平段水平井能够一定程度上减小开发井数、平台数、钻完井和压裂成本，提高单井开发效果。随着完井和压裂技术不断进步，页岩油气藏钻完井水平段长呈持续增加趋势。

水平段长是页岩油气藏开发的关键钻井工程技术指标，直接决定单井最终可采储量和气藏部署井数。水平段长学习曲线是页岩油气藏开发的关键指标学习曲线。Utica 页岩油气藏历年许可井型包括油气井和气井。本节对整个页岩油气藏的总体水平段长、分许可井型和分埋深水平段长进行了统计和趋势分析。

图 3-10 为 Utica 页岩油气藏历年完钻井水平段长散点分布图，其中包括油气井和气井两种许可井型。本次统计历年 Utica 页岩油气藏完钻不同许可类型水平井 2771 口，水平段长范围 733.35～6 142.94 m、所有统计水平井平均水平段长 2 484.78 m、P25 水平段长 1 876.96 m、P50 水平段长 2 362.81 m、P75 水平段长 2 892.09 m。

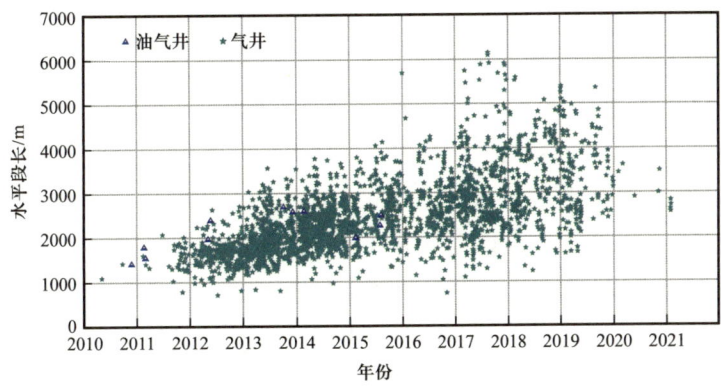

图 3-10　Utica 页岩油气藏完钻井水平段长散点分布图

将 Utica 页岩油气藏所有完钻井水平段长按 1000 m 区间进行区间统计分析，图 3-11 为完钻井水平段长统计分布图。水平段长小于 1000 m 统计气井 8 口，统计井数占比 0.3%。水平段长 1000~2000 m 区间完钻井 846 口，统计井数占比 30.5%。水平段长 2000~3000 m 区间完钻井 1347 口，统计井数占比 48.7%。水平段长 3000~4000 m 区间完钻井 414 口，统计井数占比 14.9%。水平段长 4000~5000 m 区间完钻井 126 口，统计井数占比 4.5%。水平段长 5000~6000 m 区间完钻井 28 口，统计井数占比 1%。水平段长 6000~7000 m 区间完钻井 2 口，统计井数占比 0.1%。

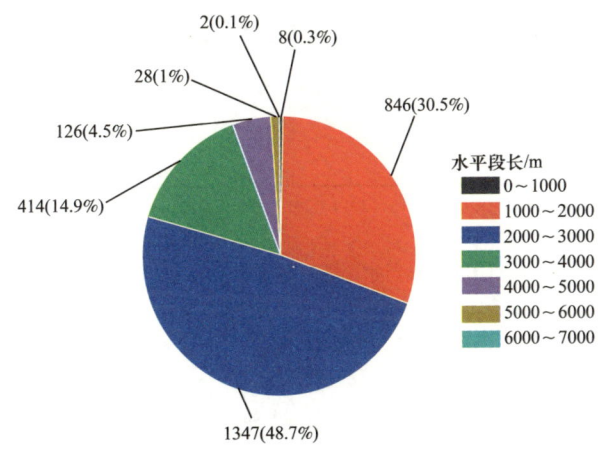

图 3-11　Utica 页岩油气藏完钻井水平段长统计分布图

Utica 页岩油气藏过去十年内每年都完钻了大量水平井，利用每年完钻井水平段长 P25、P50 和 P75 统计值绘制水平段长年度学习曲线。图 3-12 给出了 Utica 页岩油气藏完钻井水平段长年度学习曲线。水平段长年度学习曲线显示，2011 年以前统计完钻井 3 口，平均水平段长 1315 m、P25 水平段长 1259 m、P50 水平段长 1424 m、P75 水平段长 1426 m。2011 年统计完钻井 42 口，平均水平段长 1544 m、P25 水平段长 1362 m、P50 水平段长 1536 m、P75 水平段长 1714 m。2012 年统计完钻井 263 口，平均水平段长 1665 m、P25 水平段长 1487 m、P50 水平段长 1674 m、P75 水平段长 1806 m。2013 年统计完钻井

456口,平均水平段长2019 m、P25水平段长1661 m、P50水平段长1922 m、P75水平段长2304 m。2014年统计完钻井612口,平均水平段长2283 m、P25水平段长1952 m、P50水平段长2263 m、P75水平段长2576 m。2015年统计完钻井323口,平均水平段长2553 m、P25水平段长2173 m、P50水平段长2522 m、P75水平段长2935 m。2016年统计完钻井255口,平均水平段长2645 m、P25水平段长2208 m、P50水平段长2561 m、P75水平段长2986 m。2017年统计完钻井398口,平均水平段长3004 m、P25水平段长2395 m、P50水平段长2842 m、P75水平段长3466 m。2018年统计完钻井235口,平均水平段长3217 m、P25水平段长2556 m、P50水平段长3111 m、P75水平段长3950 m。2019年统计完钻井172口,平均水平段长3329 m、P25水平段长2616 m、P50水平段长3265 m、P75水平段长3942 m。2020年统计完钻井9口,平均水平段长3249 m、P25水平段长3019 m、P50水平段长3252 m、P75水平段长3476 m。2021年统计完钻井3口,平均水平段长2720 m、P25水平段长2656 m、P50水平段长2704 m、P75水平段长2776 m。

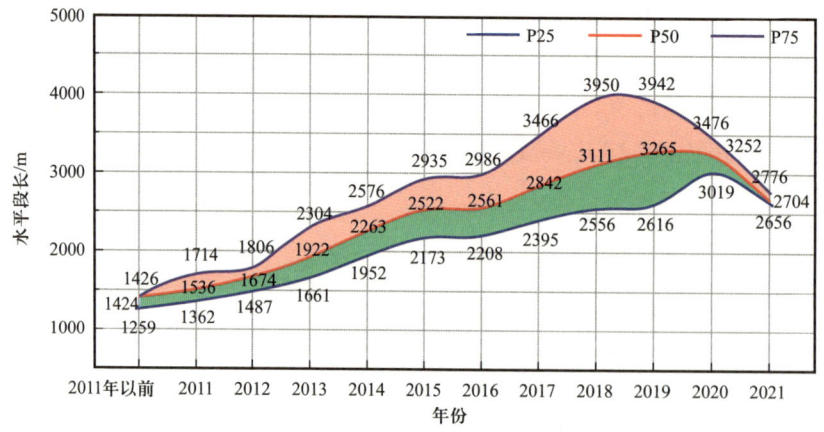

图3-12 Utica页岩油气藏完钻井水平段长年度学习曲线

3.2.1 油气井

Utica页岩油气藏截至2021年底累计统计油气井许可28口,完钻水平段长范围1 427.68~4 631.44 m,平均水平段长2 206.37 m、P25水平段长1 895.55 m、P50水平段长2 092.15 m、P75水平段长2 409.52 m。

图3-13为Utica页岩油气藏完钻油气井水平段长统计分布图,统计结果显示水平段长1400~1600 m油气井2口,统计占比7.1%。水平段长1600~1800 m油气井2口,统计占比7.1%。水平段长1800~2000 m油气井6口,统计占比21.4%。水平段长2000~2200 m油气井5口,统计占比17.9%。水平段长2200~2400 m油气井6口,统计占比21.4%。水平段长2400~2600 m油气井5口,统计占比17.9%。水平段长2600~2800 m油气井1口,统计占比3.6%。

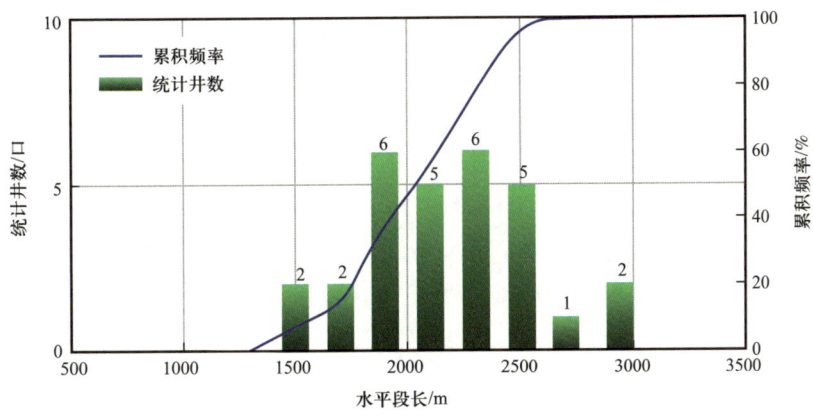

图 3-13　Utica 页岩油气藏油气井水平段长统计分布图

图 3-14 给出了 Utica 页岩油气藏油气井水平段长年度学习曲线，2011 年以前统计油气井 1 口，水平段长 1428 m。2011 年统计油气井 2 口，平均水平段长 1670 m、P25 水平段长 1604 m、P50 水平段长 1670 m、P75 水平段长 1735 m。2012 年统计油气井 3 口，平均水平段长 2023 m、P25 水平段长 1839 m、P50 水平段长 1971 m、P75 水平段长 2182 m。2013 年统计油气井 5 口，平均水平段长 2432 m、P25 水平段长 2460 m、P50 水平段长 2522 m、P75 水平段长 2580 m。2014 年统计油气井 8 口，平均水平段长 2127 m、P25 水平段长 1976 m、P50 水平段长 2129 m、P75 水平段长 2310 m。2015 年统计油气井 8 口，平均水平段长 2468 m、P25 水平段长 2006 m、P50 水平段长 2203 m、P75 水平段长 2412 m。2018 年统计油气井 1 口，水平段长 2022 m。

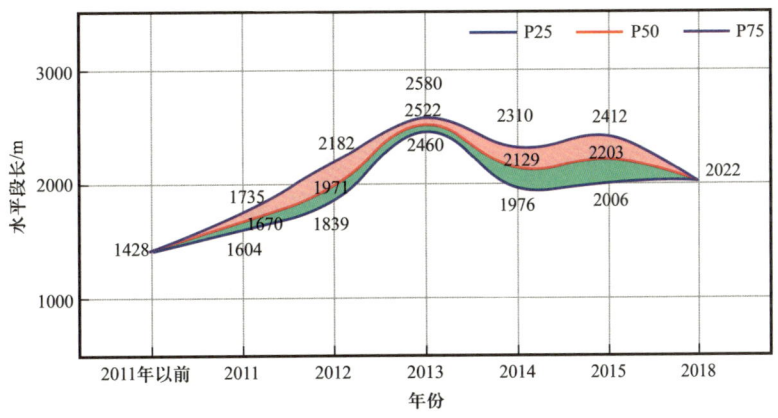

图 3-14　Utica 页岩油气藏油气井水平段长年度学习曲线

3.2.2　气井

Utica 页岩油气藏截至 2020 年底累计统计气井许可 2743 口，完钻水平段长范围 1 094.54～5 526.94 m，平均水平段长 2 487.63 m、P25 水平段长 1 876.96 m、P50 水平段长 2 365.86 m、P75 水平段长 2 894.53 m。

图 3-15 为 Utica 页岩油气藏完钻水平井水平段长统计分布图，统计结果显示水平段长 500～1000 m 水平井 8 口，统计占比 0.3%。水平段长 1000～1500 m 水平井 172 口，统计占比 6.3%。水平段长 1500～2000 m 水平井 664 口，统计占比 24.2%。水平段长 2000～2500 m 水平井 703 口，统计占比 25.6%。水平段长 2500～3000 m 水平井 627 口，统计占比 22.9%。水平段长 3000～3500 m 水平井 261 口，统计占比 9.5%。水平段长 3500～4000 m 水平井 153 口，统计占比 5.6%。水平段长 4000～4500 m 水平井 91 口，统计占比 3.3%。水平段长 4500～5000 m 水平井 34 口，统计占比 1.2%。

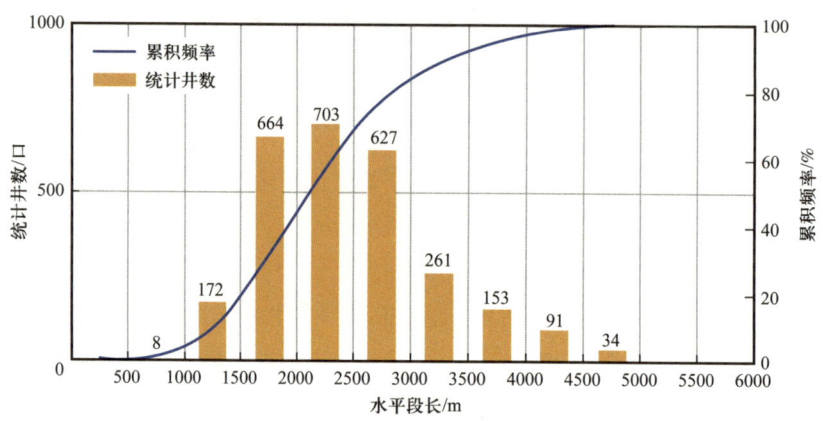

图 3-15　Utica 页岩油气藏气井水平段长统计分布图

图 3-16 给出了 Utica 页岩油气藏气井水平段长年度学习曲线，2011 年以前完钻水平井 2 口，平均水平段长 1259 m，P25 水平段长 1177 m、P50 水平段长 1259 m、P75 水平段长 1341 m。2011 年完钻水平井 40 口，平均水平段长 1538 m、P25 水平段长 1351 m、P50 水平段长 1530 m、P75 水平段长 1695 m。2012 年统计水平井 260 口，平均水平段长 1661 m、P25 水平段长 1484 m、P50 水平段长 1672 m、P75 水平段长 1798 m。2013 年统计水平井 451 口，平均水平段长 2015 m、P25 水平段长 1657 m、P50 水平段长 1919 m、P75 水平段长 2296 m。2014 年统计水平井 604 口，平均水平段长 2285 m、P25 水平段长 1952 m、P50 水平段长 2267 m、P75 水平段长 2586 m。2015 年统计水平井 315 口，平均水平段长 2555 m、P25 水平段长 2177 m、P50 水平段长 2540 m、P75 水平段长 2940 m。2016 年统计水平井 255 口，平均水平段长 2645 m、P25 水平段长 2208 m、P50 水平段长 2561 m、P75 水平段长 2986 m。2017 年统计水平井 398 口，平均水平段长 3004 m、P25 水平段长 2395 m、P50 水平段长 2842 m、P75 水平段长 3466 m。2018 年统计水平井 234 口，平均水平段长 3222 m、P25 水平段长 2559 m、P50 水平段长 3118 m、P75 水平段长 3954 m。2019 年统计水平井 172 口，平均水平段长 3329 m、P25 水平段长 2616 m、P50 水平段长 3265 m、P75 水平段长 3942 m。2020 年统计水平井 9 口，平均水平段长 3249 m、P25 水平段长 3019 m、P50 水平段长 3252 m、P75 水平段长 3476 m。2021 年统计水平井 3 口，平均水平段长 2720 m、P25 水平段长 2656 m、P50 水平段长 2704 m、P75 水平段长 2776 m。

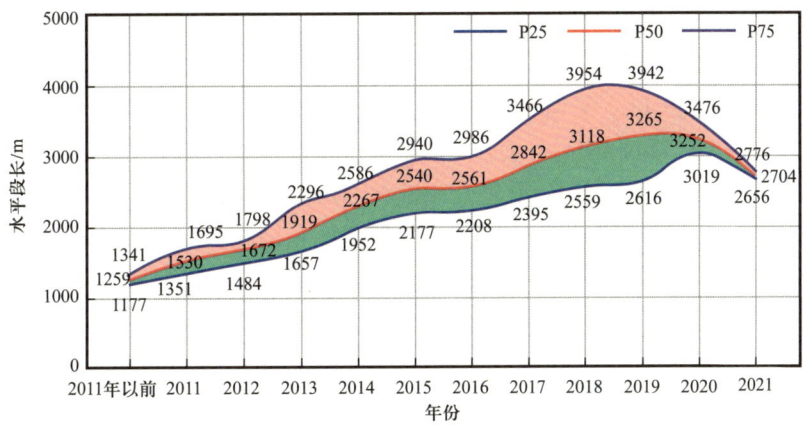

图 3-16　Utica 页岩油气藏气井水平段长年度学习曲线

3.2.3　水平段长图版

水平井钻井工程中，水平段长受垂深等地质特征和工程技术装备水平控制。根据 Utica 页岩油气藏完钻水平井垂深分布，以 500 m 垂深间距统计不同垂深范围完钻井水平段长学习曲线，最终绘制不同埋深范围水平段长年度学习曲线，可为同类型油气藏钻井工程设计提供参考图版。

图 3-17 给出了 Utica 页岩油气藏不同埋深范围水平段长学习图版。埋深小于 2000 m 累计完钻水平井 44 口，平均水平段长 2107 m。2011 年累计完钻井 6 口，平均水平段长 1448 m。2012 年累计完钻井 14 口，平均水平段长 1548 m。2013 年累计完钻井 5 口，平均水平段长 2188 m。2014 年累计完钻井 7 口，平均水平段长 1667 m。2015 年累计完钻井 1 口，平均水平段长 2278 m。2016 年累计完钻井 1 口，平均水平段长 2382 m。2017 年累计完钻井 2 口，平均水平段长 3920 m。2018 年累计完钻井 1 口，平均水平段长 2244 m。2019 年累计完钻井 7 口，平均水平段长 3568 m。

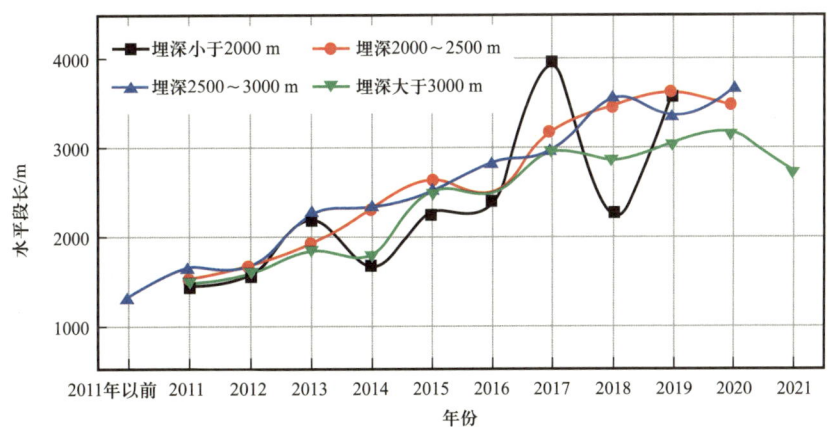

图 3-17　Utica 页岩油气藏水平段长图版

埋深 2000～2500 m 累计完钻水平井 1187 口，平均水平段长 2293 m。2011 年以前累计完钻井 22 口，平均水平段长 1517 m。2012 年累计完钻井 170 口，平均水平段长 1677 m。2013 年累计完钻井 315 口，平均水平段长 1932 m。2014 年累计完钻井 343 口，平均水平段长 2304 m。2015 年累计完钻井 122 口，平均水平段长 2630 m。2016 年累计完钻井 45 口，平均水平段长 2473 m。2017 年累计完钻井 80 口，平均水平段长 3178 m。2018 年累计完钻井 47 口，平均水平段长 3458 m。2019 年累计完钻井 42 口，平均水平段长 3624 m。2020 年累计完钻井 1 口，平均水平段长 3476 m。

埋深 2500～3000 m 累计完钻水平井 1031 口，平均水平段长 2631 m。2011 年以前累计完钻井 3 口，平均水平段长 1315 m。2011 年累计完钻井 13 口，平均水平段长 1641 m。2012 年累计完钻井 71 口，平均水平段长 1669 m。2013 年累计完钻井 125 口，平均水平段长 2247 m。2014 年累计完钻井 231 口，平均水平段长 2337 m。2015 年累计完钻井 125 口，平均水平段长 2520 m。2016 年累计完钻井 125 口，平均水平段长 2830 m。2017 年累计完钻井 178 口，平均水平段长 2963 m。2018 年累计完钻井 87 口，平均水平段长 3541 m。2019 年累计完钻井 72 口，平均水平段长 3338 m。2020 年累计完钻井 1 口，平均水平段长 3623 m。

埋深大于 3000 m 累计完钻水平井 511 口，平均水平段长 2677 m。2011 年累计完钻井 1 口，平均水平段长 1466 m。2012 年累计完钻井 8 口，平均水平段长 1571 m。2013 年累计完钻井 11 口，平均水平段长 1845 m。2014 年累计完钻井 31 口，平均水平段长 1795 m。2015 年累计完钻井 73 口，平均水平段长 2499 m。2016 年累计完钻井 82 口，平均水平段长 2472 m。2017 年累计完钻井 137 口，平均水平段长 2946 m。2018 年累计完钻井 96 口，平均水平段长 2859 m。2019 年累计完钻井 51 口，平均水平段长 3043 m。2020 年累计完钻井 7 口，平均水平段长 3164 m。2021 年累计完钻井 3 口，平均水平段长 2720 m。

Utica 页岩油气藏水平段长图版显示，相同埋深范围完钻井水平段长逐年呈增加趋势，反映了钻完井技术持续进步的趋势。相同时期，完钻井水平段长随埋深增加而呈下降趋势。不同埋深范围完钻井水平段长增幅存在差异。随埋深增加水平段长增幅呈下降趋势。水平段长图版给出了不同埋深范围和不同年度完钻井平均水平段长，可供类似油气藏钻井工程设计水平段长参考。

3.3 钻井测深

水平井测深指井口（转盘面）至测点的井眼实际长度，也常被称为斜深或测量深度。水平井测深一定程度上反映了现有钻完井和水力压裂设备的作业能力。通常，随水平井测深增加，钻完井和水力压裂施工作业难度随之增加，在现有设备作业能力、施工作业难度、作业风险、开发效果和经济效益之间存在一个最优平衡点。

图 3-18 为 Utica 页岩油气藏历年完钻水平井测深散点分布图，累计统计水平井测深 3049 口，测深范围 313.03～9 343.34 m，平均测深 5073 m、P25 测深 4365 m、P50 测深 5064 m、P75 测深 5792 m。

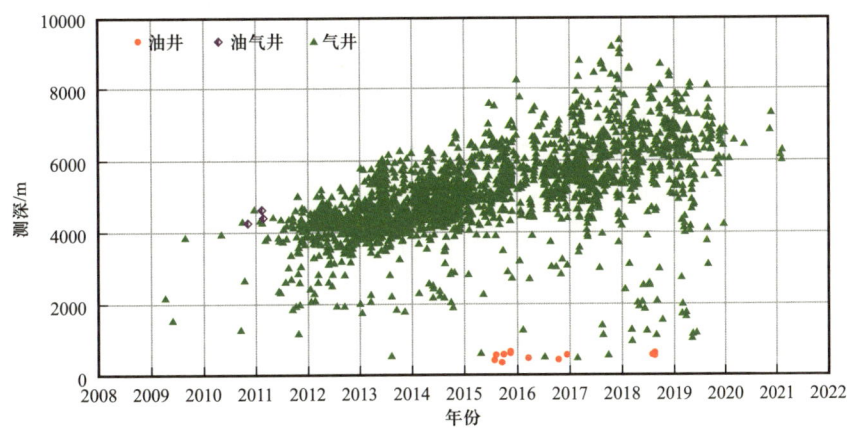

图 3-18 Utica 页岩油气藏水平井测深散点分布图

图 3-19 为 Utica 页岩油气藏完钻水平井测深统计分布图。测深范围小于 4000 m 的完钻水平井 355 口，统计占比 11.64%。在测深范围 4000～4500 m 的完钻水平井 580 口，统计占比 19.02%。在测深范围 4500～5000 m 的完钻水平井 535 口，统计占比 17.55%。在测深范围 5000～5500 m 的完钻水平井 528 口，统计占比 17.32%。在测深范围 5500～6000 m 的完钻水平井 447 口，统计占比 14.66%。在测深范围 6000～6500 m 的完钻水平井 261 口，统计占比 8.56%。在测深范围大于 6500 m 的完钻水平井 343 口，统计占比 11.25%。

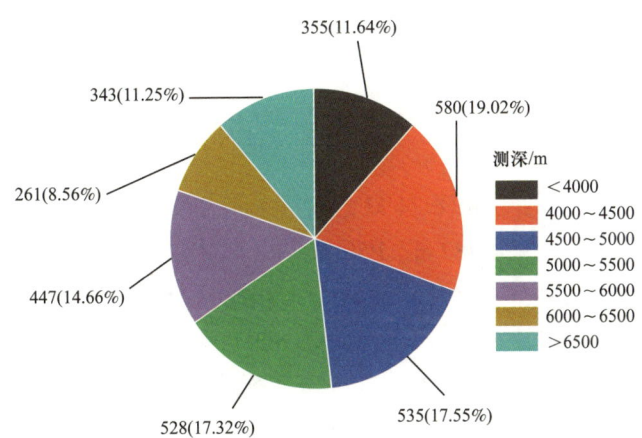

图 3-19 Utica 页岩油气藏水平井测深统计分布图

图 3-20 给出了 Utica 页岩油气藏完钻水平井测深年度学习曲线。统计显示，2011 年以前完钻水平井 25 口，平均测深 1666 m、P25 测深 794 m、P50 测深 1085 m、P75 测深 2178 m。2011 年完钻水平井 73 口，平均测深 3814 m、P25 测深 3699 m、P50 测深 3998 m、P75 测深 4300 m。2012 年完钻水平井 341 口，平均测深 4115 m、P25 测深 3915 m、P50 测深 4182 m、P75 测深 4379 m。2013 年完钻水平井 508 口，平均测深 4536 m、P25 测深 4150 m、P50 测深 4435 m、P75 测深 4892 m。2014 年完钻水平井 626 口，平均测深 4903 m、P25 测深 4555 m、P50 测深 4924 m、P75 测深 5293 m。2015 年完钻水平井 342 口，平均

测深 5184 m、P25 测深 4912 m、P50 测深 5306 m、P75 测深 5817 m。2016 年完钻水平井 267 口，平均测深 5456 m、P25 测深 5077 m、P50 测深 5596 m、P75 测深 6067 m。2017 年完钻水平井 403 口，平均测深 5951 m、P25 测深 5363 m、P50 测深 5831 m、P75 测深 6500 m。2018 年完钻水平井 254 口，平均测深 5964 m、P25 测深 5540 m、P50 测深 6305 m、P75 测深 6837 m。2019 年完钻水平井 198 口，平均测深 5795 m、P25 测深 5324 m、P50 测深 6208 m、P75 测深 6766 m。2020 年完钻水平井 9 口，平均测深 6730 m、P25 测深 6539 m、P50 测深 6824 m、P75 测深 6853。2021 年完钻水平井 3 口，平均测深 6167 m、P25 测深 6097 m、P50 测深 6157 m、P75 测深 6232 m。

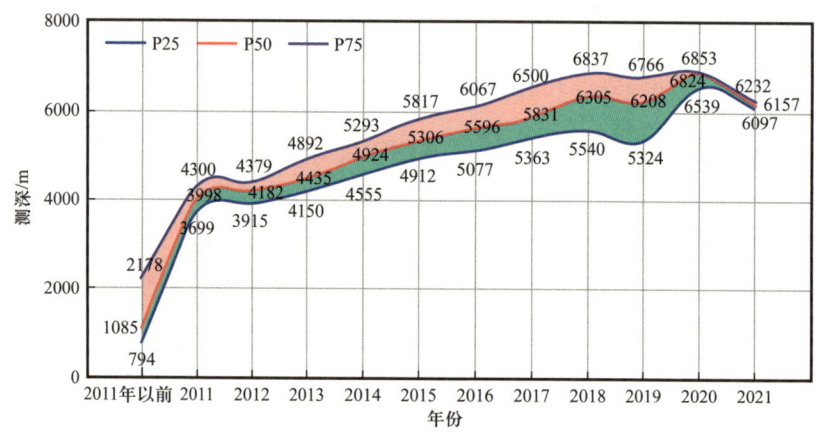

图 3-20　Utica 页岩油气藏水平井测深年度学习曲线

3.3.1　油井

Utica 页岩油气藏统计油井测深 24 口，完钻水平井测深范围 364.24～1 302.41 m，平均测深 625 m、P25 水平井测深 482 m、P50 水平井测深 652 m、P75 水平井测深 672 m。

图 3-21 为 Utica 页岩油气藏油井测深统计分布图，统计结果显示测深范围 300～400 m 完钻水平井 2 口，统计占比 8.3%。测深范围 400～500 m 完钻水平井 5 口，统计占比 20.8%。测深范围 500～600 m 完钻水平井 5 口，统计占比 20.8%。测深范围 600～700 m 完钻水平井 10 口，统计占比 41.7%。测深范围 1100～1200 m 完钻水平井 1 口，统计占比 4.2%。测深范围 1300～1400 m 完钻水平井 1 口，统计占比 4.2%。

图 3-22 给出了 Utica 页岩油气藏油井测深年度学习曲线。2011 年以前统计完钻水平井 2 口，平均测深 1250 m、P25 水平井测深 1224 m、P50 水平井测深 1250 m、P75 水平井测深 1276 m。2015 年统计完钻水平井 12 口，平均测深 542 m、P25 水平井测深 452 m、P50 水平井测深 598 m、P75 水平井测深 605 m。2016 年统计完钻水平井 5 口，平均测深 523 m、P25 水平井测深 475 m、P50 水平井测深 492 m、P75 水平井测深 585 m。2018 年统计完钻水平井 5 口，平均测深 597 m、P25 水平井测深 587 m、P50 水平井测深 602 m、P75 水平井测深 610 m。

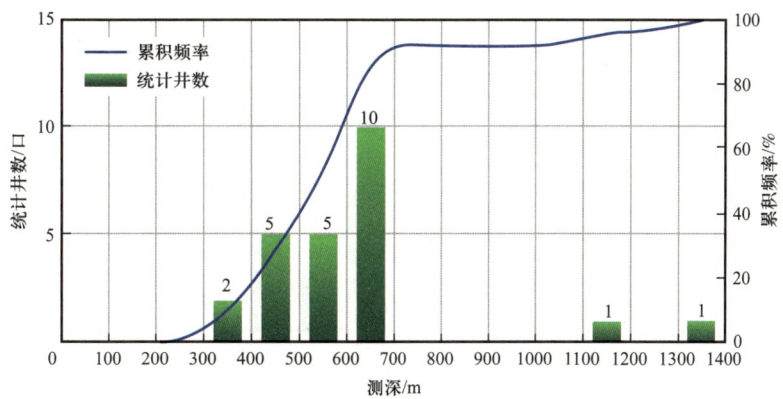

图 3-21 Utica 页岩油气藏油井测深统计分布图

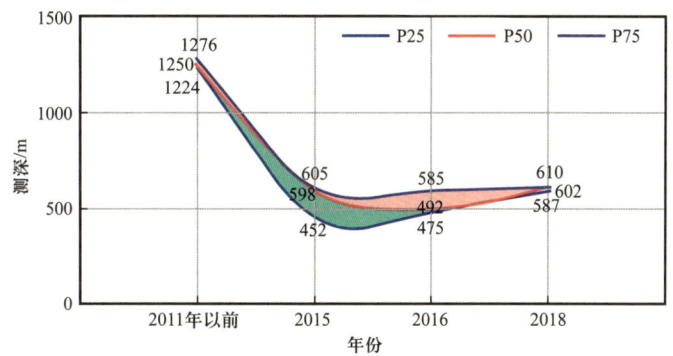

图 3-22 Utica 页岩油气藏油井测深年度学习曲线

3.3.2 油气井

Utica 页岩油气藏统计油气井测深 27 口，完钻水平井测深范围 4 119.98～6 601.97 m，平均测深 4693 m、P25 水平井测深 4354 m、P50 水平井测深 4624 m、P75 水平井测深 4891 m。

图 3-23 为 Utica 页岩油气藏油气井测深统计分布图，统计结果显示，测深范围 4100～4200 m 完钻水平井 2 口，统计占比 7.4%。测深范围 4200～4300 m 完钻水平井 4 口，统计占比 14.8%。测深范围 4300～4400 m 完钻水平井 1 口，统计占比 3.7%。测深范围 4400～4500 m 完钻水平井 2 口，统计占比 7.4%。测深范围 4500～4600 m 完钻水平井 3 口，统计占比 11.1%。测深范围 4600～4700 m 完钻水平井 3 口，统计占比 11.1%。测深范围 4700～4800 m 完钻水平井 1 口，统计占比 3.7%。测深范围 4800～4900 m 完钻水平井 4 口，统计占比 14.8%。测深范围 4900～5000 m 完钻水平井 2 口，统计占比 7.4%。测深范围 5000～5100 m 完钻水平井 4 口，统计占比 14.8%。

图 3-24 给出了 Utica 页岩油气藏油气井测深年度学习曲线。统计结果显示，2011 年以前完钻水平井 1 口，测深 4268 m。2011 年完钻水平井 2 口，平均测深 4509 m、P25 水

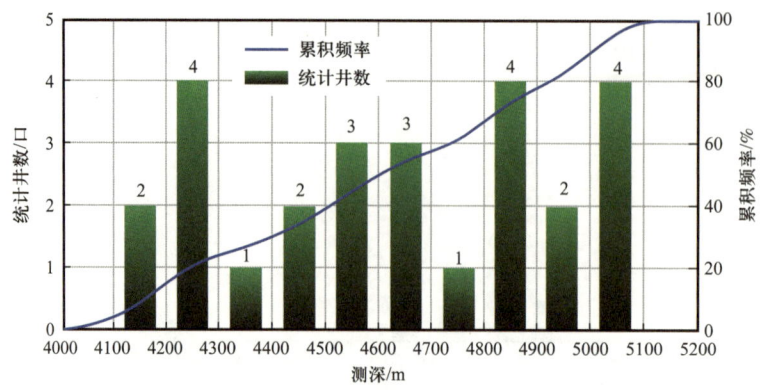

图 3-23　Utica 页岩油气藏油气井测深统计分布图

平井测深 4456 m、P50 水平井测深 4509 m、P75 水平井测深 4561 m。2012 年完钻水平井 3 口，平均测深 4399 m、P25 水平井测深 4194 m、P50 水平井测深 4243 m、P75 水平井测深 4526 m。2013 年完钻水平井 5 口，平均测深 4815 m、P25 水平井测深 4847 m、P50 水平井测深 4915 m、P75 水平井测深 4975 m。2014 年完钻水平井 8 口，平均测深 4594 m、P25 水平井测深 4449 m、P50 水平井测深 4593 m、P75 水平井测深 4762 m。2015 年完钻水平井 8 口，平均测深 4924 m、P25 水平井测深 4485 m、P50 水平井测深 4720 m、P75 水平井测深 5048 m。

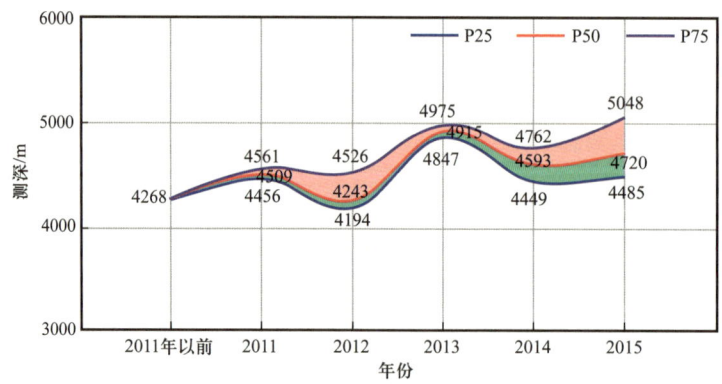

图 3-24　Utica 页岩油气藏油气井测深年度学习曲线

3.3.3　气井

Utica 页岩油气藏统计气井测深 2998 口，完钻水平井测深范围 313.03～9 343.34 m，平均测深 5112 m、P25 水平井测深 4376 m、P50 水平井测深 5085 m、P75 水平井测深 5807 m。

图 3-25 为 Utica 页岩油气藏气井测深统计分布图，统计结果显示，测深范围 0～500 m 完钻水平井 6 口，统计占比 0.2%。测深范围 500～1000 m 完钻水平井 11 口，统计占比 0.4%。测深范围 1000～1500 m 完钻水平井 15 口，统计占比 0.5%。测深范围 1500～2000 m

完钻水平井 26 口，统计占比 0.9%。测深范围 2000~2500 m 完钻水平井 28 口，统计占比 0.9%。测深范围 2500~3000 m 完钻水平井 27 口，统计占比 0.9%。测深范围 3000~3500 m 完钻水平井 38 口，统计占比 1.3%。测深范围 3500~4000 m 完钻水平井 180 口，统计占比 6.0%。测深范围 4000~4500 m 完钻水平井 571 口，统计占比 19.0%。测深范围 4500~5000 m 完钻水平井 522 口，统计占比 17.4%。测深范围 5000~5500 m 完钻水平井 524 口，统计占比 17.5%。测深范围 5500~6000 m 完钻水平井 447 口，统计占比 14.9%。测深范围 6000~6500 m 完钻水平井 261 口，统计占比 8.7%。测深范围 6500~7000 m 完钻水平井 180 口，统计占比 6.0%。测深范围 7000~7500 m 完钻水平井 91 口，统计占比 3.0%。测深范围 7500~8000 m 完钻水平井 41 口，统计占比 1.4%。

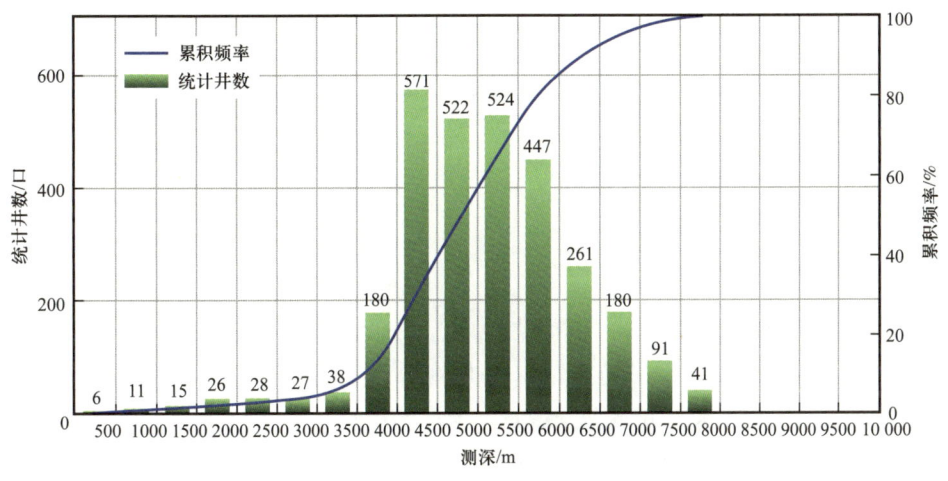

图 3-25　Utica 页岩油气藏气井测深统计分布图

图 3-26 给出了 Utica 页岩油气藏气井测深年度学习曲线。统计结果显示，2011 年以前完钻水平井样本数为 22 口，平均测深 1586 m，P25 测深 702 m，P50 测深 1003 m，P75 测深 2011 m。2011 年完钻水平井样本数为 71 口，平均测深 3795 m，P25 测深 3678 m，P50 测深 3966 m，P75 测深 4260 m。2012 年完钻水平井样本数为 338 口，平均测深 4113 m，P25 测深 3913 m，P50 测深 4181 m，P75 测深 4379 m。2013 年完钻水平井样本数为 503 口，平均测深 4533 m，P25 测深 4148 m，P50 测深 4429 m，P75 测深 4888 m。2014 年完钻水平井样本数为 618 口，平均测深 4907 m，P25 测深 4556 m，P50 测深 4927 m，P75 测深 5299 m。2015 年完钻水平井样本数为 322 口，平均测深 5363 m，P25 测深 4965 m，P50 测深 5345 m，P75 测深 5835 m。2016 年完钻水平井样本数为 262 口，平均测深 5550 m，P25 测深 5098 m，P50 测深 5605 m，P75 测深 6079 m。2017 年完钻水平井样本数为 403 口，平均测深 5951 m，P25 测深 5363 m，P50 测深 5831 m，P75 测深 6500 m。2018 年完钻水平井样本数为 249 口，平均测深 6072 m，P25 测深 5658 m，P50 测深 6344 m，P75 测深 6851 m。2019 年完钻水平井样本数为 198 口，平均测深 5795 m，P25 测深 5324 m，P50 测深 6208 m，P75 测深 6766 m。2020 年完钻水平井样本数为 9 口，平均测深 6730 m，

P25 测深 6539 m，P50 测深 6824 m，P75 测深 6853 m。2021 年完钻水平井样本数为 3 口，平均测深 6167 m，P25 测深 6097 m，P50 测深 6157 m，P75 测深 6232 m。

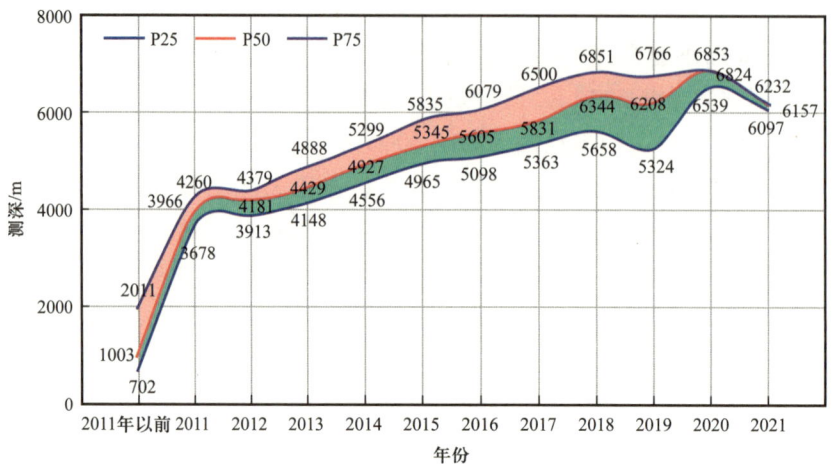

图 3-26　Utica 页岩油气藏气井测深年度学习曲线

3.3.4　测深图版

　　Utica 页岩油气藏埋深以浅层、中深层为主。小于 1500 m 统计完钻井 26 口，完钻水平井测深范围 364～6272 m，平均完钻水平井测深 1073 m、P25 水平井测深 509 m、P50 水平井测深 602 m、P75 水平井测深 663 m。统计结果显示，2011 年完钻水平井 2 口，平均测深 1922 m、P25 水平井测深 1563 m、P50 水平井测深 1922 m、P75 水平井测深 2282 m。2012 年完钻水平井 1 口，平均测深 2304 m、P25 水平井测深 2304 m、P50 水平井测深 2304 m、P75 水平井测深 2304 m。2015 年完钻水平井 9 口，平均测深 546 m、P25 水平井测深 463 m、P50 水平井测深 594 m、P75 水平井测深 602 m。2016 年完钻水平井 7 口，平均测深 1012 m、P25 水平井测深 484 m、P50 水平井测深 585 m、P75 水平井测深 931 m。2017 年完钻水平井 2 口，平均测深 3384 m、P25 水平井测深 1940 m、P50 水平井测深 3384 m、P75 水平井测深 4828 m。2018 年完钻水平井 5 口，平均测深 597 m、P25 水平井测深 587 m、P50 水平井测深 602 m、P75 水平井测深 610 m。

　　埋深 1500～2000 m 统计完钻井 42 口，完钻水平井测深范围 1839～7646 m，平均完钻水平井测深 3912 m、P25 水平井测深 3334 m、P50 水平井测深 3584 m、P75 水平井测深 4315 m。

　　统计结果显示，2011 年完钻水平井 5 口，平均测深 3437 m、P25 水平井测深 3341 m、P50 水平井测深 3439 m、P75 水平井测深 3590 m。2012 年完钻水平井 13 口，平均测深 3485 m、P25 水平井测深 3187 m、P50 水平井测深 3418 m、P75 水平井测深 3578 m。2013 年完钻水平井 7 口，平均测深 3534 m、P25 水平井测深 2719 m、P50 水平井测深 4047 m、P75 水平井测深 4365 m。2014 年完钻水平井 7 口，平均测深 3453 m、P25 水平井测深 3008 m、P50 水平井测深 3449 m、P75 水平井测深 3766 m。2015 年完钻水平井 1 口，平均测深4386 m、P25水平井测深4386 m、P50水平井测深4386 m、P75水平井测深4386 m。2017年完钻水平井1口，平均测深4274 m、P25水平井测深4274 m、P50水平井测深4274 m、P75水平井测深4274 m。2018年完钻水平井1口，平均测深4357 m、P25水平井测深4357 m、P50水平井测深4357 m、P75水平井测深4357 m。2019年完钻水平井7口，平均测深5696 m、P25水平井测深4087 m、P50水平井测深4922 m、P75水平井测深7551 m。

埋深2000～2500 m统计完钻井1198口，完钻水平井测深范围2045～8771 m，平均完钻水平井测深4764 m、P25水平井测深4234 m、P50水平井测深4606 m、P75水平井测深5155 m。

统计结果显示，2011年完钻水平井22口，平均测深3951 m、P25水平井测深3812 m、P50水平井测深3884 m、P75水平井测深4176 m。2012年完钻水平井171口，平均测深4125 m、P25水平井测深3932 m、P50水平井测深4162 m、P75水平井测深4299 m。2013年完钻水平井319口，平均测深4380 m、P25水平井测深4099 m、P50水平井测深4328 m、P75水平井测深4646 m。2014年完钻水平井346口，平均测深4780 m、P25水平井测深4448 m、P50水平井测深4812 m、P75水平井测深5124 m。2015年完钻水平井123口，平均测深5127 m、P25水平井测深4675 m、P50水平井测深5090 m、P75水平井测深5601 m。2016年完钻水平井45口，平均测深5004 m、P25水平井测深4623 m、P50水平井测深4996 m、P75水平井测深5182 m。2017年完钻水平井81口，平均测深5672 m、P25水平井测深4854 m、P50水平井测深5397 m、P75水平井测深6065 m。2018年完钻水平井48口，平均测深5934 m、P25水平井测深5448 m、P50水平井测深5912 m、P75水平井测深6724 m。2019年完钻水平井42口，平均测深6134 m、P25水平井测深5379 m、P50水平井测深6415 m、P75水平井测深6821 m。2020年完钻水平井1口，平均测深6067 m、P25水平井测深6067 m、P50水平井测深6067 m、P75水平井测深6067 m。

图3-27给出了Utica页岩油气藏水平井测深图版，所有埋深范围内水平井测深整体至2021年呈逐年增加趋势。相同年度，水平井测深随埋深增加而增加。

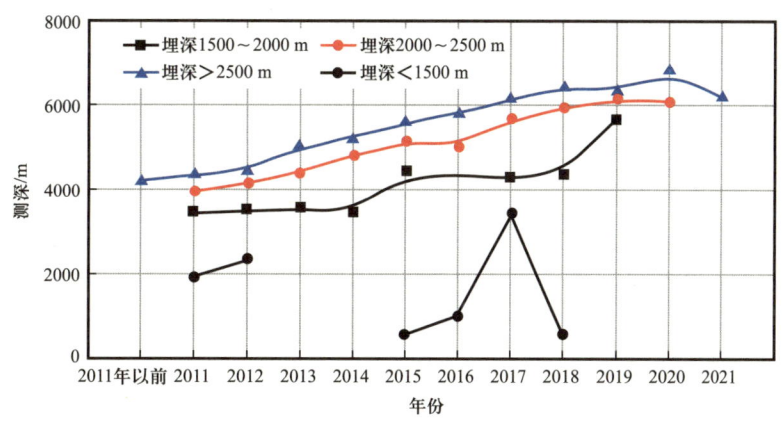

图3-27 Utica页岩油气藏水平井测深图版

埋深大于 2500 m 统计完钻井 1541 口，完钻水平井测深范围 2553～9343 m，平均完钻水平井测深 5673 m，P25 水平井测深 5054 m、P50 水平井测深 5605 m、P75 水平井测深 6264 m。统计结果显示，2011 年前完钻水平井 3 口，平均测深 4177 m、P25 水平井测深 4114 m、P50 水平井测深 4268 m、P75 水平井测深 4286 m。2011 年完钻水平井 15 口，平均测深 4364 m、P25 水平井测深 4304 m、P50 水平井测深 4583 m、P75 水平井测深 4615 m。2012 年完钻水平井 80 口，平均测深 4439 m、P25 水平井测深 4247 m、P50 水平井测深 4428 m、P75 水平井测深 4642 m。2013 年完钻水平井 137 口，平均测深 4991 m、P25 水平井测深 4485 m、P50 水平井测深 4938 m、P75 水平井测深 5536 m。2014 年完钻水平井 264 口，平均测深 5176 m、P25 水平井测深 4895 m、P50 水平井测深 5157 m、P75 水平井测深 5537 m。2015 年完钻水平井 199 口，平均测深 5566 m、P25 水平井测深 5105 m、P50 水平井测深 5473 m、P75 水平井测深 5984 m。2016 年完钻水平井 211 口，平均测深 5743 m、P25 水平井测深 5319 m、P50 水平井测深 5733 m、P75 水平井测深 6242 m。2017 年完钻水平井 314 口，平均测深 6099 m、P25 水平井测深 5499 m、P50 水平井测深 5959 m、P75 水平井测深 6546 m。2018 年完钻水平井 182 口，平均测深 6394 m、P25 水平井测深 5827 m、P50 水平井测深 6425 m、P75 水平井测深 6928 m。2019 年完钻水平井 125 口，平均测深 6306 m、P25 水平井测深 5696 m、P50 水平井测深 6321 m、P75 水平井测深 6847 m。2020 年完钻水平井 8 口，平均测深 6813 m、P25 水平井测深 6716 m、P50 水平井测深 6836 m、P75 水平井测深 6865 m。2021 年完钻水平井 3 口，平均测深 6167 m、P25 水平井测深 6097 m、P50 水平井测深 6157 m、P75 水平井测深 6232 m。

3.4 水垂比

水垂比是指水平井的水平段长与垂深的比值，高水垂比能够在相同垂深条件下获取更长的水平段长，从而提高油气藏单井开发效果和效益。随水垂比增加，钻完井和压裂施工作业难度也随之增加。通常，根据油气藏埋深存在一个合理的水垂比范围，既能够确保水平井开发效果，又能够实现钻完井和压裂等工程技术可行。

图 3-28 为 Utica 页岩油气藏完钻井水垂比散点分布图，其中不同许可类型完钻井水垂比范围 0.24～12.8。针对 Utica 页岩油气藏统计水垂比 2762 口井。所有统计完钻井平均水垂比 0.95、P25 水垂比 0.73、P50 水垂比 0.89、P75 水垂比 1.09。

图 3-29 为 Utica 页岩油气藏完钻井水垂比统计分布图，水垂比范围 0.2～0.3 完钻井 3 口，统计占比 0.1%。水垂比 0.3～0.4 完钻井 15 口，统计占比 0.5%。水垂比 0.4～0.5 完钻井 62 口，统计占比 2.2%。水垂比 0.5～0.6 完钻井 168 口，统计占比 6.1%。水垂比 0.6～0.7 完钻井 308 口，统计占比 11.2%。水垂比 0.7～0.8 完钻井 453 口，统计占比 16.4%。水垂比 0.8～0.9 完钻井 412 口，统计占比 14.9%。水垂比 0.9～1.0 完钻井 365 口，统计占比 13.2%。水垂比 1.0～1.1 完钻井 320 口，统计占比 11.6%。水垂比 1.1～1.2 完钻井 205 口，统计占比 7.4%。水垂比 1.2～1.3 完钻井 137 口，统计占比 5%。水垂比

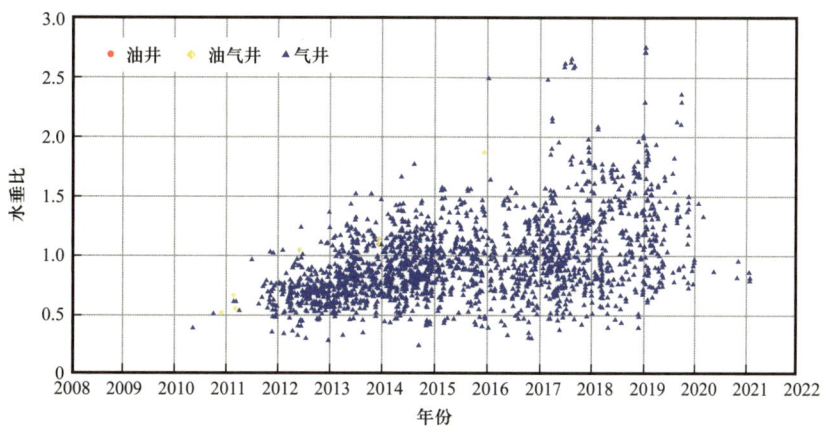

图 3-28 Utica 页岩油气藏完钻井水垂比散点分布图

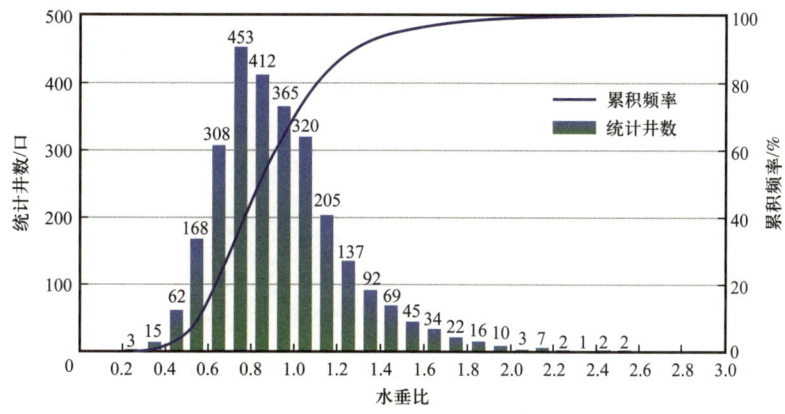

图 3-29 Utica 页岩油气藏完钻井水垂比统计分布图

1.3~1.4 完钻井 92 口，统计占比 3.3%。水垂比 1.4~1.5 完钻井 69 口，统计占比 2.5%。水垂比 1.5~1.6 完钻井 45 口，统计占比 1.6%。水垂比 1.6~1.7 完钻井 34 口，统计占比 1.2%。水垂比 1.7~1.8 完钻井 22 口，统计占比 0.8%。水垂比 1.8~1.9 完钻井 16 口，统计占比 0.6%。水垂比 1.9~2.0 完钻井 10 口，统计占比 0.4%。水垂比 2.0~2.1 完钻井 3 口，统计占比 0.1%。水垂比 2.1~2.2 完钻井 7 口，统计占比 0.3%。水垂比 2.2~2.3 完钻井 2 口，统计占比 0.1%。水垂比 2.3~2.4 完钻井 1 口，统计占比约为 0。水垂比 2.4~2.5 完钻井 2 口，统计占比 0.1%。水垂比 2.5~2.6 完钻井 2 口，统计占比 0.1%。

图 3-30 给出了 Utica 页岩油气藏完钻井水垂比年度学习曲线。2011 年以前统计完钻井 3 口，平均水垂比 0.47、P25 水垂比 0.45、P50 水垂比 0.51、P75 水垂比 0.51。2011 年统计完钻井 42 口，平均水垂比 0.65、P25 水垂比 0.56、P50 水垂比 0.63、P75 水垂比 0.73。2012 年统计完钻井 263 口，平均水垂比 0.69、P25 水垂比 0.60、P50 水垂比 0.69、P75 水垂比 0.75。2013 年统计完钻井 456 口，平均水垂比 0.83、P25 水垂比 0.68、P50 水垂比 0.79、P75 水垂比 0.94。2014 年统计完钻井 612 口，平均水垂比 0.91、P25 水垂比 0.76、P50 水垂比 0.91、P75 水垂比 1.05。2015 年统计完钻井 321 口，平均水垂比 0.96、P25 水垂比 0.80、

P50 水垂比 0.96、P75 水垂比 1.07。2016 年统计完钻井 253 口，平均水垂比 0.95、P25 水垂比 0.76、P50 水垂比 0.93、P75 水垂比 1.08。2017 年统计完钻井 397 口，平均水垂比 1.10、P25 水垂比 0.84、P50 水垂比 1.00、P75 水垂比 1.25。2018 年统计完钻井 231 口，平均水垂比 1.14、P25 水垂比 0.83、P50 水垂比 1.10、P75 水垂比 1.45。2019 年统计完钻井 172 口，平均水垂比 1.24、P25 水垂比 0.88、P50 水垂比 1.15、P75 水垂比 1.48。2020 年统计完钻井 9 口，平均水垂比 1.01、P25 水垂比 0.87、P50 水垂比 0.95、P75 水垂比 0.97。2021 年统计完钻井 3 口，平均水垂比 0.82、P25 水垂比 0.80、P50 水垂比 0.82、P75 水垂比 0.84。

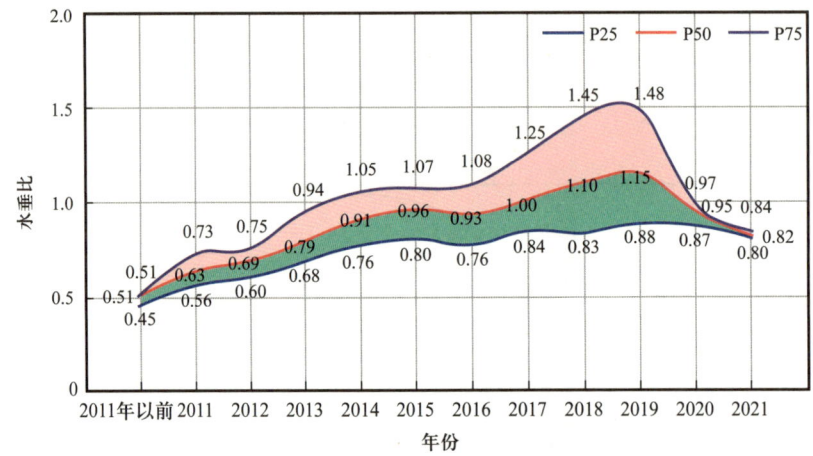

图 3-30　Utica 页岩油气藏完钻井水垂比年度学习曲线

Utica 页岩油气藏历年完钻井水垂比 2019 年前总体呈逐年增加趋势。2020 年下降至 0.87~0.97，其后较为平稳。

3.4.1　浅层井

图 3-31 给出了 Utica 页岩油气藏埋深小于 2000 m 浅层完钻井水垂比统计分布及年度学习曲线。Utica 页岩油气藏在埋深小于 2000 m 范围完钻水平井 44 口，水垂比范围 0.61~12.8，平均水垂比 1.39、P25 水垂比 0.79、P50 水垂比 1.03、P75 水垂比 1.21。

2011 年统计完钻井 6 口，平均水垂比为 0.82，P25 水垂比为 0.69，P50 水垂比为 0.78，P75 水垂比为 0.97。2012 年统计完钻井 14 口，平均水垂比为 0.88，P25 水垂比为 0.72，P50 水垂比为 0.83，P75 水垂比为 0.97。2013 年统计完钻井 5 口，平均水垂比为 1.19，P25 水垂比为 1.15，P50 水垂比为 1.20，P75 水垂比为 1.30。2014 年统计完钻井 7 口，平均水垂比为 0.98，P25 水垂比为 0.83，P50 水垂比为 0.91，P75 水垂比为 1.15。2015 年统计完钻井 1 口，平均水垂比为 1.15，P25 水垂比为 1.15，P50 水垂比为 1.15，P75 水垂比为 1.15。2016 年统计完钻井 1 口，平均水垂比为 3.40，P25 水垂比为 3.40，P50 水垂比为 3.40，P75 水垂比为 3.40。2017 年统计完钻井 2 口，平均水垂比为 7.02，P25 水垂比为 4.13，P50 水垂比为 7.02，P75 水垂比为 9.91。2018 年统计完钻井 1 口，平均水垂比为 1.12，

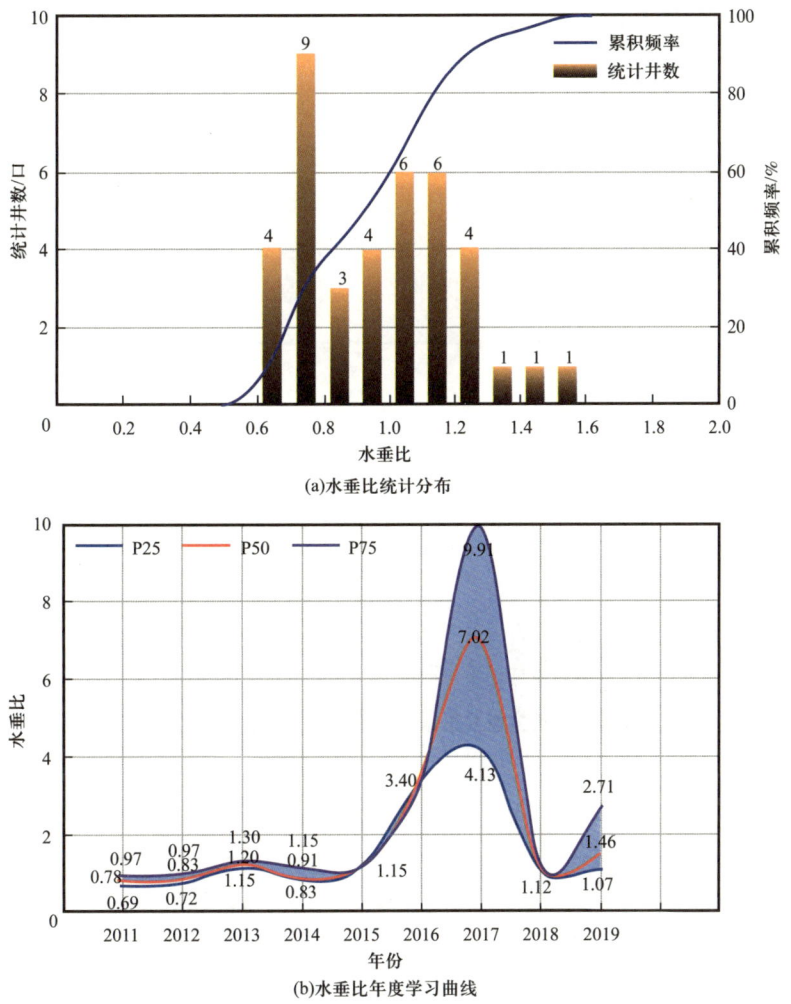

图 3-31 Utica 页岩油气藏埋深小于 2000 m 完钻井水垂比统计分布及年度学习曲线

P25 水垂比为 1.12，P50 水垂比为 1.12，P75 水垂比为 1.12。2019 年统计完钻井 7 口，平均水垂比为 1.83，P25 水垂比为 1.07，P50 水垂比为 1.46，P75 水垂比为 2.71。

3.4.2 中深层井

Utica 页岩油气藏埋深 2000～2500 m 中深层累计完钻水平井 1187 口，水垂比范围 0.30～2.67，平均水垂比 0.97、P25 水垂比 0.74、P50 水垂比 0.90、P75 水垂比 1.11。

图 3-32 给出了 Utica 页岩油气藏埋深 2000～2500 m 完钻井水垂比统计分布及年度学习曲线。根据最新的数据统计，水垂比 0.2～0.3 区间完钻水平井仅有 1 口，占比 0.1%；0.3～0.4 区间有 2 口，占比 0.2%；0.4～0.5 区间有 10 口，占比 0.8%；0.5～0.6 区间有 60 口，占比 5.1%；0.6～0.7 区间有 135 口，占比 11.4%；0.7～0.8 区间有 214 口，占比 18.0%；0.8～0.9 区间有 165 口，占比 13.9%；0.9～1.0 区间有 157 口，占比 13.2%；1.0～1.1 区间有 135 口，占比 11.4%；1.1～1.2 区间有 104 口，占比 8.8%；1.2～1.3 区间

有59口，占比5.0%；1.3~1.4区间有33口，占比2.8%；1.4~1.5区间有32口，占比2.7%；1.5~1.6区间有18口，占比1.5%；1.6~1.7区间有17口，占比1.4%；1.7~1.8区间有13口，占比1.1%；1.8~1.9区间有9口，占比0.8%；1.9~2.0区间有6口，占比0.5%；2.0~2.1区间有1口，占比0.1%；2.1~2.2区间有5口，占比0.4%；2.2~2.3区间有2口，占比0.2%；2.3~2.4区间有1口，占比0.1%；2.4~2.5区间有2口，占比0.2%；2.5~2.6区间有2口，占比0.2%。这些数据呈现了各水垂比范围内完钻水平井的分布情况，为进一步的油田开发和生产提供了有益信息。

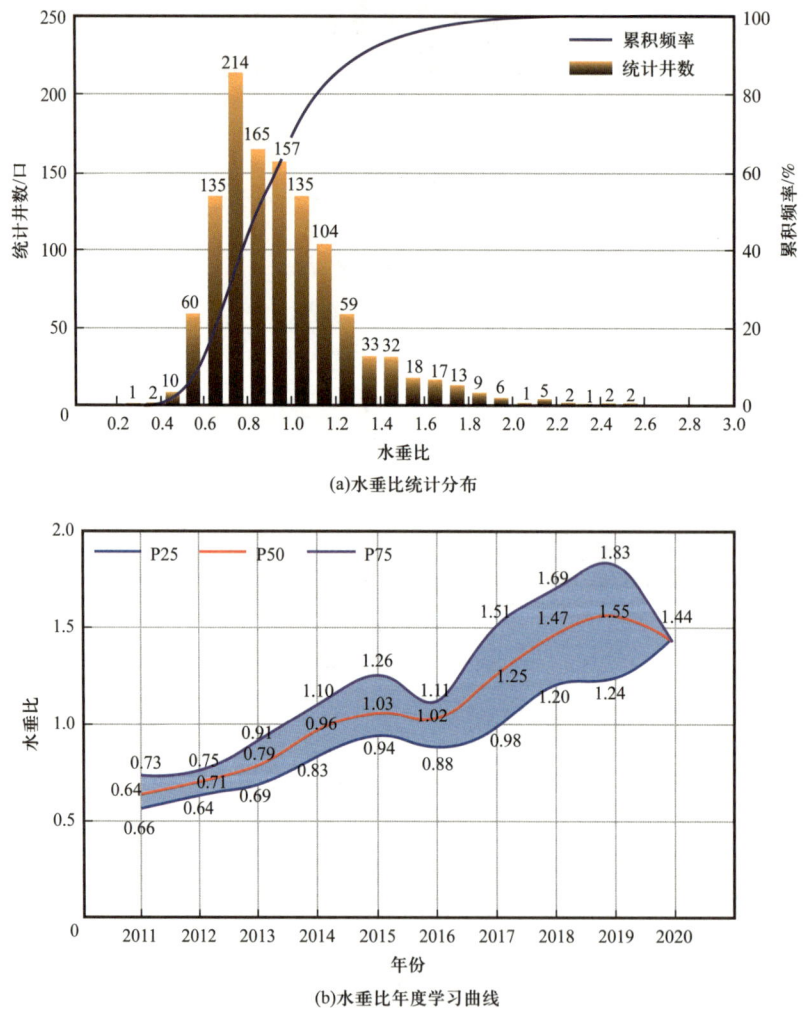

图 3-32　Utica 页岩油气藏埋深 2000~2500 m 完钻井水垂比统计分布及年度学习曲线

水垂比年度学习曲线显示，2011 年统计完钻井 22 口，平均水垂比 0.65、P25 水垂比 0.56、P50 水垂比 0.64、P75 水垂比 0.73。2012 年统计完钻井 170 口，平均水垂比 0.71、P25 水垂比 0.64、P50 水垂比 0.71、P75 水垂比 0.75。2013 年统计完钻井 315 口，平均水垂比 0.82、P25 水垂比 0.69、P50 水垂比 0.79、P75 水垂比 0.91。2014 年统计完钻井 343 口，平均水垂比 0.97、P25 水垂比 0.83、P50 水垂比 0.96、P75 水垂比 1.10。2015 年统计完钻井 122 口，平均水垂比 1.10，P25 水垂比 0.94、P50 水垂比 1.05、P75 水垂比 1.26。2016 年统计完钻井 45 口，平均水垂比 1.04、P25 水垂比 0.88、P50 水垂比 1.02、P75 水垂比 1.11。2017 年统计完钻井 80 口，平均水垂比 1.35、P25 水垂比 0.98、P50 水垂比 1.25、P75 水垂比 1.51。2018 年统计完钻井 47 口，平均水垂比 1.46、P25 水垂比 1.20、P50 水垂比 1.47、P75 水垂比 1.69。2019 年统计完钻井 42 口，平均水垂比 1.57、P25 水垂比 1.24、P50 水垂比 1.56、P75 水垂比 1.83。2020 年统计完钻井 1 口，平均水垂比 1.44、P25 水垂比 1.44、P50 水垂比 1.44、P75 水垂比 1.44。

Utica 页岩油气藏埋深大于 2500 m 区间完钻水平井 1531 口，水垂比范围 0.24~2.13，平均水垂比 0.92、P25 水垂比 0.72、P50 水垂比 0.88、P75 水垂比 1.06。图 3-33 给出了 Utica 页岩油气藏埋深大于 2500 m 完钻井水垂比统计分布及年度学习曲线。完钻井水垂比统计分布显示，水垂比 0.2~0.3 区间完钻水平井有 2 口，占比 0.1%；0.3~0.4 区间有 13 口，占比 0.8%；0.4~0.5 区间有 52 口，占比 3.4%；0.5~0.6 区间有 108 口，占比 7.1%；0.6~0.7 区间有 169 口，占比 11.0%；0.7~0.8 区间有 230 口，占比 15.0%；0.8~0.9 区间有 244 口，占比 15.9%；0.9~1.0 区间有 204 口，占比 13.3%；1.0~1.1 区间有 179 口，占比 11.7%；1.1~1.2 区间有 95 口，占比 6.2%；1.2~1.3 区间有 74 口，占比 4.8%；1.3~1.4 区间有 58 口，占比 3.8%；1.4~1.5 区间有 36 口，占比 2.4%；1.5~1.6 区间有 26 口，占比 1.7%；1.6~1.7 区间有 17 口，占比 1.1%；1.7~1.8 区间有 9 口，占比 0.6%；1.8~1.9 区间有 7 口，占比 0.5%；1.9~2.0 区间有 4 口，占比 0.3%；2.0~2.1 区间有 2 口，占比 0.1%；2.1~2.2 区间有 2 口，占比 0.1%。

水垂比年度学习曲线显示，2011 年以前共完成了 3 口钻井，平均水垂比为 0.47，P25 水垂比为 0.45，P50 水垂比为 0.51，P75 水垂比为 0.51。2011 年共完成了 14 口钻井，平均水垂比为 0.59，P25 水垂比为 0.55，P50 水垂比为 0.59，P75 水垂比为 0.63。2012 年完成了 79 口钻井，平均水垂比为 0.62，P25 水垂比为 0.56，P50 水垂比为 0.61，P75 水垂比为 0.70。2013 年完成了 136 口钻井，平均水垂比为 0.83，P25 水垂比为 0.68，P50 水垂比为 0.81，P75 水垂比为 1.02。2014 年完成了 262 口钻井，平均水垂比为 0.83，P25 水垂比为 0.69，P50 水垂比为 0.81，P75 水垂比为 0.95。2015 年完成了 198 口钻井，平均水垂比为 0.87，P25 水垂比为 0.74，P50 水垂比为 0.90，P75 水垂比为 1.01。2016 年完成了 207 口钻井，平均水垂比为 0.92，P25 水垂比为 0.76，P50 水垂比为 0.91，P75 水垂比为 1.06。2017 年完成了 315 口钻井，平均水垂比为 1.00，P25 水垂比为 0.80，P50 水垂比为 0.95，P75 水垂比为 1.19。2018 年完成了 183 口钻井，平均水垂比为 1.06，P25 水垂比为 0.80，P50 水垂比为 0.97，P75 水垂比为 1.36。2019 年完成了 123 口钻井，平均水垂比为 1.10，P25 水垂比为 0.85，P50 水垂比为 1.01，P75 水垂比为 1.34。2020 年完成了 8 口钻井，平均水垂比为 0.95，P25 水垂比为 0.85，P50 水垂比为 0.94，P75 水垂比为 0.96。2021 年完成了 3 口钻井，平均水垂比为 0.82，P25 水垂比为 0.80，P50 水垂比为 0.82，P75 水垂比为 0.84。

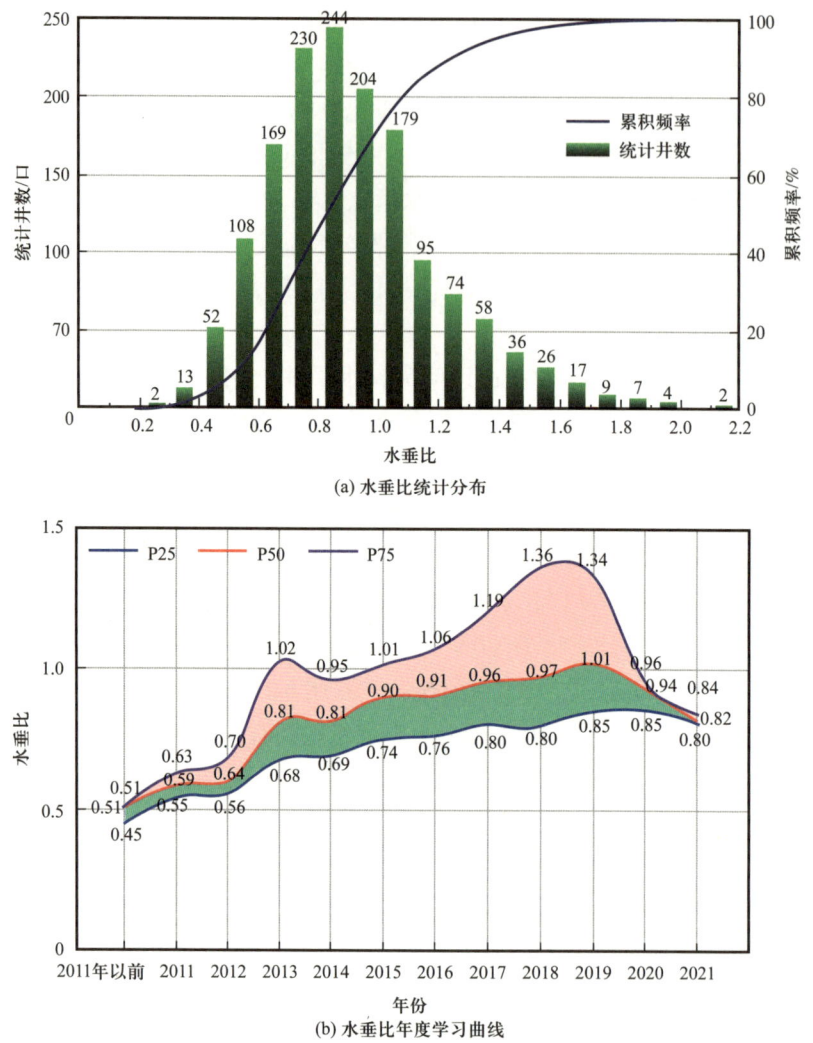

图 3-33　Utica 页岩油气藏埋深大于 2500 m 完钻井水垂比统计分布及年度学习曲线

3.4.3　水垂比图版

不同埋深范围完钻井水垂比年度变化趋势及主体分布可供同类型或类似页岩油气藏钻完井参考借鉴。图 3-34 给出了 Utica 页岩油气藏完钻井平均水垂比图版。水垂比图版显示，不同埋深范围完钻井水垂比存在显著差异，随埋深增加水垂比呈下降趋势。相同埋深范围，水垂比呈逐年上升趋势。埋深小于 2000 m 完钻井水垂比平均年度先升后降，2017 年完钻井平均水垂比为 7.02。埋深 2000～2500 m 完钻井水垂比平均年度较为平稳，2019 年完钻井平均水垂比为 1.57。埋深大于 2500 m 完钻井水垂比平均年度较为平稳，2020 年完钻井平均水垂比为 0.82。

第3章　水平井钻完井

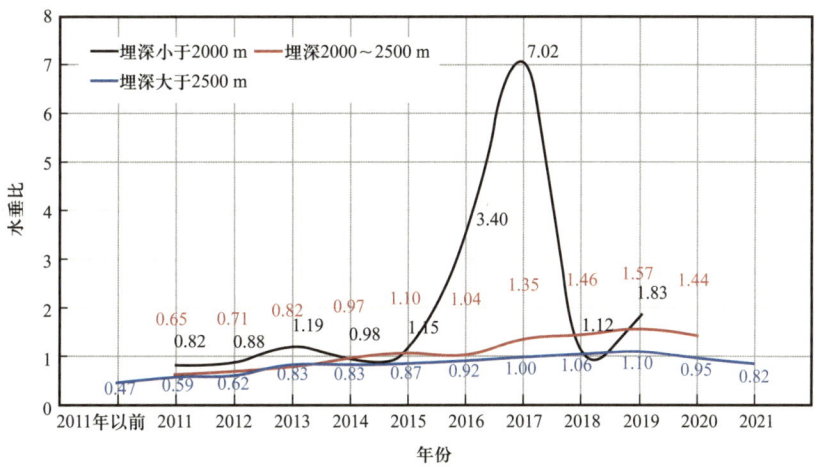

图 3-34　Utica 页岩油气藏水垂比图版

3.5　钻井周期

钻井周期是指钻井中从第一次开钻到完钻（即钻完本井设计全部进尺，井深达到地质设计要求）的全部时间，是反映钻井速度快慢的一个重要技术经济指标，是钻井井史资料中的必要数据。页岩气水平井钻井周期不仅影响单井投产速度和气藏建产节奏，同时还直接影响钻完井成本。对于采用"日费制"钻完井工作模式的气藏，页岩气水平井钻井周期直接决定钻完井成本。页岩气水平井钻井周期受地层复杂程度、垂深、水平段长、水垂比、靶体层位性质、窗口范围、钻完井设备水平等多种因素影响。

图 3-35 为 Utica 页岩油气藏完钻水平井钻井周期散点分布图，本次累计统计该油气藏历年完钻水平井 1394 口，钻井周期范围 3～60 d，平均单井钻井周期 26 d、P25 钻井周期 15 d、P50 钻井周期 22 d、P75 钻井周期 37 d。

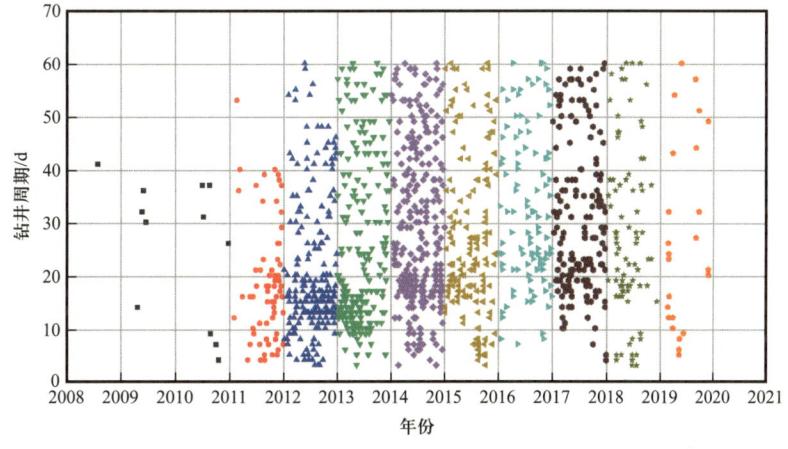

图 3-35　Utica 页岩油气藏完钻水平井钻井周期散点分布图

图 3-36 为 Utica 页岩油气藏完钻水平井钻井周期统计分布图。根据最新的数据统计，水平井钻井周期分布如下：钻井周期 0~5 d 的水平井有 26 口，统计占比 1.9%。钻井周期 5~10 d 的水平井有 113 口，统计占比 8.1%。钻井周期 10~15 d 的水平井有 192 口，统计占比 13.8%。钻井周期 15~20 d 的水平井有 272 口，统计占比 19.5%。钻井周期 20~25 d 的水平井有 181 口，统计占比 13.0%。钻井周期 25~30 d 的水平井有 111 口，统计占比 8.0%。钻井周期 30~35 d 的水平井有 96 口，统计占比 6.9%。钻井周期 35~40 d 的水平井有 102 口，统计占比 7.3%。钻井周期 40~45 d 的水平井有 75 口，统计占比 5.4%。钻井周期 45~50 d 的水平井有 73 口，统计占比 5.2%。钻井周期 50~55 d 的水平井有 69 口，统计占比 4.9%。钻井周期 55~60 d 的水平井有 68 口，统计占比 4.9%。钻井周期 60~65 d 的水平井有 16 口，统计占比 1.1%。

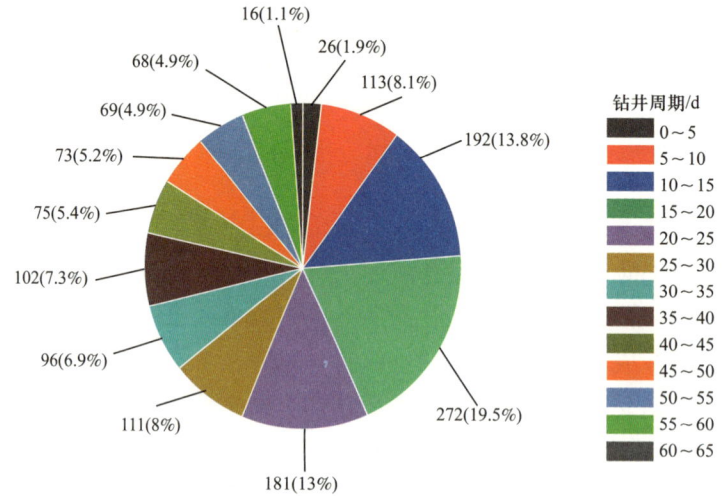

图 3-36　Utica 页岩油气藏完钻水平井钻井周期统计分布图

图 3-37 给出了 Utica 页岩油气藏所有完钻水平井钻井周期年度学习曲线。2011 年以前统计水平井 6478 口，平均钻井周期 24 d、P25 钻井周期 13 d、P50 钻井周期 24 d、P75 钻井周期 35 d。2011 年统计水平井 66 口，平均钻井周期 19 d、P25 钻井周期 11 d、P50 钻井周期 18 d、P75 钻井周期 25 d。2012 年统计水平井 226 口，平均钻井周期 20 d、P25 钻井周期 13 d、P50 钻井周期 16 d、P75 钻井周期 26 d。2013 年统计水平井 234 口，平均钻井周期 25 d、P25 钻井周期 13 d、P50 钻井周期 18 d、P75 钻井周期 37 d。2014 年统计水平井 280 口，平均钻井周期 29 d、P25 钻井周期 17 d、P50 钻井周期 25 d、P75 钻井周期 41 d。2015 年统计水平井 170 口，平均钻井周期 27 d、P25 钻井周期 16 d、P50 钻井周期 22 d、P75 钻井周期 38 d。2016 年统计水平井 112 口，平均钻井周期 32 d、P25 钻井周期 21 d、P50 钻井周期 28 d、P75 钻井周期 42 d。2017 年统计水平井 169 口，平均钻井周期 30 d、P25 钻井周期 19 d、P50 钻井周期 26 d、P75 钻井周期 39 d。2018 年统计水平井 85 口，平均钻井周期 28 d、P25 钻井周期 17 d、P50 钻井周期 24 d、P75 钻井周期 38 d。

2019 年统计水平井 25 口，平均钻井周期 27 d、P25 钻井周期 12 d、P50 钻井周期 23 d、P75 钻井周期 43 d。2020 年统计水平井 1 口，平均钻井周期 40 d、P25 钻井周期 40 d、P50 钻井周期 40 d、P75 钻井周期 40 d。

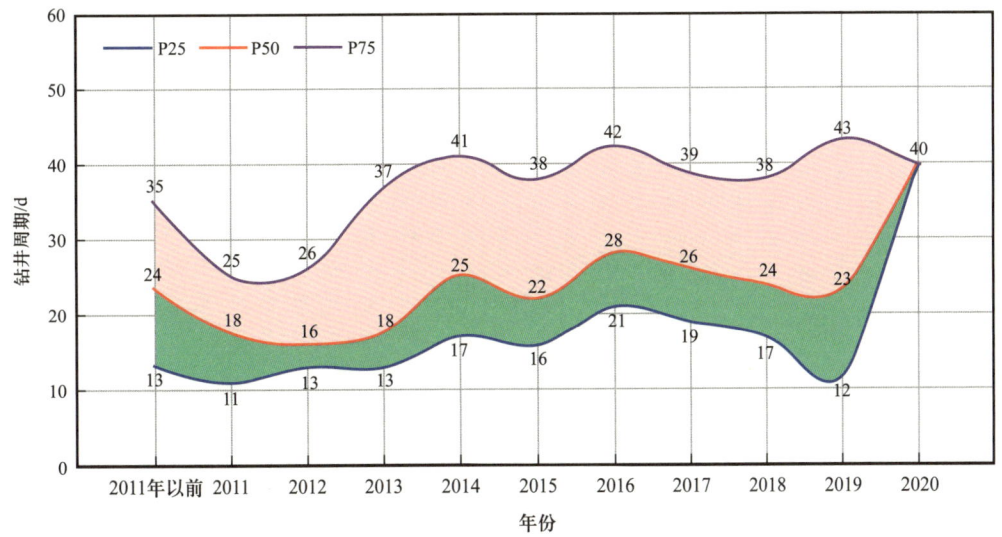

图 3-37　Utica 页岩油气藏水平井钻井周期年度学习曲线

图 3-38 为 Utica 页岩油气藏水平井钻井周期影响因素相关系数矩阵图。利用许可日期、垂深、测深、水平段长和水垂比与钻井周期计算相关系数，明确不同因素与钻井周期的相关系数。相关系数矩阵显示钻井周期与许可日期、垂深、测深和水平段长相关，相关系数分别为 0.21、0.16、0.23 和 0.21。水垂比与水平井钻井周期之间不存在相关性。

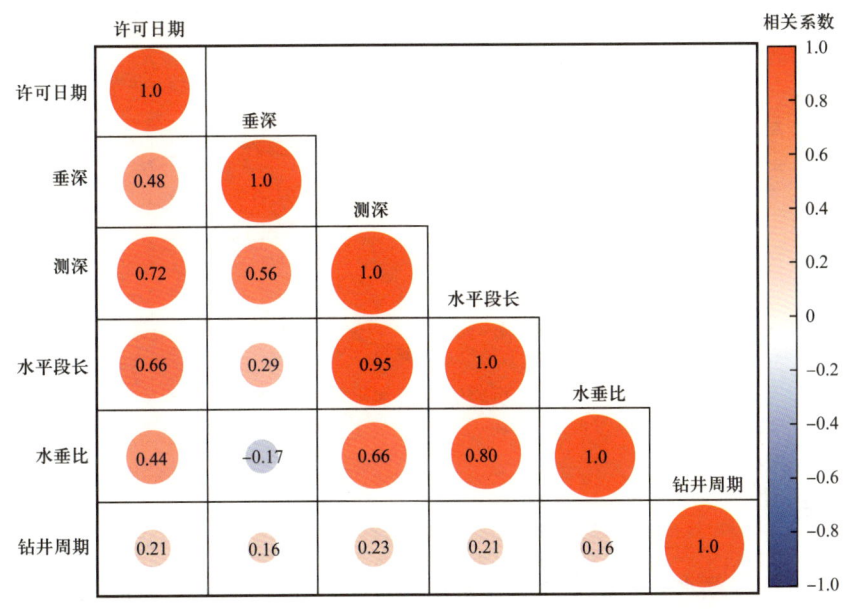

图 3-38　Utica 页岩油气藏钻井周期影响因素相关系数矩阵图

图 3-39 给出了 Utica 页岩油气藏完钻水平井钻井周期图版。选取年份和测深两个维度统计分析不同年度和不同测深范围水平井钻井周期变化趋势。在相同测深范围水平井钻井周期整体呈波动变化，且不同测深范围水平井钻井周期下降幅度存在些微差异。随水平井测深增加，钻井周期在 2012—2018 年度整体呈增加趋势。

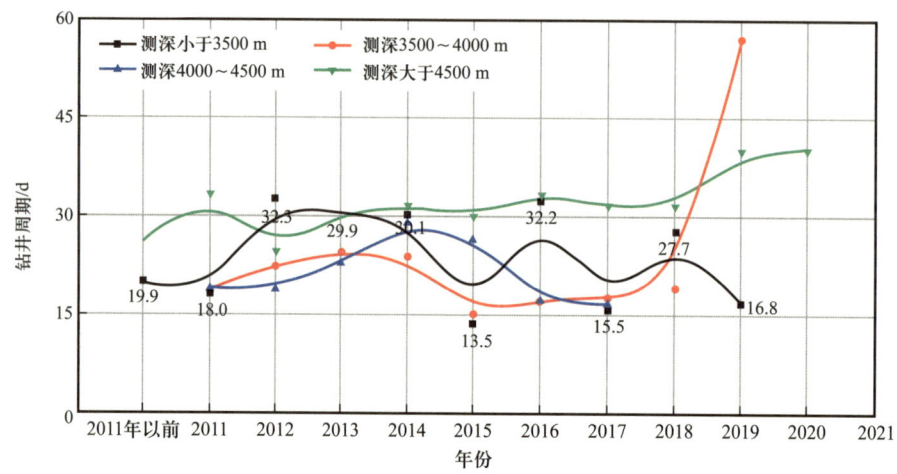

图 3-39　Utica 页岩油气藏水平井钻井周期图版

图 3-40 给出了 Utica 页岩油气藏不同垂深和测深范围内水平井钻井周期图版。除了垂深小于 1500 m 的钻井以外，在同一垂深范围内，随水平井测深增加，单井钻井周期呈增加趋势。相同测深范围内，测深大于 3500 m，随埋深增加，水平井钻井周期没有明显的增加趋势。

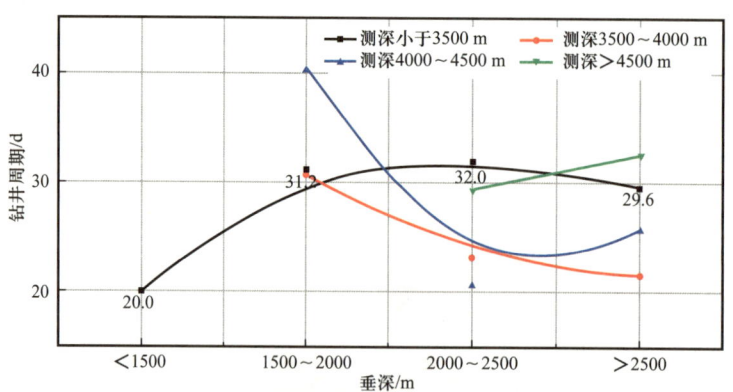

图 3-40　Utica 页岩油气藏水平井钻井周期图版

3.6　小结

Utica 页岩油气藏水平井钻完井主要采用平台工厂化作业模式，油气作业公司通过技术进步和钻完井设备升级不断升级钻完井工程参数。水平井完钻水平段长、水垂比和测深参数整体呈逐年增加趋势。中浅层埋深低于 2000 m 完钻水平段长、测深及水垂比逐年大幅增加，钻完井技术日趋完善，通过大幅增加水平段长提高开发效益。中深层埋深 2000～3500 m 完钻井水平段长同样呈逐年大幅增加趋势。深层埋深超过 3500 m 完钻井水平段长呈逐年小幅增加趋势。随埋深增加，平均完钻水平段长呈下降趋势，整体钻完井技术要求增加。

第 4 章 水平井分段压裂

水平井分段压裂储层改造技术是页岩气实现规模效益开发的两大关键技术之一，通常利用封隔器或桥塞分段实施逐段压裂，可在水平井筒中压开多条裂缝，从而有效改造储层并提高单井产量。页岩储层具有低孔特征和极低的基质渗透率，因此压裂是页岩气开发的主体技术。目前，北美页岩气逐渐形成了以水平井套管完井、分簇射孔、快速可钻式桥塞封隔、大规模滑溜水或"滑溜水 + 线性胶"分段压裂、同步压裂为主，以实现"体积改造"为目的的页岩气压裂主体技术。页岩气水平井分段压裂关键参数包括压裂水平段长、单井压裂段数、压裂支撑剂量、压裂液量、平均段间距、簇间距、加砂强度、用液强度和排量等。本节对 Utica 深层页岩气藏水平井单井压裂段数、支撑剂量、压裂液量、平均段间距、加砂强度和用液强度进行了统计分析。其中加砂强度和用液强度是指单位水平段长支撑剂和压裂液用量，反映了压裂规模，横向不同区块和井间具备可对比性。

4.1 压裂段数

图 4-1 为 Utica 深层页岩油气藏水平井压裂段数散点分布图，统计分段压裂水平井 2779 口，单井压裂段数范围 1~144 段，平均单井压裂段数 42 段、P25 单井压裂段数 26 段、P50 单井压裂段数 40 段、P75 单井压裂段数 54 段、M50 单井压裂段数 40 段。

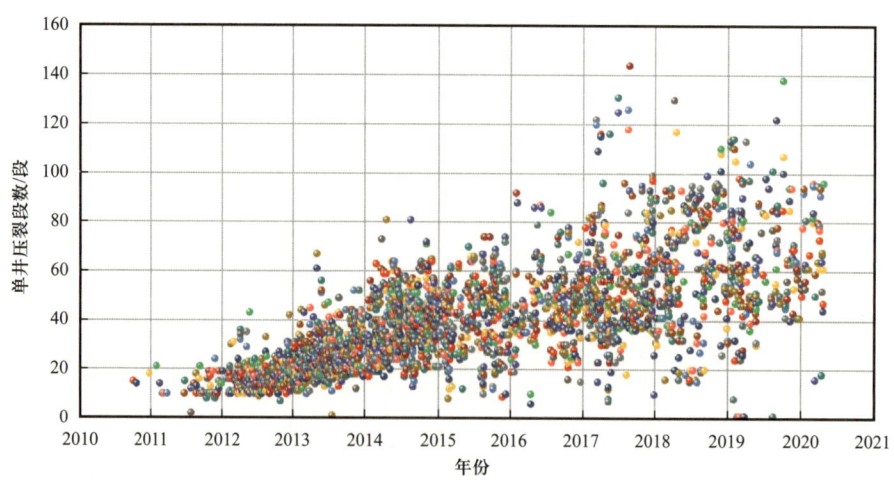

图 4-1 Utica 深层页岩油气藏水平井压裂段数散点分布图

图4-2为Utica深层页岩油气藏水平井压裂段数分布统计图。统计水平井中，单井压裂段数1～10段统计水平井22口，占比0.8%；单井压裂段数10～20段统计水平井383口，占比13.8%；单井压裂段数20～30段统计水平井438口，占比15.8%；单井压裂段数30～40段统计水平井517口，占比18.6%；单井压裂段数40～50段统计水平井532口，占比19.1%；单井压裂段数50～60段统计水平井375口，占比13.5%；单井压裂段数60～70段统计水平井222口，占比8.0%；单井压裂段数70～80段统计水平井111口，占比4.0%；单井压裂段数超过80段统计水平井178口，占比6.4%。Utica深层页岩油气藏水平井单井压裂段数主体分布在20～50段区间。

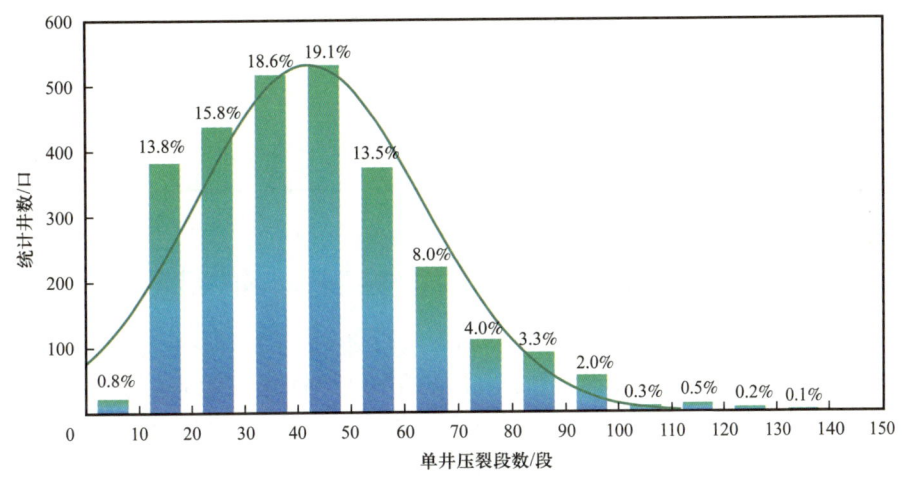

图4-2　Utica深层页岩油气藏水平井压裂段数分布统计图

将Utica深层页岩油气藏不同年度投产水平井压裂段数进行统计分析，利用P25和P75统计值作为上下限值，同时结合P50统计值绘制不同年度单井压裂段数学习曲线。图4-3给出了Utica深层页岩油气藏水平井不同年度单井压裂段数学习曲线。2011年统计水平井46口，平均单井压裂段数12.8段、P25单井压裂段数10段、P50单井压裂段数12段、P75单井压裂段数15段。2012年统计水平井222口，平均单井压裂段数17.2段、P25单井压裂段数13段、P50单井压裂段数16段、P75单井压裂段数20段。2013年统计水平井439口，平均单井压裂段数25.8段、P25单井压裂段数19段、P50单井压裂段数24段、P75单井压裂段数32段。2014年统计水平井580口，平均单井压裂段数38.7段、P25单井压裂段数30段、P50单井压裂段数38段、P75单井压裂段数46段。2015年统计水平井330口，平均单井压裂段数42.2段、P25单井压裂段数32段、P50单井压裂段数44段、P75单井压裂段数52段。2016年统计水平井251口，平均单井压裂段数45.9段、P25单井压裂段数37段、P50单井压裂段数45段、P75单井压裂段数54段。2017年统计水平井376口，平均单井压裂段数55.1段、P25单井压裂段数41段、P50单井压裂段数50段、P75单井压裂段数65段。2018年统计水平井264口，平均单井压裂段数60.0段、P25单井压裂段数46段、P50单井压裂段数59段、P75单井压裂段数78段。2019年统计水平井 219 口，平均单井压裂段数 61.3 段、P25 单井压裂段数 47 段、P50 单井压裂段数 60 段、P75 单井压裂段数 77 段。2020 年统计水平井 49 口，平均单井压裂段数 69.1 段、P25 单井压裂段数 56 段、P50 单井压裂段数 68 段、P75 单井压裂段数 81 段。

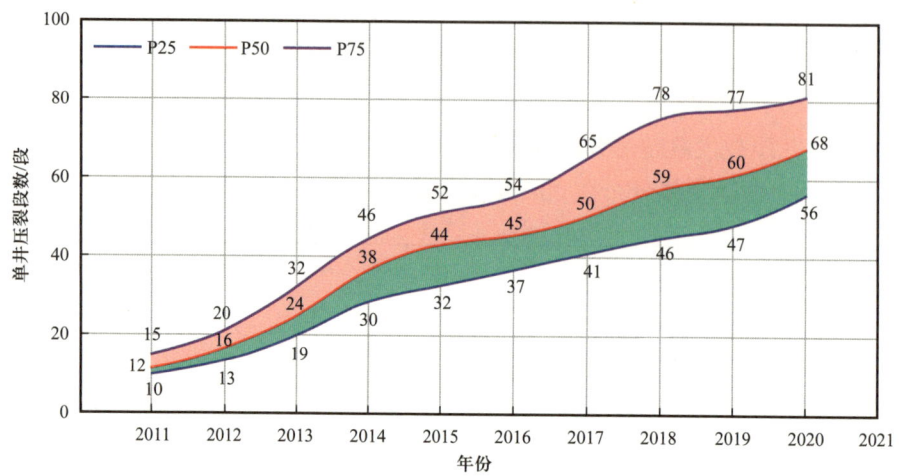

图 4-3　Utica 深层页岩油气藏水平井不同年度单井压裂段数学习曲线

受完钻井水平段长逐年增加和压裂平均段间距逐年降低的影响，单井压裂段数总体呈逐年上升趋势。P25 单井压裂段数由 2011 年的 10 段增加至 2020 年的 56 段。P50 单井压裂段数由 2011 年的 12 段增加至 2020 年的 68 段，平均年度增幅 52%。P75 单井压裂段数由 2011 年的 15 段增加至 2020 年的 81 段。

4.2　压裂液量

页岩气开发水力压裂原理是利用储层的天然或诱导裂缝系统，使用含有各种添加剂成分的压裂液在高压下注入地层，使储层裂缝网络扩大，并依靠支撑剂使裂缝在压裂液返回以后不会封闭，从而改善储层的裂缝网络系统，达到增产的目的。

压裂液是指由多种添加剂按一定配比形成的非均质不稳定的化学体系，是对油气层进行压裂改造时使用的工作液，它的主要作用是将地面设备形成的高压传递到地层中，使地层破裂形成裂缝并沿裂缝输送支撑剂。压裂液是一个总称，由于在压裂过程中，注入井内的压裂液在不同的阶段有各自的作用，按照压裂液体系主要作用可划分为前置液、携砂液和顶替液。前置液作用是破裂地层并造成一定几何尺寸的裂缝，同时还起到一定的降温作用。携砂液起到将支撑剂带入裂缝中并将砂子放在预定位置上的作用，其在压裂液中占比最大。携砂液和其他压裂液一样，都有造缝及冷却地层的作用。顶替液作用是将井筒中的携砂液全部替入裂缝中。

页岩储层中含有黏土矿物，水敏性黏土矿物遇水溶解后会导致井壁发生坍塌事故，这是页岩储层钻井及压裂都面临的主要问题，因此合理配制压裂液，选择添加剂成分及比重对页岩储层压裂至关重要，使用恰当性能的压裂液是提高页岩气井压裂经济效益的重要措施。页岩储层开发采用不同的压裂方式，压裂液配制成分各不相同。目前页岩气井水力压裂常用的压裂液类型有减阻水压裂液、纤维压裂液和滑溜水压裂液，以滑溜水压裂液为主。

滑溜水压裂液是指在清水中加入一定量支撑剂，以及极少量的减阻剂、表面活性剂、黏土稳定剂等添加剂的一种压裂液，又叫作减阻水压裂液体。减阻水最早在1950年引入油气藏压裂措施中，随交联聚合物凝胶压裂液的出现很快被替代。1997年，Mitchell能源公司首次将滑溜水压裂液应用于Barnett页岩气井压裂作业中并取得了突破。此后，滑溜水压裂在北美压裂增产措施中得到了广泛应用。滑溜水压裂液中98.0%～99.5%是混砂水，添加剂一般占滑溜水总体积的0.5%～2.0%，包括降阻剂、表面活性剂、阻垢剂、黏土稳定剂，以及杀菌剂等。随水平段长和分段压裂规模不断增加，页岩油气水平井单井压裂液量由初期数千立方米增加至目前数万立方米。

图4-4为Utica深层页岩油气藏水平井单井压裂液量散点分布图，统计水平井2579口，单井压裂液量范围424～204 088 m³，平均单井压裂液量45 648 m³，P25单井压裂液量26 306 m³，P50单井压裂液量40 476 m³，P75单井压裂液量57 790 m³，M50单井压裂液量41 093 m³。

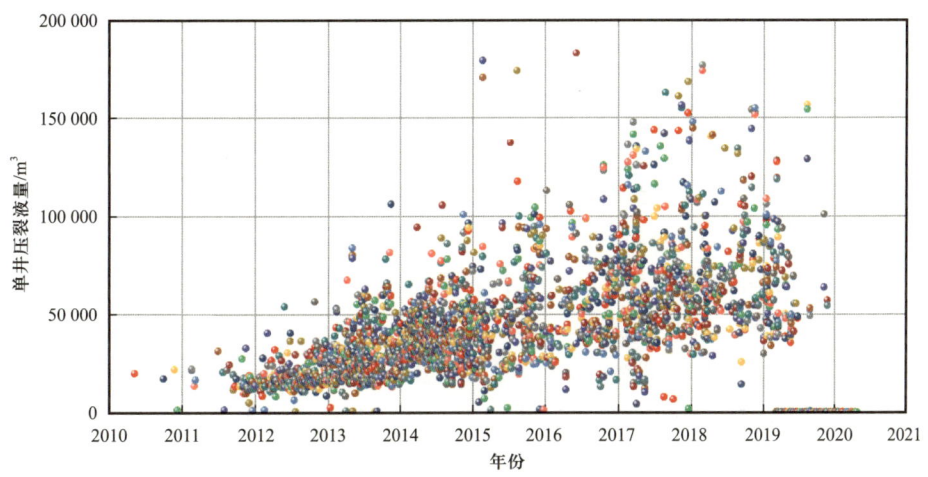

图4-4　Utica深层页岩油气藏水平井单井压裂液量散点分布图

图4-5为Utica深层页岩油气藏水平井压裂液量统计分布图。分区间统计结果显示，单井压裂液量低于20 000 m³水平井596口，占比21.5%。单井压裂液量20 000～40 000 m³水平井868口，占比31.2%。单井压裂液量40 000～60 000 m³水平井735口，占比26.5%。单井压裂液量60 000～80 000 m³水平井321口，占比11.6%。单井压裂液量80 000～100 000 m³水平井151口，占比5.4%。单井压裂液量超过100 000 m³水平井107口，占比3.9%。单井压裂液量区间统计分布显示，Utica深层页岩油气藏单井压裂液量主体集中在60 000 m³以内。

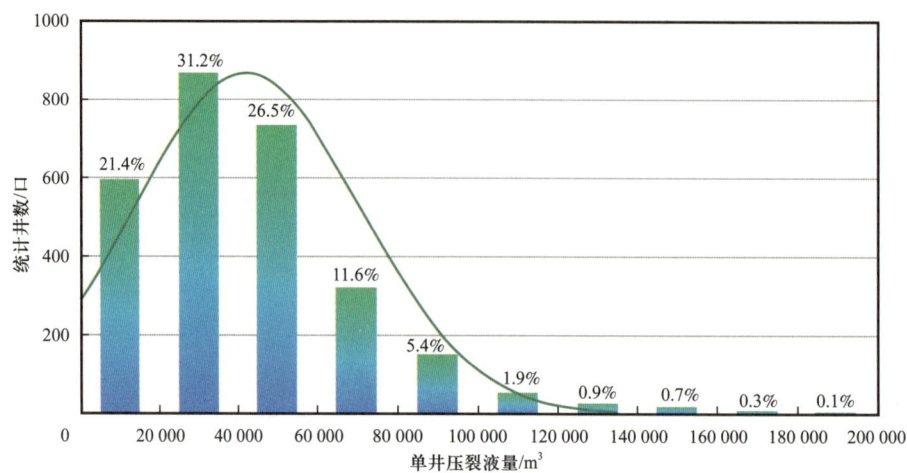

图 4-5　Utica 深层页岩油气藏水平井压裂液量统计分布图

图 4-6 给出了 Utica 深层页岩油气藏单井压裂液量年度学习曲线，利用 P25、P50 和 P75 单井压裂液量统计参数给出不同年度单井压裂液量主体分布范围。2011 年统计水平井 37 口，平均单井压裂液量 15 448 m³、P25 单井压裂液量 12 039 m³、P50 单井压裂液量 14 799 m³、P75 单井压裂液量 18 773 m³。2012 年统计水平井 237 口，平均单井压裂液量 18 926 m³、P25 单井压裂液量 14 527 m³、P50 单井压裂液量 17 077 m³、P75 单井压裂液量 20 925 m³。2013 年统计水平井 444 口，平均单井压裂液量 29 568 m³、P25 单井压裂液量 18 675 m³、P50 单井压裂液量 25 916 m³、P75 单井压裂液量 36 290 m³。2014 年统计水平井 591 口，平均单井压裂液量 39 548 m³、P25 单井压裂液量 29 516 m³、P50 单井压裂液量 37 311 m³、P75 单井压裂液量 46 786 m³。2015 年统计水平井 314 口，平均单井压裂液量 48 915 m³、P25 单井压裂液量 32 019 m³、P50 单井压裂液量 44 738 m³、P75 单井压裂液量 57 258 m³。2016 年统计水平井 233 口，平均单井压裂液量 53 564 m³、P25 单井压裂液量 37 641 m³、P50 单井压裂液量 47 874 m³、P75 单井压裂液量 66 084 m³。2017 年统计水平井 367 口，平均单井压裂液量 65 946 m³、P25 单井压裂液量 46 670 m³、P50 单井压裂液量 59 840 m³、P75 单井压裂液量 79 173 m³。2018 年统计水平井 228 口，平均单井压裂液量 69 995 m³、P25 单井压裂液量 51 456 m³、P50 单井压裂液量 62 852 m³、P75 单井压裂液量 80 318 m³。2019 年统计水平井 124 口，平均单井压裂液量 65 369 m³、P25 单井压裂液量 48 976 m³、P50 单井压裂液量 60 965 m³、P75 单井压裂液量 79 369 m³。

受水平井完钻水平段长逐年增加和用液强度逐年增加的影响，Utica 深层页岩油气藏水平井单井压裂液量整体呈逐年增加趋势。P25 单井压裂液量由 2011 年的 12 039 m³ 增加至 2019 年的 48 976 m³、P50 单井压裂液量由 2011 年的 14 799 m³ 增加至 2019 年的 60 965 m³、P75 单井压裂液量由 2011 年的 18 733 m³ 增加至 2019 年的 79 369 m³，单井压裂液量平均年度增幅超 20%。

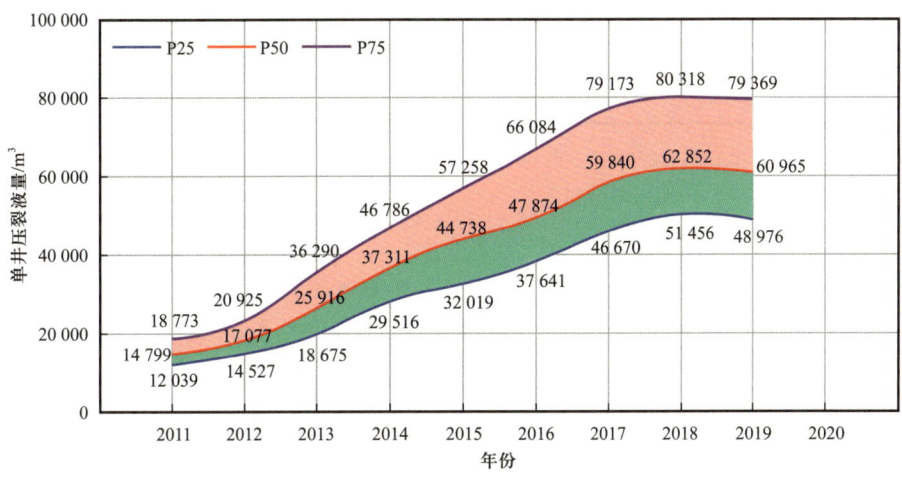

图 4-6　Utica 深层页岩油气藏水平井压裂液量年度学习曲线

4.3　支撑剂量

支撑剂是指具有一定粒度和级配的天然砂或人造高强度陶瓷颗粒，用于保持压裂后裂缝的开启状态，从而保持裂缝网络的导流能力，为页岩油气产出提供流动通道。页岩油气水平井分段压裂施工中需要将大量支撑剂注入页岩储层实现裂缝支撑作用。单井支撑剂量受页岩储层物性、水平段长、压裂施工规模、压裂液携砂能力等多种因素影响。

对于滑溜水压裂液，通常采用小直径（40/70 目）支撑剂，对于天然裂缝发育的页岩地层需考虑更小粒径（100 目）支撑剂。这是因为在滑溜水中支撑剂的传送性能较差，采用小直径会在一定程度上改善悬浮性能，同时也能得到较高的裂缝导流能力。诱导裂缝中很大一部分得不到支撑，但由于页岩岩石脆性破碎、地层滑移和支撑剂的桥堵嵌入作用，裂缝体系内仍会形成"无限"导流区，这即是国外学者提出的"无支撑"裂缝导流能力。在早期减阻水压裂中，一些页岩油气井实施不加砂压裂同样获得了很好的生产效果，因此对于压裂时是否必须加支撑剂，目前业界尚存在争议。但更普遍的认识是，加砂能提高地层导流能力，有助于提高增产效果。

图 4-7 为 Utica 深层页岩油气藏水平井分段压裂支撑剂量散点分布图，统计水平井分段压裂支撑剂量样本 2429 口，单井压裂支撑剂量范围 60~25 592 t，平均单井压裂支撑剂量 6391 t、P25 单井压裂支撑剂量 4049 t、P50 单井压裂支撑剂量 5470 t、P75 单井压裂支撑剂量 8031 t、M50 单井压裂支撑剂量 5695 t。单井压裂支撑剂量逐年呈增加趋势。

图 4-8 为 Utica 深层页岩油气藏水平井分段压裂支撑剂量统计分布图，统计结果显示，单井压裂支撑剂量低于 2500 t 统计水平井 480 口，占比 17.3%；单井压裂支撑剂量 2500~5000 t 统计水平井 881 口，占比 31.7%；单井压裂支撑剂量 5000~7500 t 统计水平井 724 口，占比 26.1%；单井压裂支撑剂量 7500~10 000 t 统计水平井 372 口，占比 13.4%；单井压裂支撑剂量 10 000~12 500 t 统计水平井 164 口，占比 5.9%；单井压裂支

撑剂量 12 500～15 000 t 统计水平井 92 口，占比 3.3%；单井压裂支撑剂量超过 15 000 t 统计水平井 66 口，占比 2.3%。

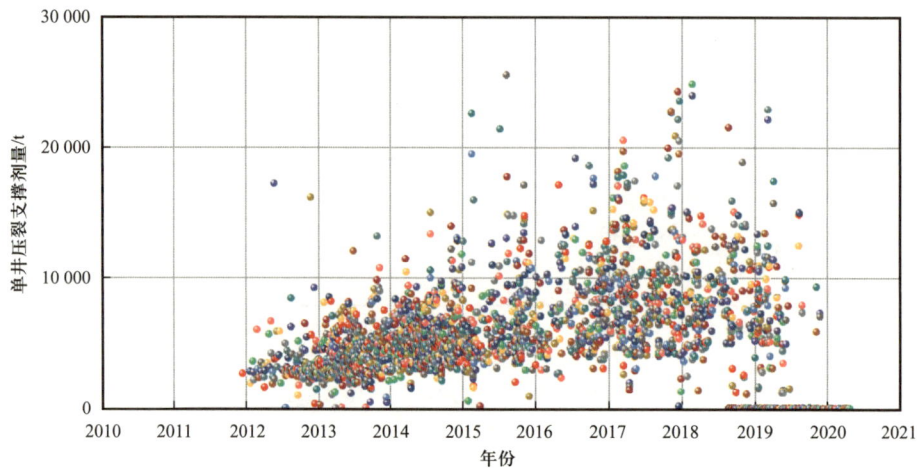

图 4-7　Utica 深层页岩油气藏水平井分段压裂支撑剂量散点分布图

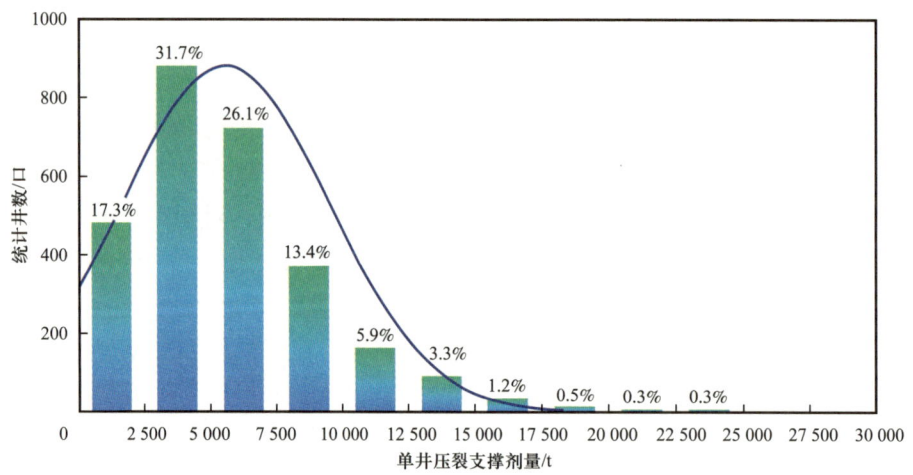

图 4-8　Utica 深层页岩油气藏水平井分段压裂支撑剂量统计分布图

将 Utica 深层页岩油气藏不同年度投产水平井压裂支撑剂量进行统计分析，利用 P25 和 P75 统计值作为上下限值，同时结合 P50 统计值绘制不同年度单井压裂支撑剂量学习曲线。图 4-9 给出了 Utica 深层页岩油气藏水平井不同年度单井压裂支撑剂量学习曲线。2011 年统计水平井 3 口，平均单井压裂支撑剂量 1847 t。2012 年统计水平井 150 口，平均单井压裂支撑剂量 3412 t、P25 单井压裂支撑剂量 2560 t、P50 单井压裂支撑剂量 2945 t、P75 单井压裂支撑剂量 3533 t。2013 年统计水平井 441 口，平均单井压裂支撑剂量 4131 t、P25 单井压裂支撑剂量 2915 t、P50 单井压裂支撑剂量 3740 t、P75 单井压裂支撑剂量 5038 t。2014 年统计水平井 585 口，平均单井压裂支撑剂量 5469 t、P25 单井压裂支撑剂量 4208 t、P50 单井压裂支撑剂量 5048 t、P75 单井压裂支撑剂量 6327 t。2015 年统计水平井 308 口，平均单井压裂支撑剂量 6589 t、P25 单井压裂支撑剂量 4480 t、P50 单井压裂支撑剂量 5514 t、P75 单井压裂支撑剂量 7630 t。2016 年统计水平井 228 口，平均单井压裂支撑剂量 7686 t、P25 单井压裂支撑剂量 5224 t、P50 单井压裂支撑剂量 7157 t、P75 单井压裂支撑剂量 9767 t。2017 年统计水平井 362 口，平均单井压裂支撑剂量 9113 t、P25 单井压裂支撑剂量 6216 t、P50 单井压裂支撑剂量 8491 t、P75 单井压裂支撑剂量 10 874 t。2018 年统计水平井 228 口，平均单井压裂支撑剂量 8592 t、P25 单井压裂支撑剂量 6359 t、P50 单井压裂支撑剂量 8139 t、P75 单井压裂支撑剂量 10 511 t。2019 年统计水平井 124 口，平均单井压裂支撑剂量 7633 t、P25 单井压裂支撑剂量 5214 t、P50 单井压裂支撑剂量 7382 t、P75 单井压裂支撑剂量 9645 t。

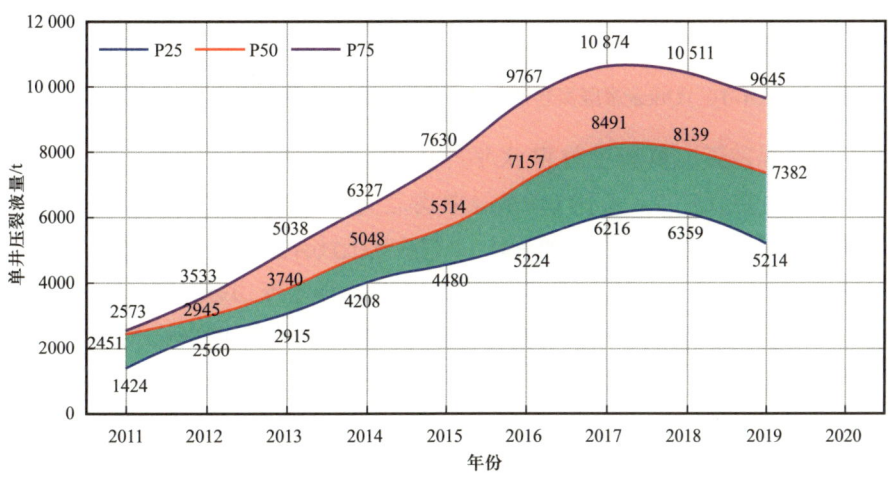

图 4-9　Utica 深层页岩油气藏水平井单井压裂支撑剂量年度学习曲线

由于 Utica 深层页岩油气藏水平井完钻水平段长和加砂强度逐年呈增加趋势，单井压裂支撑剂量整体呈逐年上升趋势。P25 单井支撑剂量由初期 1424 t 增加至 2018 年的 6359 t、P50 单井压裂支撑剂量由初期 2451 t 增加至 2017 年的 8491 t、P75 单井压裂支撑剂量由初期 2573 t 增加至 2017 年的 10 874 t。2017 年以后，单井压裂支撑剂量呈下降趋势。

4.4　平均段间距

平均段间距是指页岩油气水平井分段压裂过程中相邻段间的平均间距。水平井分段压裂能够根据页岩储层性质及施工条件构建多条相互独立的人工裂缝改善渗流条件，进而提高水平井产能。平均段间距主要受页岩储层物性和压裂施工条件影响，也直接影响产能及压裂成本。平均段间距为水平井分段压裂关键参数之一，该参数可供不同区块或井间进行横向对比。

图 4-10 为 Utica 深层页岩油气藏水平井分段压裂平均段间距散点分布图，本次统计平均段间距水平井 2582 口，平均段间距范围 8.9~198.2 m，平均段间距 68.6 m、P25 压裂段间距 51.8 m、P50 压裂段间距 60.1 m、P75 压裂段间距 81.3 m、M50 压裂段间距 61.8 m。

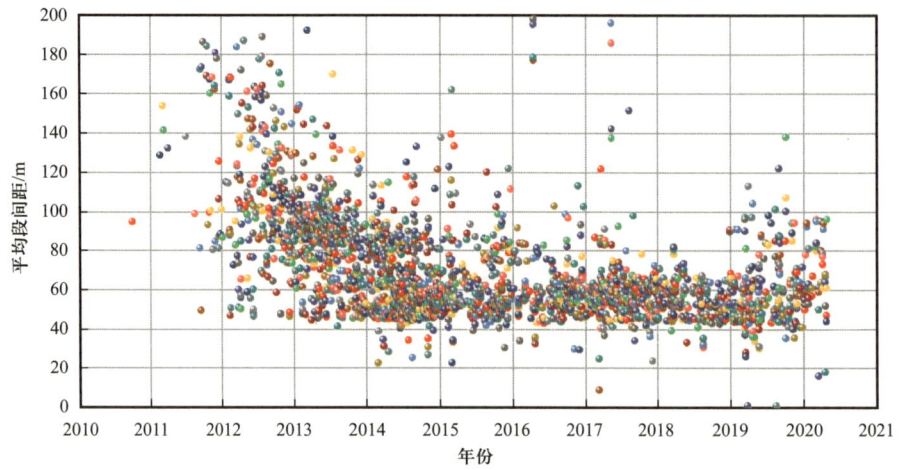

图 4-10　Utica 深层页岩油气藏水平井压裂平均段间距散点分布图

图 4-11 为 Utica 深层页岩油气藏水平井压裂平均段间距统计分布图。平均段间距低于 10 m 统计水平井 3 口，占比 0.1%；平均段间距 10～20 m 统计水平井 2 口，占比 0.1%；平均段间距 20～30 m 统计水平井 11 口，占比 0.4%；平均段间距 30～40 m 统计水平井 37 口，占比 1.3%；平均段间距 40～50 m 统计水平井 513 口，占比 18.5%；平均段间距 50～60 m 统计水平井 810 口，占比 29.2%；平均段间距 60～70 m 统计水平井 465 口，占比 16.8%；平均段间距 70～80 m 统计水平井 209 口，占比 7.5%；平均段间距 80～90 m 统计水平井 279 口，占比 10.1%；平均段间距 90～100 m 统计水平井 180 口，占比 6.5%；平均段间距超过 100 m 统计水平井 264 口，占比 9.5%。

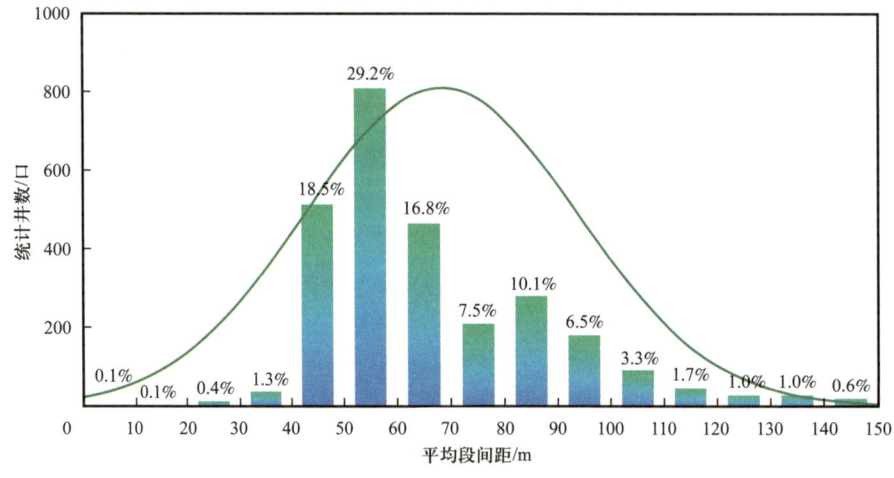

图 4-11　Utica 深层页岩油气藏水平井压裂平均段间距统计分布图

将 Utica 深层页岩油气藏不同年度投产水平井压裂平均段间距进行统计分析，利用 P25 和 P75 统计值作为上下限值，同时结合 P50 统计值绘制不同年度单井压裂平均段间距学习曲线。图 4-12 给出了 Utica 深层页岩油气藏水平井压裂平均段间距年度学习曲线。

2011 年统计水平井 32 口，平均压裂段间距 129 m、P25 压裂段间距 92 m、P50 压裂段间距 130 m、P75 压裂段间距 168 m。2012 年统计水平井 216 口，平均压裂段间距 107 m、P25 压裂段间距 85 m、P50 压裂段间距 103 m、P75 压裂段间距 129 m。2013 年统计水平井 432 口，平均压裂段间距 84 m、P25 压裂段间距 68 m、P50 压裂段间距 86 m、P75 压裂段间距 95 m。2014 年统计水平井 578 口，平均压裂段间距 63 m、P25 压裂段间距 50 m、P50 压裂段间距 57 m、P75 压裂段间距 75 m。2015 年统计水平井 311 口，平均压裂段间距 62 m、P25 压裂段间距 52 m、P50 压裂段间距 55 m、P75 压裂段间距 68 m。2016 年统计水平井 245 口，平均压裂段间距 61 m、P25 压裂段间距 52 m、P50 压裂段间距 57 m、P75 压裂段间距 64 m。2017 年统计水平井 368 口，平均压裂段间距 59 m、P25 压裂段间距 51 m、P50 压裂段间距 57 m、P75 压裂段间距 62 m。2018 年统计水平井 230 口，平均压裂段间距 54 m、P25 压裂段间距 46 m、P50 压裂段间距 53 m、P75 压裂段间距 60 m。2019 年统计水平井 163 口，平均压裂段间距 53 m、P25 压裂段间距 45 m、P50 压裂段间距 52 m、P75 压裂段间距 60 m。2020 年统计水平井 6 口，平均压裂段间距 60 m、P25 压裂段间距 58 m、P50 压裂段间距 60 m、P75 压裂段间距 61 m。

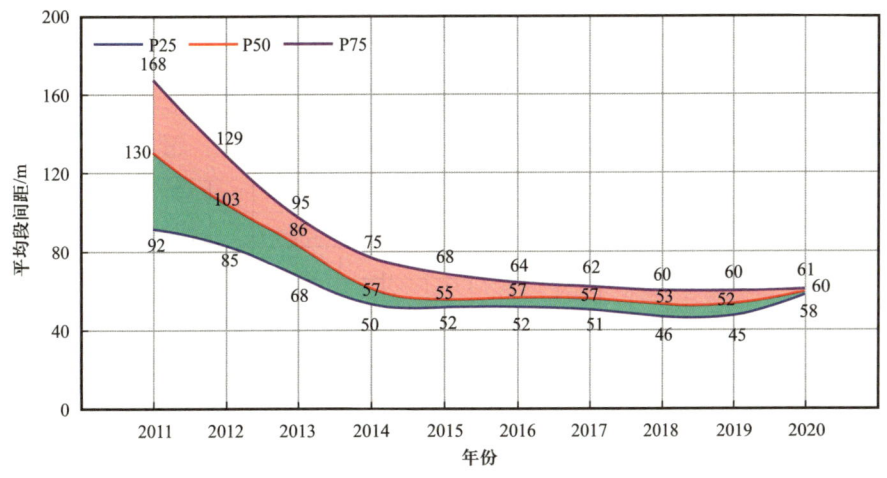

图 4-12　Utica 深层页岩油气藏水平井压裂平均段间距年度学习曲线

Utica 深层页岩油气藏平均压裂段间距整体呈逐年下降趋势，P25 平均压裂段间距由 2011 年的 92 m 逐年下降至 2020 年的 58 m，P50 平均压裂段间距由 2011 年的 130 m 逐年下降至 2020 年的 60 m，P75 平均压裂段间距由 2011 年的 168 m 逐年下降至 2020 年的 61 m。2011—2014 年，平均压裂段间距呈快速下降趋势，2014 年后平均压裂段间距呈相对稳定趋势。

4.5　用液强度

用液强度是指单位段长压裂用液量，一定程度上反映了水平井分段压裂强度。用液强度同样被视为页岩气水平井分段压裂关键参数之一，可供不同区块或井间对比分析。

图 4-13 为 Utica 深层页岩油气藏水平井分段压裂用液强度散点分布图，统计水平井分段压裂用液强度样本点 2485 口，用液强度范围 0.3～92.1 m³/m，平均用液强度 17.8 m³/m、P25 用液强度 12.4 m³/m、P50 用液强度 17.3 m³/m、P75 用液强度 21.3 m³/m、M50 用液强度 17.1 m³/m。

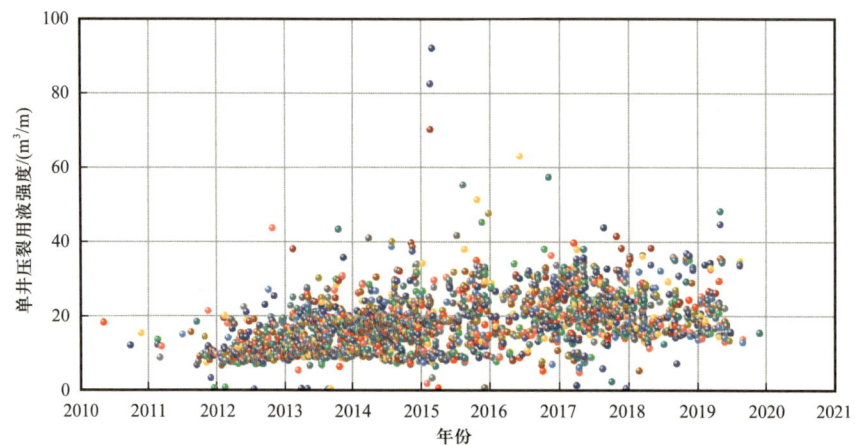

图 4-13　Utica 深层页岩油气藏水平井分段压裂用液强度散点分布图

图 4-14 为 Utica 深层页岩油气藏水平井分段压裂用液强度统计分布图。单井压裂用液强度低于 5 m³/m 统计水平井 19 口，占比 0.8%；单井压裂用液强度 5～10 m³/m 统计水平井 309 口，占比 12.5%；单井压裂用液强度 10～15 m³/m 统计水平井 557 口，占比 22.5%；单井压裂用液强度 15～20 m³/m 统计水平井 840 口，占比 33.9%；单井压裂用液强度 20～25 m³/m 统计水平井 397 口，占比 16.0%；单井压裂用液强度 25～30 m³/m 统计水平井 212 口，占比 8.5%；单井压裂用液强度 30～35 m³/m 统计水平井 101 口，占比 4.1%；单井压裂用液强度 35～40 m³/m 统计水平井 32 口，占比 1.3%；单井压裂用液强度超过 40 m³/m 统计水平井 14 口，占比 0.4%。

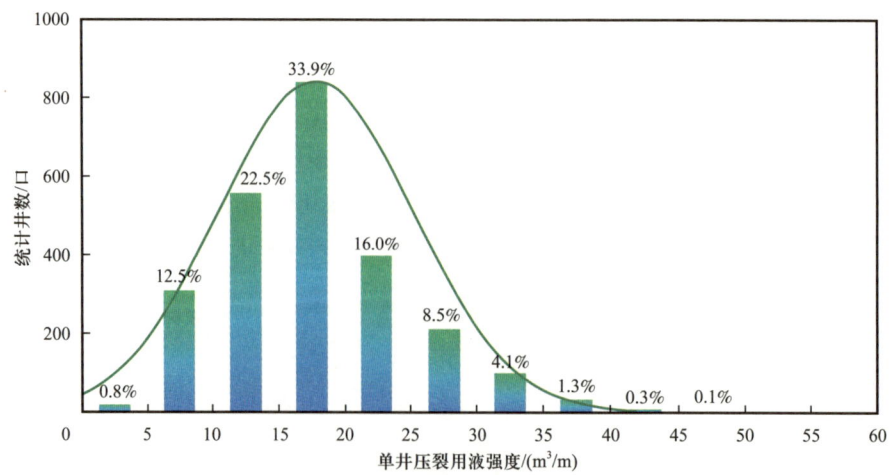

图 4-14　Utica 深层页岩油气藏水平井分段压裂用液强度统计分布图

将 Utica 深层页岩油气藏不同年度投产水平井压裂用液强度进行统计分析，利用 P25 和 P75 统计值作为上下限值，同时结合 P50 统计值绘制不同年度单井压裂用液强度学习曲线。图 4-15 给出了 Utica 深层页岩油气藏水平井分段压裂用液强度年度学习曲线。2011 年统计水平井 34 口，平均压裂用液强度 10.1 m^3/m、P25 压裂用液强度 8.9 m^3/m、P50 压裂用液强度 9.8 m^3/m、P75 压裂用液强度 11.6 m^3/m。2012 年统计水平井 235 口，平均压裂用液强度 11.5 m^3/m、P25 压裂用液强度 9.0 m^3/m、P50 压裂用液强度 10.3 m^3/m、P75 压裂用液强度 12.4 m^3/m。2013 年统计水平井 435 口，平均压裂用液强度 14.4 m^3/m、P25 压裂用液强度 10.4 m^3/m、P50 压裂用液强度 12.7 m^3/m、P75 压裂用液强度 17.8 m^3/m。2014 年统计水平井 579 口，平均压裂用液强度 17.4 m^3/m、P25 压裂用液强度 14.2 m^3/m、P50 压裂用液强度 17.4 m^3/m、P75 压裂用液强度 19.5 m^3/m。2015 年统计水平井 305 口，平均压裂用液强度 19.3 m^3/m、P25 压裂用液强度 13.4 m^3/m、P50 压裂用液强度 18.7 m^3/m、P75 压裂用液强度 22.8 m^3/m。2016 年统计水平井 223 口，平均压裂用液强度 20.9 m^3/m、P25 压裂用液强度 15.7 m^3/m、P50 压裂用液强度 20.6 m^3/m、P75 压裂用液强度 25.6 m^3/m。2017 年统计水平井 357 口，平均压裂用液强度 21.8 m^3/m、P25 压裂用液强度 17.9 m^3/m、P50 压裂用液强度 21.0 m^3/m、P75 压裂用液强度 26.3 m^3/m。2018 年统计水平井 205 口，平均压裂用液强度 21.1 m^3/m、P25 压裂用液强度 16.1 m^3/m、P50 压裂用液强度 19.6 m^3/m、P75 压裂用液强度 24.5 m^3/m。2019 年统计水平井 109 口，平均压裂用液强度 20.7 m^3/m、P25 压裂用液强度 15.7 m^3/m、P50 压裂用液强度 17.9 m^3/m、P75 压裂用液强度 23.6 m^3/m。

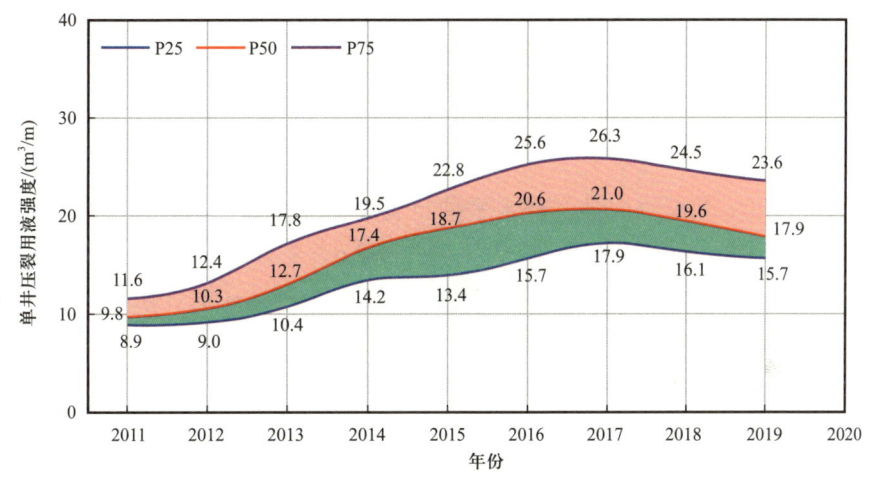

图 4-15 Utica 深层页岩油气藏水平井分段压裂用液强度年度学习曲线

Utica 深层页岩油气藏水平井压裂用液强度年度学习曲线显示，单井压裂用液强度整体在初期呈逐年增加趋势。2017 年单井压裂用液强度达到峰值，后续单井压裂用液强度有小幅下降趋势。2020 年，P50 单井压裂用液强度为 17.9 m^3/m。

4.6 加砂强度

加砂强度是指单位段长支撑剂量,一定程度上反映了水平井分段压裂强度。加砂强度是页岩气水平井分段压裂核心参数之一。目前较为普遍的认识是提高加砂强度能够有助于提高单井产量。加砂强度为单位标准参数,可供不同区块或井间对比分析。

图 4-16 为 Utica 深层页岩油气藏水平井压裂加砂强度散点分布图,统计水平井压裂加砂强度样本 2347 口,加砂强度范围 0.04~11.90 t/m,平均压裂加砂强度 2.50 t/m、P25 压裂加砂强度 1.82 t/m、P50 压裂加砂强度 2.28 t/m、P75 压裂加砂强度 3.0 t/m、M50 压裂加砂强度 2.34 t/m。加砂强度散点分布图显示水平井压裂加砂强度呈逐年增加趋势。

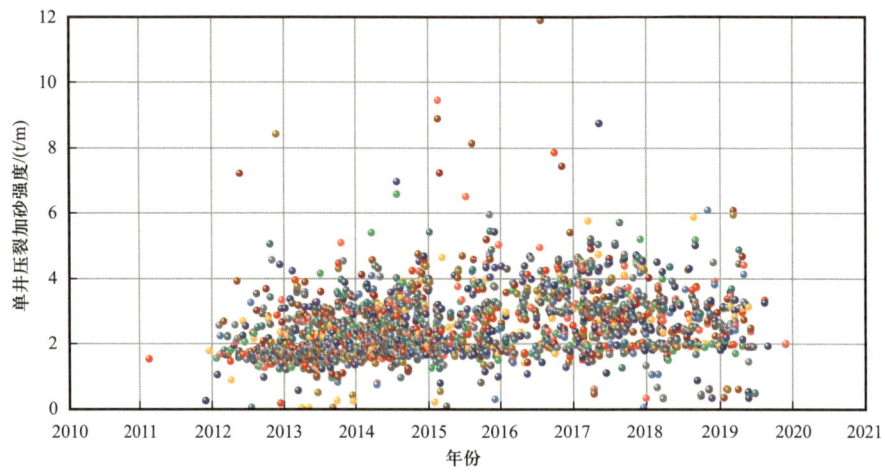

图 4-16 Utica 深层页岩油气藏水平井压裂加砂强度散点分布图

图 4-17 为 Utica 深层页岩油气藏水平井压裂加砂强度统计分布图,统计显示单井压裂加砂强度低于 1.0 t/m 统计水平井 60 口,占比 2.6%;单井压裂加砂强度 1~2 t/m 统计水平井 818 口,占比 34.9%;单井压裂加砂强度 2~3 t/m 统计水平井 833 口,占比 35.5%;单井压裂加砂强度 3~4 t/m 统计水平井 461 口,占比 19.6%;单井压裂加砂强度 4~5 t/m 统计水平井 137 口,占比 5.8%;单井压裂加砂强度 5~6 t/m 统计水平井 23 口,占比 1.0%;单井压裂加砂强度超过 6 t/m 统计水平井 15 口,占比 0.6%。

将 Utica 深层页岩油气藏不同年度投产水平井压裂用液强度进行统计分析,利用 P25 和 P75 统计值作为上下限值,同时结合 P50 统计值绘制不同年度单井压裂用液强度学习曲线。图 4-18 给出了对应的压裂加砂强度年度学习曲线。2012 年统计水平井 148 口,平均单井压裂加砂强度 2.04 t/m、P25 单井压裂加砂强度 1.62 t/m、P50 单井压裂加砂强度 1.76 t/m、P75 单井压裂加砂强度 2.16 t/m。2013 年统计水平井 433 口,平均单井压裂加砂强度 2.05 t/m、P25 单井压裂加砂强度 1.60 t/m、P50 单井压裂加砂强度 1.82 t/m、P75 单井压裂加砂强度 2.41 t/m。2014 年统计水平井 578 口,平均单井压裂加砂强度 2.41 t/m、P25 单

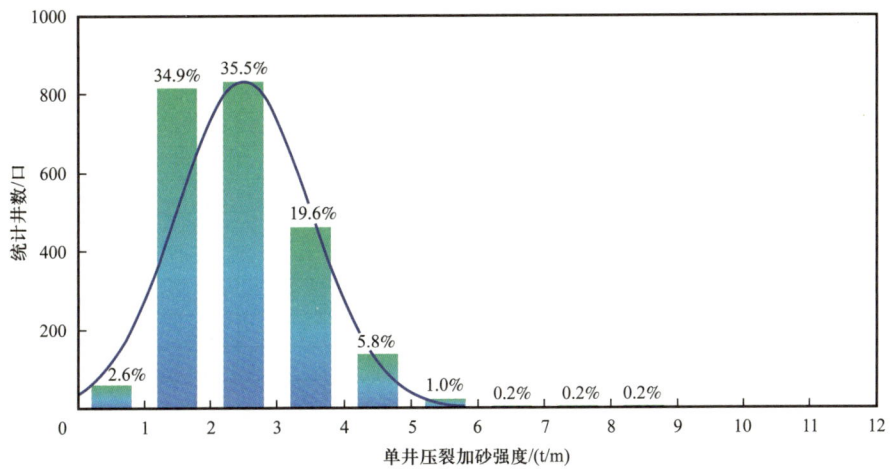

图 4-17　Utica 深层页岩油气藏水平井压裂加砂强度统计分布图

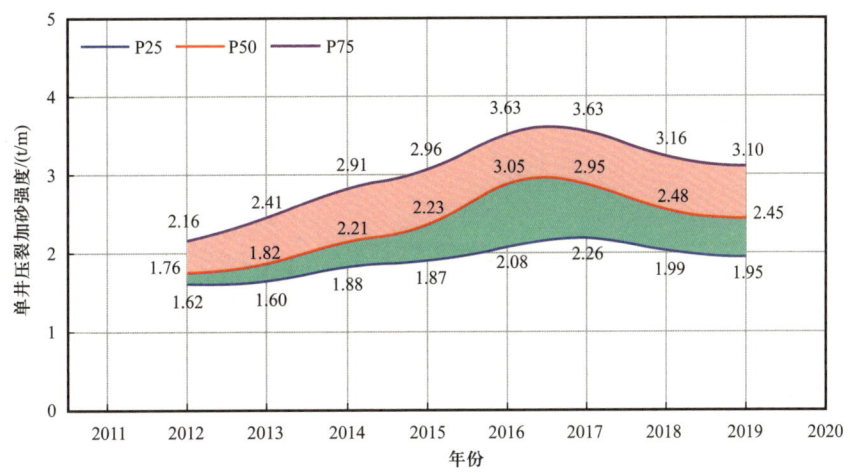

图 4-18　Utica 深层页岩油气藏水平井压裂加砂强度年度学习曲线

井压裂加砂强度 1.88 t/m、P50 单井压裂加砂强度 2.21 t/m、P75 单井压裂加砂强度 2.91 t/m。2015 年统计水平井 301 口，平均单井压裂加砂强度 2.56 t/m、P25 单井压裂加砂强度 1.87 t/m、P50 单井压裂加砂强度 2.23 t/m、P75 单井压裂加砂强度 2.96 t/m。2016 年统计水平井 218 口，平均单井压裂加砂强度 3.01 t/m、P25 单井压裂加砂强度 2.08 t/m、P50 单井压裂加砂强度 3.05 t/m、P75 单井压裂加砂强度 3.63 t/m。2017 年统计水平井 352 口，平均单井压裂加砂强度 3.02 t/m、P25 单井压裂加砂强度 2.26 t/m、P50 单井压裂加砂强度 2.95 t/m、P75 单井压裂加砂强度 3.63 t/m。2018 年统计水平井 205 口，平均单井压裂加砂强度 2.59 t/m、P25 单井压裂加砂强度 1.99 t/m、P50 单井压裂加砂强度 2.48 t/m、P75 单井压裂加砂强度 3.16 t/m。2019 年统计水平井 109 口，平均单井压裂加砂强度 2.43 t/m、P25 单井压裂加砂强度 1.95 t/m、P50 单井压裂加砂强度 2.45 t/m、P75 单井压裂加砂强度 3.10 t/m。

Utica 深层页岩油气藏水平井压裂加砂强度总体呈先增加后下降趋势。P25 单井压裂加砂强度由 2011 年的 1.62 t/m 逐年上升至 2017 年的 2.26 t/m、P50 单井压裂加砂强度由 2011 年的 1.76 t/m 逐年增加至 2016 年的 3.05 t/m、P75 单井压裂加砂强度由 2011 年的 1.76 t/m 逐年增加至 2017 年的 3.63 t/m。2016 年以后，单井压裂加砂强度呈小幅下降趋势。

4.7 砂液比

压裂砂液比反映了水平井分段压裂过程中压裂液和支撑剂的整体比例。本节利用单位体积压裂液量中的支撑剂质量表征水平井分段压裂砂液比。

图 4-19 为 Utica 深层页岩油气藏水平井分段压裂砂液比散点分布图。Utica 深层页岩油气藏截至 2020 年底累计统计水平井分段压裂砂液比样本数 2420 口，压裂砂液比范围 0.01~0.30 t/m³，平均单井压裂砂液比为 0.14 t/m³、P25 压裂砂液比 0.12 t/m³、P50 压裂砂液比 0.14 t/m³、P75 压裂砂液比 0.16 t/m³、M50 压裂砂液比 0.14 t/m³。水平井分段压裂砂液比散点分布图显示，压裂砂液比集中分布在 0.1~0.2 t/m³ 区间。

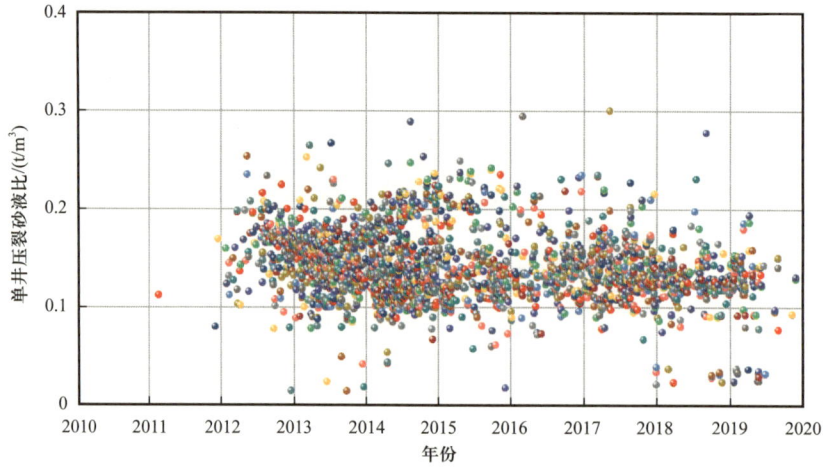

图 4-19　Utica 深层页岩油气藏水平井压裂砂液比散点分布图

图 4-20 为 Utica 深层页岩油气藏水平井分段压裂砂液比统计分布图。压裂砂液比统计结果显示压裂砂液比小于 0.05 t/m³ 统计水平井 38 口，占比 1.6%；单井压裂砂液比 0.05~0.10 t/m³ 统计水平井 149 口，占比 6.2%；单井压裂砂液比 0.10~0.15 t/m³ 统计水平井 1402 口，占比 57.9%；单井压裂砂液比 0.15~0.20 t/m³ 统计水平井 669 口，占比 27.6%；单井压裂砂液比 0.20~0.25 t/m³ 统计水平井 153 口，占比 6.3%；单井压裂砂液比 0.25~0.30 t/m³ 统计水平井 8 口，占比 0.4%。Utica 深层页岩油气藏单井压裂砂液比主体分布在 0.10~0.20 t/m³ 区间。

将 Utica 深层页岩油气藏不同年度投产水平井压裂砂液比进行统计分析，利用 P25 和 P75 统计值作为上下限值，同时结合 P50 统计值绘制不同年度单井压裂砂液比学习曲线。图 4-21 给出了对应的压裂砂液比年度学习曲线。2012 年统计水平井 147 口，平均压裂

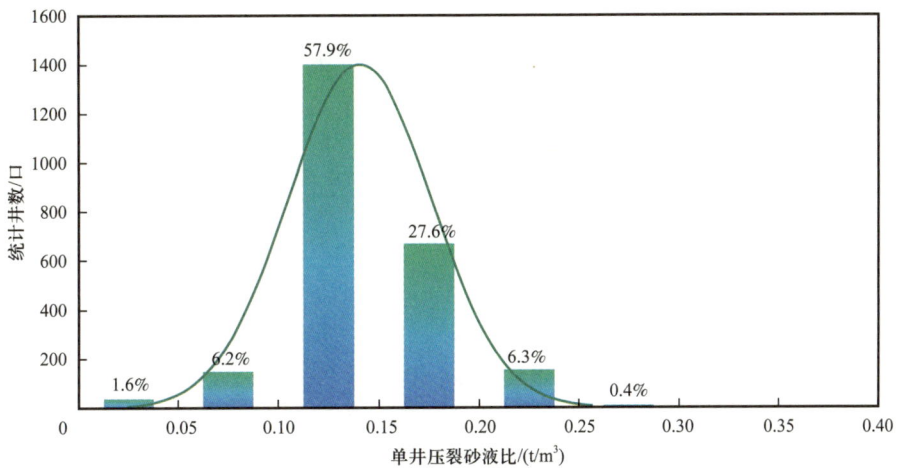

图 4-20　Utica 深层页岩油气藏水平井压裂砂液比统计分布图

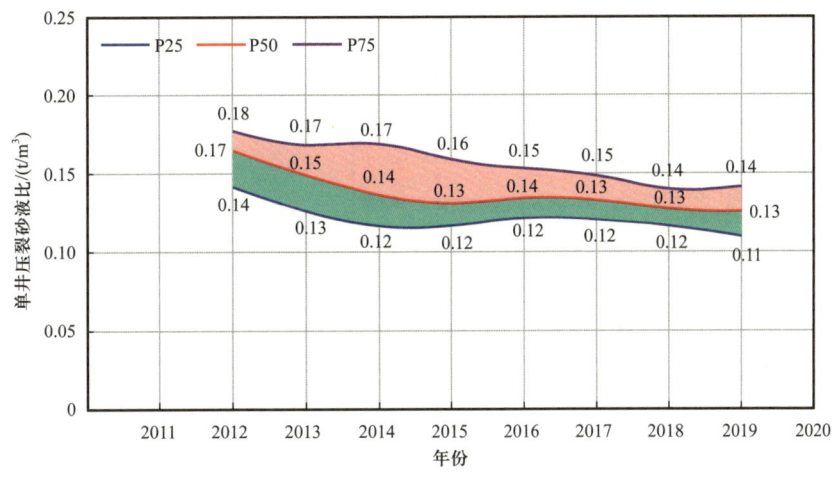

图 4-21　Utica 深层页岩油气藏水平井压裂砂液比年度学习曲线

砂液比 0.16 t/m³、P25 压裂砂液比 0.14 t/m³、P50 压裂砂液比 0.17 t/m³、P75 压裂砂液比 0.18 t/m³。2013 年统计水平井 441 口，平均压裂砂液比 0.15 t/m³、P25 压裂砂液比 0.13 t/m³、P50 压裂砂液比 0.15 t/m³、P75 压裂砂液比 0.17 t/m³。2014 年统计水平井 584 口，平均压裂砂液比 0.14 t/m³、P25 压裂砂液比 0.12 t/m³、P50 压裂砂液比 0.14 t/m³、P75 压裂砂液比 0.17 t/m³。2015 年统计水平井 308 口，平均压裂砂液比 0.14 t/m³、P25 压裂砂液比 0.12 t/m³、P50 压裂砂液比 0.13 t/m³、P75 压裂砂液比 0.16 t/m³。2016 年统计水平井 225 口，平均压裂砂液比 0.14 t/m³、P25 压裂砂液比 0.12 t/m³、P50 压裂砂液比 0.14 t/m³、P75 压裂砂液比 0.15 t/m³。2017 年统计水平井 360 口，平均压裂砂液比 0.14 t/m³、P25 压裂砂液比 0.12 t/m³、P50 压裂砂液比 0.13 t/m³、P75 压裂砂液比 0.15 t/m³。2018 年统计水平井 228 口，平均压裂砂液比 0.12 t/m³、P25 压裂砂液比 0.12 t/m³、P50 压裂砂液比 0.13 t/m³、P75 压裂砂液比 0.14 t/m³。2019 年统计水平井 124 口，平均压裂砂液比 0.12 t/m³、P25 压裂砂液比

0.11 t/m^3、P50 压裂砂液比 0.13 t/m^3、P75 压裂砂液比 0.14 t/m^3。

Utica 深层页岩油气藏水平井压裂砂液比总体保持稳定，P25 压裂砂液比总体稳定在 0.11～0.14 t/m^3 区间，P50 压裂砂液比总体稳定在 0.13～0.15 t/m^3 区间，P75 压裂砂液比总体稳定在 0.14～0.17 t/m^3 区间。

4.8 小结

按照水平井完钻垂深将平均段间距、用液强度、加砂强度和砂液比以浅层（垂深小于 2000 m）、中深层（垂深为 2000～3500 m）和深层（垂深为 3500～4500 m）进行分类。图 4-22 给出了 Utica 深层页岩油气藏水平井压裂平均段间距、用液强度、加砂强度和砂液比的统计频率分布图。浅层和中深层水平井平均段间距呈单峰分布特征，深层水平井压裂平均段间距呈双峰分布特征。深层水平井压裂用液强度和加砂强度普遍高于浅层和中深层。浅层、中深层和深层水平井压裂砂液比无显著差异。

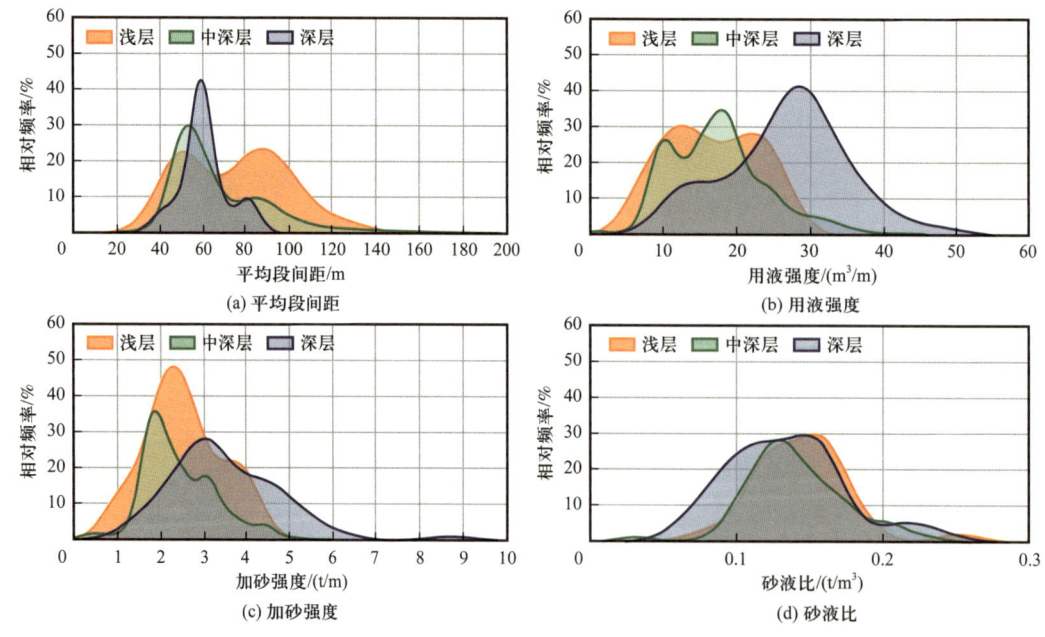

图 4-22　Utica 深层页岩油气藏压裂关键指标统计频率分布

Utica 深层页岩油气藏水平井单井压裂段数主体分布在 20～50 段区间。受完钻井水平段长逐年增加和压裂平均段间距逐年降低的影响，单井压裂段数总体呈逐年上升趋势。P50 单井压裂段数由 2011 年的 12 段增加至 2020 年的 68 段，平均年度增幅 52%。Utica 深层页岩油气藏单井压裂液量主体集中在 60 000 m^3 以内，单井压裂液量整体呈逐年增加趋势。P50 单井压裂液量由 2011 年的 14 799 m^3 增加至 2019 年的 60 965 m^3，单井压裂液量平均年度增幅超 20%。单井压裂支撑剂量集中分布在 2500～7500 t，单井压裂支撑剂量整体呈逐年上升趋势。P50 单井压裂支撑剂量由初期 2451 t 增加至 2017 年的 8491 t，后续单井压裂支撑剂量呈下降趋势。平均压裂段间距主体分布在 40~70 m 区间，平均压裂段间距整体呈逐年下降趋势。P50 平均压裂段间距由 2011 年的 130 m 逐年下降至 2020 年的 60 m，2014 年后平均压裂段间距呈相对稳定趋势。单井压裂用液强度主体分布在 10~25 m^3/m 区间，整体在初期呈逐年增加趋势。2017 年单井压裂用液强度达到峰值，后续单井压裂用液强度有小幅下降趋势。2020 年，P50 单井压裂用液强度为 17.9 m^3/m。单井压裂加砂强度主体分布在 1.0~3.0 t/m 区间，总体呈先增加后下降趋势。P50 单井压裂加砂强度由 2011 年的 1.76 t/m 逐年增加至 2016 年的 3.05 t/m。2016 年以后，单井压裂加砂强度呈小幅下降趋势。单井压裂砂液比主体分布在 0.10~0.20 t/m^3 区间，砂液比总体保持稳定，P50 压裂砂液比总体稳定在 0.13~0.15 t/m^3 区间。

第5章 开发指标

与常规气藏相比，页岩油气藏流体赋存方式更为复杂、流动方式呈现多样化。页岩油气井受储层人工裂缝、吸附气解吸及特殊流动机理影响，投产初期与中后期的产量递减趋势差异大，表现出初期递减指数变化较快、后期趋于稳定的特征。页岩油气水平井关键开发指标包括首年平均日产油当量、产量递减率、单井最终可采储量、百米段长最终可采储量、百吨砂量最终可采储量和建井周期。

5.1 首年平均日产油当量

首年平均日产油当量是指页岩油气井投产第一年的平均日产油当量，可作为油气井产能评价的关键指标。页岩油气井普遍采用大规模水力压裂措施改造井筒周边储层，油气井投产初期以返排液产出为主，该阶段也通常被称为排液阶段。井筒及近井较大尺寸裂缝内压裂液陆续返排至地表后，油气井产量逐渐上升。油气井投产通常经历纯排液阶段、排液量下降产量上升阶段、峰值产油气阶段、产量和压力快速递减阶段后进入平稳生产阶段。不同油气井峰值生产阶段存在差异，故通常选取首年日产量近似表征油气井整体产能特征。

图 5-1 为 Utica 深层页岩油气藏水平井单井首年平均日产油当量散点分布图。单井首年累计产油量指标统计页岩油气水平井 1880 口，首年累计产油量 0.14~69 595 t，平均单井首年累计产油量 6337 t，P25 单井首年累计产油量 194 t，P50 单井首年累计产油量 2933 t，P75 单井首年累计产油量 8848 t，M50 单井首年累计产油量 3364 t。

单井首年累计产气量指标统计页岩油气水平井 3060 口，首年累计产气量（0.008~41 041）×10^4 m^3，平均单井首年累计产气量 6471×10^4 m^3，P25 单井首年累计产气量 1669×10^4 m^3，P50 单井首年累计产气量 4154×10^4 m^3，P75 单井首年累计产气量 10 263×10^4 m^3，M50 单井首年累计产气量 4886×10^4 m^3。

单井首年累计产油当量指标统计页岩油气水平井 3236 口，单井首年累计产油当量 0.14~357 115 t，平均单井首年累计产油当量 56 928 t，P25 单井首年累计产油当量 17 031 t，P50 单井首年累计产油当量 40 152 t，P75 单井首年累计产油当量 88 626 t，M50 单井首年累计产油当量 45 062 t。折算平均单井首年日产油当量 156 t/d，P25 首年平均日产油当量 47 t/d，P50 首年平均日产油当量 110 t/d，P75 首年平均日产油当量 243 t/d，M50 首年平均日产油当量 123.5 t/d。

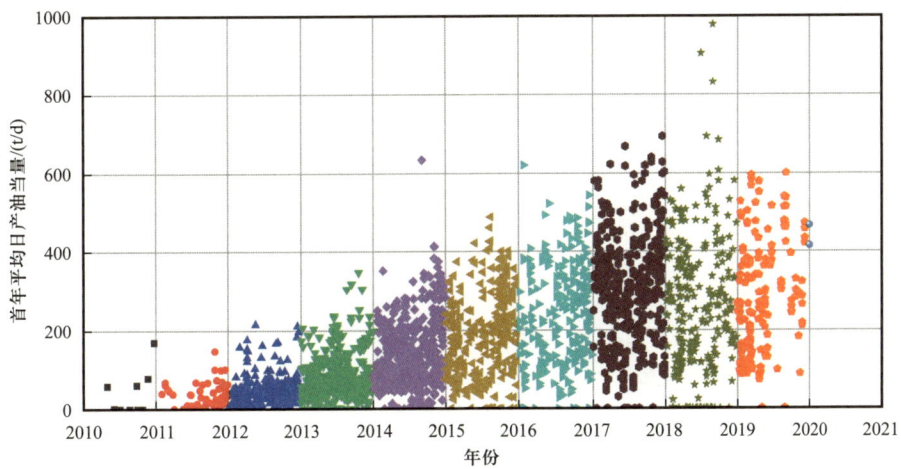

图 5-1 Utica 深层页岩油气藏单井首年平均日产油当量散点分布图

图 5-2 为 Utica 深层页岩油气藏水平井首年平均日产油当量统计分布图。统计结果显示，单井首年平均日产油当量 0~100 t/d 区间统计水平井 1523 口，占比 47.1%。单井首年平均日产油当量 100~200 t/d 区间统计水平井 674 口，占比 20.8%；单井首年平均日产油当量 200~300 t/d 区间统计水平井 464 口，占比 14.3%；单井首年平均日产油当量 300~400 t/d 区间统计水平井 346 口，占比 10.7%；单井首年平均日产油当量 400~500 t/d 区间统计水平井 147 口，占比 4.5%；单井首年平均日产油当量 500~600 t/d 区间统计水平井 65 口，占比 2.1%；单井首年平均日产油当量超过 600 t/d 区间统计水平井 17 口，占比 0.5%。

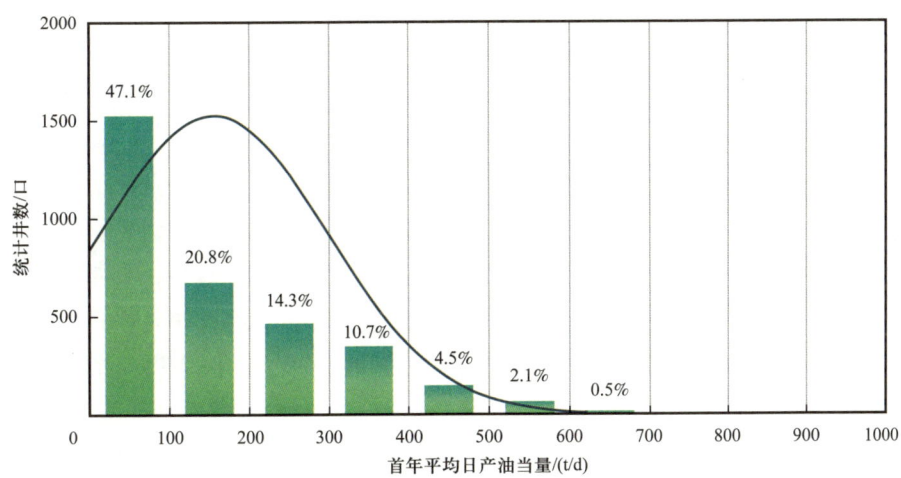

图 5-2 Utica 深层页岩油气藏单井首年平均日产油当量统计分布图

将 Utica 深层页岩油气藏不同年度首年平均日产油当量进行统计分析，利用 P25 和 P75 统计值作为首年平均日产油当量上下限值，同时结合 P50 首年平均日产油当量绘制不同年度垂深学习曲线。图 5-3 给出了 Utica 深层页岩油气藏不同年度首年平均日产油当量学习曲线。

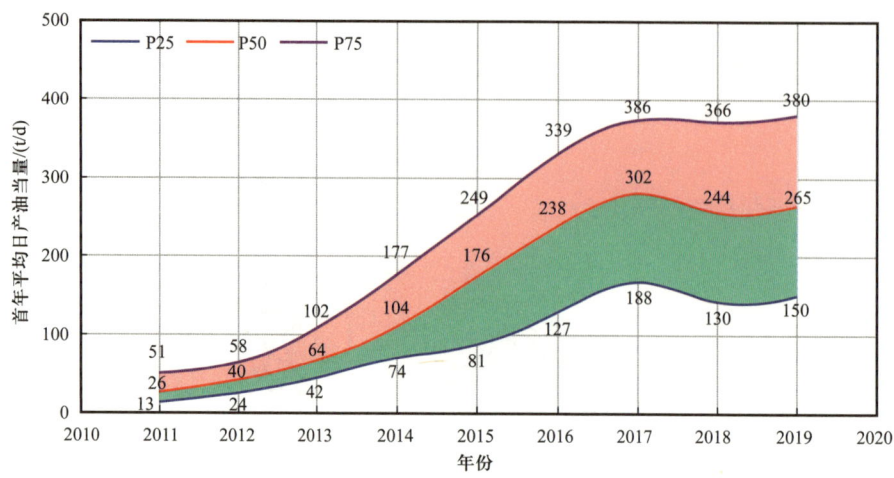

图 5-3　Utica 深层页岩油气藏单井首年平均日产油当量学习曲线

2011 年统计水平井 63 口，平均首年日产油当量 34 t/d、P25 首年平均日产油当量 13 t/d、P50 首年平均日产油当量 26 t/d、P75 首年平均日产油当量 51 t/d。2012 年统计水平井 264 口，平均首年日产油当量 47 t/d、P25 首年平均日产油当量 24 t/d、P50 首年平均日产油当量 40 t/d、P75 首年平均日产油当量 58 t/d。2013 年统计水平井 474 口，平均首年日产油当量 79 t/d、P25 首年平均日产油当量 42 t/d、P50 首年平均日产油当量 64 t/d、P75 首年平均日产油当量 102 t/d。2014 年统计水平井 640 口，平均首年日产油当量 129 t/d、P25 首年平均日产油当量 74 t/d、P50 首年平均日产油当量 104 t/d、P75 首年平均日产油当量 177 t/d。2015 年统计水平井 359 口，平均首年日产油当量 175 t/d、P25 首年平均日产油当量 81 t/d、P50 首年平均日产油当量 176 t/d、P75 首年平均日产油当量 249 t/d。2016 年统计水平井 274 口，平均首年日产油当量 237 t/d、P25 首年平均日产油当量 127 t/d、P50 首年平均日产油当量 238 t/d、P75 首年平均日产油当量 339 t/d。2017 年统计水平井 412 口，平均首年日产油当量 293 t/d、P25 首年平均日产油当量 188 t/d、P50 首年平均日产油当量 302 t/d、P75 首年平均日产油当量 386 t/d。2018 年统计水平井 293 口，平均首年日产油当量 252 t/d、P25 首年平均日产油当量 130 t/d、P50 首年平均日产油当量 244 t/d、P75 首年平均日产油当量 366 t/d。2019 年统计水平井 166 口，平均首年日产油当量 280 t/d、P25 首年平均日产油当量 150 t/d、P50 首年平均日产油当量 265 t/d、P75 首年平均日产油当量 380 t/d。

Utica 深层页岩油气藏单井首年平均日产油当量学习曲线显示，不同年度水平井 P50 首年平均日产油当量呈逐年增加趋势，2017—2019 年 P50 首年平均日产油当量呈相对稳定趋势。2020 年，区块 P25 单井首年平均日产油当量 150 t/d、P50 单井首年平均日产油当量 265 t/d、P75 单井首年平均日产油当量 380 t/d。

页岩油气井首年平均日产油当量一定程度上反映了油气井产能，是页岩油气井的关键开发指标。根据许可日期、钻井垂深、钻井测深、水平段长、水垂比、钻井周期、钻速、压裂段数、压裂液量、支撑剂量、平均段间距、用液强度、加砂强度、建井周期和首年平均日产油当量绘制影响因素相关系数矩阵图。图 5-4 为 42 354 个数据点绘制的相关系数矩阵图，由图可知建井周期和平均段间距与水平井首年平均日产油当量完全不相关。影响油气井首年平均日产油当量的因素由高到低依次为水平井测深、钻井垂深、许可日期、压裂液量、水平段长、压裂段数、支撑剂量、用液强度、加砂强度和水垂比。页岩油气水平井首年平均日产油当量主要受钻井工程、压裂规模和油气藏固有特性的影响。

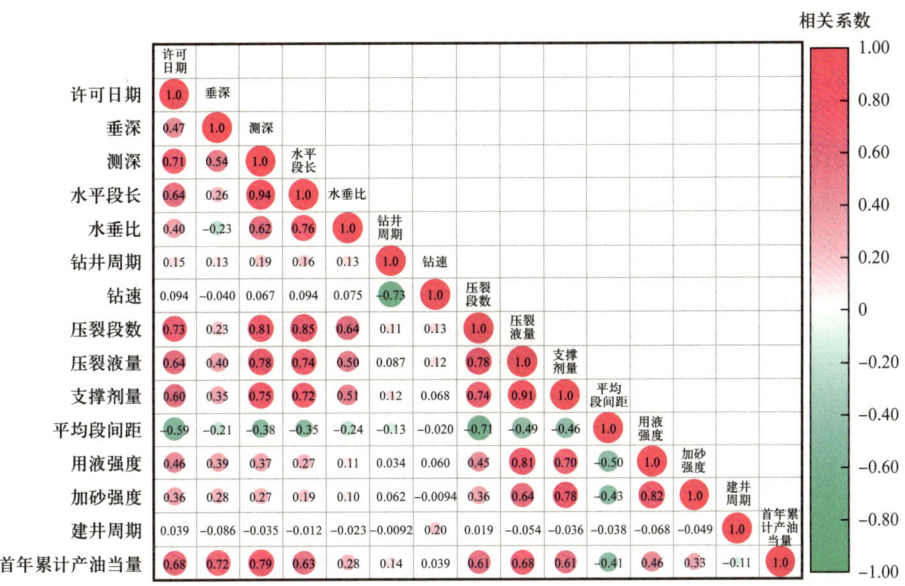

图 5-4 Utica 深层页岩油气藏首年平均日产油当量影响因素相关系数矩阵图

图 5-5 为 Utica 深层页岩油气藏水平井首年累计产油当量与单井最终可采储量统计图，水平井首年累计产油当量与单井最终可采储量呈较好的线性统计关系，线性拟合相关系数超过 0.80，线性回归系数为 2.705 41，表明首年累计产油当量占比单井最终可采储量约 37%。Utica 深层页岩油气井第一年采出油当量约占单井最终可采储量的 37% 左右。

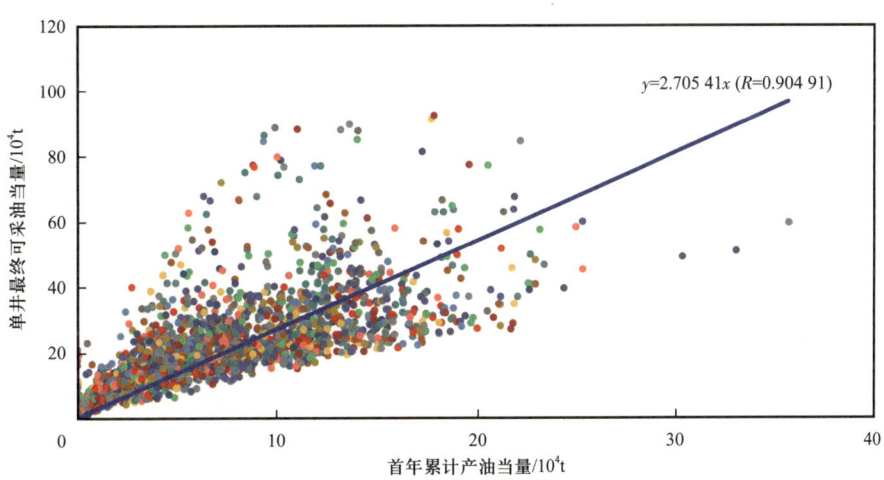

图 5-5 Utica 深层页岩油气藏水平井首年累计产油当量与单井最终可采油当量统计图

图5-6为Utica深层页岩油气藏首年平均日产油当量分埋深统计分布图，浅层（垂深低于2000 m）水平井首年平均日产油当量分布靠左，中深层（垂深为2000～3500 m）和深层（垂深大于3500 m）水平井首年平均日产油当量分布向右偏移。

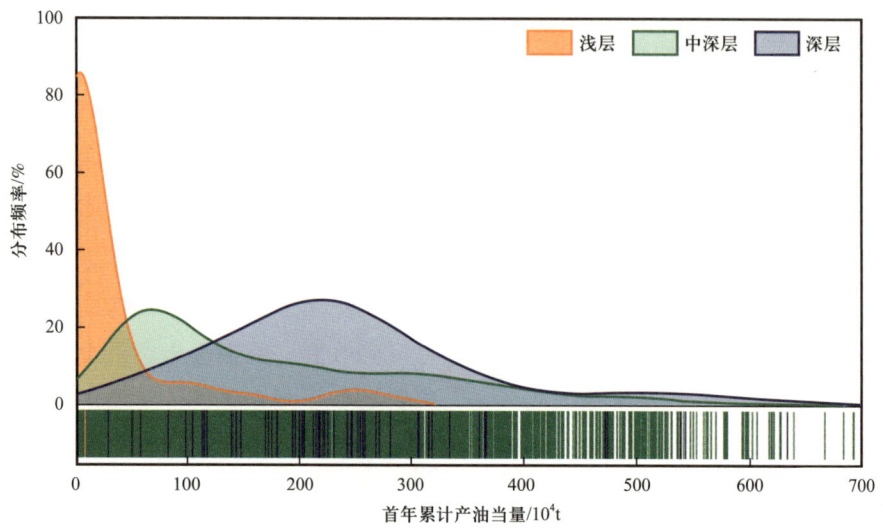

图5-6　Utica深层页岩油气藏首年平均日产油当量分埋深统计分布图

5.2　单井最终可采储量

单井最终可采储量是页岩油气井最为关键的开发指标，是指预计在整个生产周期内从单井（区块、盆地）可经济采出的天然气或石油总量。准确评价单井最终可采储量能够了解单井（区块或盆地）开采潜力，为开发方案编制、经济评价、开发调整和加密钻井提供可采储量依据。Utica深层页岩油气藏整体表现为油气同采特征，利用单井最终可采油当量表征单井最终可采储量。

图5-7为Utica深层页岩油气藏水平井单井最终可采油当量散点分布图，统计分段压裂水平井2673口，单井最终可采油当量范围1400～922 600 t，平均单井最终可采油当量198 272 t、P25单井最终可采油当量102 200 t、P50单井最终可采油当量166 600 t、P75单井最终可采油当量257 600 t、M50单井最终可采油当量259 000 t。单井最终可采原油储量统计水平井1280口，单井最终可采原油储量1400～61 600 t，平均单井最终可采储量18 058 t，P25单井最终可采储量5600 t、P50单井最终可采储量14 000 t、P75单井最终可采储量28 000 t、M50单井最终可采储量14 757 t。单井最终可采天然气储量统计水平井2847口，单井最终可采天然气储量范围（28～105 962）×10^4 m^3，平均单井最终可采天然气储量21 511×10^4 m^3，P25单井最终可采天然气储量9529×10^4 m^3、P50单井最终可采天然气储量18 293×10^4 m^3、P75单井最终可采天然气储量29 082×10^4 m^3、M50单井最终可采天然气储量18 493×10^4 m^3。

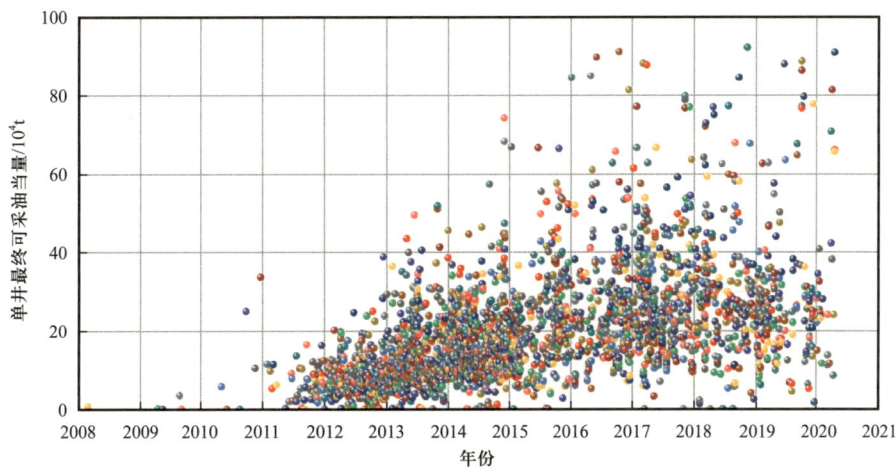

图 5-7 Utica 深层页岩油气藏单井最终可采油当量散点分布图

针对单井最终可采油当量中原油和天然气占比进行了统计，天然气最终可采储量平均占比 82%，P25 天然气最终可采储量当量占比 72%、P50 天然气最终可采储量当量占比 85%、P25 天然气最终可采储量当量占比 95%、M50 天然气最终可采储量当量占比 85%，表明 Utica 深层页岩油气藏以产出页岩气为主。

将 Utica 深层页岩油气藏单井最终可采油当量按 200 000 t 区间进行统计分析，图 5-8 为单井最终可采油当量分布统计图。单井最终可采油当量低于 100 000 t 统计水平井 637 口，统计占比 23.8%。单井最终可采油当量 100 000~200 000 t 区间统计水平井 966 口，统计占比 36.2%。单井最终可采油当量 200 000~300 000 t 区间统计水平井 609 口，统计占比 22.8%。单井最终可采油当量 300 000~400 000 t 区间统计水平井 259 口，统计占比 9.7%。单井最终可采油当量 400 000~500 000 t 区间统计水平井 96 口，统计占比 3.6%。单井最终可采油当量 500 000~600 000 t 区间统计水平井 52 口，统计占比 1.9%。单井最终可采油当量 600 000~700 000 t 区间统计水平井 24 口，统计占比 0.9%。单井最终可

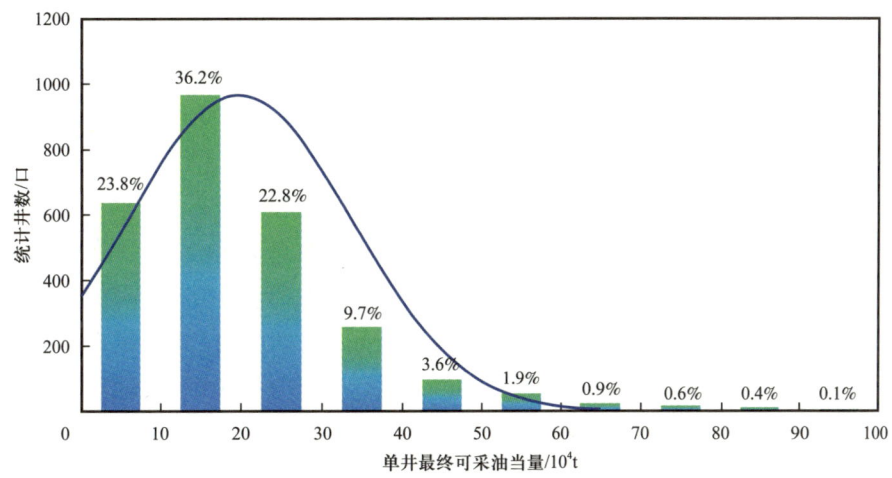

图 5-8 Utica 深层页岩油气藏单井最终可采油当量统计分布图

采油当量 700 000～800 000 t 区间统计水平井 16 口，统计占比 0.6%。单井最终可采油当量 800 000～900 000 t 区间统计水平井 11 口，统计占比 0.4%。单井最终可采油当量 900 000～1000 000 t 区间统计水平井 3 口，统计占比 0.1%。

将 Utica 深层页岩油气藏不同年度投产井单井最终可采油当量进行统计分析，利用 P25 和 P75 统计值作为上下限值，同时结合 P50 统计值绘制不同年度单井最终可采油当量学习曲线。图 5-9 给出了 Utica 深层页岩油气藏不同年度投产井单井最终可采油当量学习曲线。

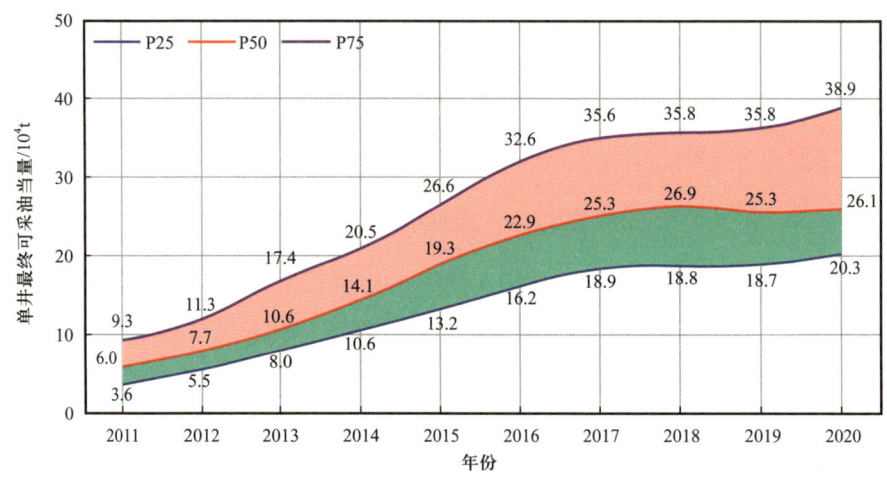

图 5-9　Utica 深层页岩油气藏单井最终可采油当量学习曲线

不同年度单井最终可采油当量学习曲线显示，2011 年前统计水平井 13 口，平均单井最终可采油当量 6.5×10^4 t，P25 单井最终可采油当量 0.1×10^4 t，P50 单井最终可采油当量 0.8×10^4 t、P75 单井最终可采油当量 5.9×10^4 t。2011 年统计水平井 56 口，平均单井最终可采油当量 6.7×10^4 t，P25 单井最终可采油当量 3.6×10^4 t，P50 单井最终可采油当量 6.0×10^4 t、P75 单井最终可采油当量 9.3×10^4 t。2012 年统计水平井 255 口，平均单井最终可采油当量 8.8×10^4 t，P25 单井最终可采油当量 5.5×10^4 t，P50 单井最终可采油当量 7.7×10^4 t、P75 单井最终可采油当量 11.3×10^4 t。2013 年统计水平井 457 口，平均单井最终可采油当量 13.4×10^4 t、P25 单井最终可采油当量 8.0×10^4 t，P50 单井最终可采油当量 10.6×10^4 t、P75 单井最终可采油当量 17.4×10^4 t。2014 年统计水平井 588 口，平均单井最终可采油当量 16.5×10^4 t，P25 单井最终可采油当量 10.6×10^4 t、P50 单井最终可采油当量 14.1×10^4 t、P75 单井最终可采油当量 20.5×10^4 t。2015 年统计水平井 322 口，平均单井最终可采油当量 21.2×10^4 t、P25 单井最终可采油当量 13.2×10^4 t，P50 单井最终可采油当量 19.3×10^4 t、P75 单井最终可采油当量 26.6×10^4 t。2016 年统计水平井 238 口，平均单井最终可采油当量 26.5×10^4 t、P25 单井最终可采油当量 16.2×10^4 t，P50 单井最终可采油当量 22.9×10^4 t、P75 单井最终可采油当量 32.6×10^4 t。2017 年统计水平井 334 口，平均单井最终可采油当量 28.6×10^4 t、P25 单井最终可采油当量 18.9×10^4 t，P50 单井最终可采油当量 25.3×10^4 t、P75 单井最终可采油当量 35.6×10^4 t。2018 年统计水平

井 221 口，平均单井最终可采油当量 28.9×10^4 t、P25 单井最终可采油当量 18.8×10^4 t、P50 单井最终可采油当量 26.9×10^4 t、P75 单井最终可采油当量 35.8×10^4 t。2019 年统计水平井 161 口，平均单井最终可采油当量 27.7×10^4 t、P25 单井最终可采油当量 18.7×10^4 t、P50 单井最终可采油当量 25.3×10^4 t、P75 单井最终可采油当量 35.8×10^4 t。2020 年统计水平井 28 口，平均单井最终可采油当量 30.4×10^4 t、P25 单井最终可采油当量 20.3×10^4 t、P50 单井最终可采油当量 26.1×10^4 t、P75 单井最终可采油当量 38.9×10^4 t。

Utica 深层页岩油气藏单井最终可采油当量总体呈逐年上升趋势。P25 单井最终可采油当量由 2011 年 3.6×10^4 t 逐年上升至 2020 年 20.3×10^4 t，P50 单井最终可采油当量由 2011 年 6.0×10^4 t 上升至 2020 年 26.1×10^4 t，P75 单井最终可采油当量由 2011 年 9.3×10^4 t 上升至 2020 年的 38.9×10^4 t。2017 年后，单井最终可采油当量呈相对稳定趋势，P50 单井最终可采油当量稳定在 $(25.3 \sim 26.9) \times 10^4$ t。

利用许可日期、完钻垂深、水平井测深、水平段长、水垂比、钻井周期、机械钻速、压裂段数、压裂液量、支撑剂量、平均段间距、用液强度、加砂强度、建井周期和单井最终可采油当量绘制相关系数矩阵图。图 5-10 为 34 432 个数据点绘制的 Utica 深层页岩油气藏单井最终可采油当量影响因素相关系数矩阵图。单井最终可采油当量直接与水平井测深、垂深、压裂液量、水平段长、支撑剂量、压裂段数、许可日期、用液强度、加砂强度等因素正相关。

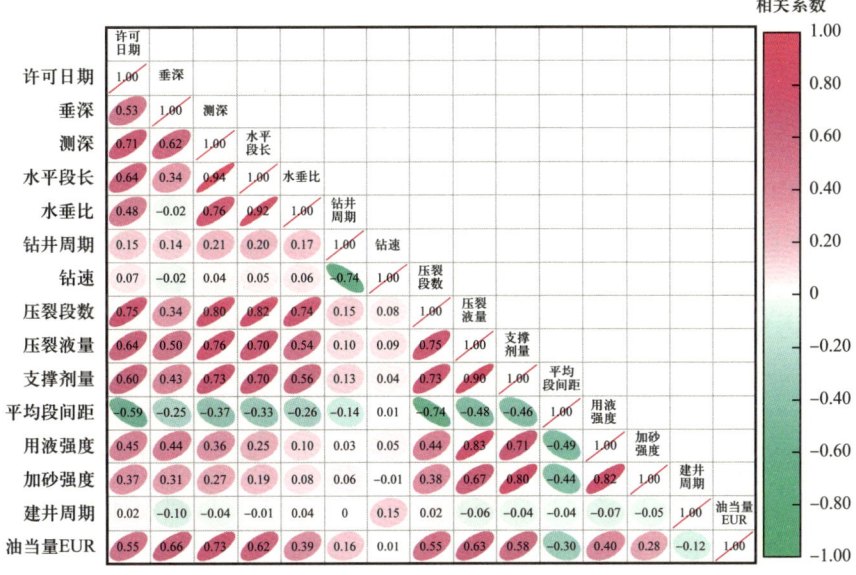

图 5-10　Utica 深层页岩油气藏单井最终可采油当量影响因素相关系数矩阵图

5.3　百米段长可采储量

页岩油气水平井单井最终可采油当量主要受气藏地质条件、水平井钻完井指标、分段压裂和采气工艺技术等多种因素影响。为了增加开发指标横向对比性，引入百米段长可采储量指标进行分析。百米段长可采储量是指水平井单位长度折算可采储量。由于 Austin 页岩油气藏油气同采，因此本章针对百米段长可采油当量代替百米段长可采储量进行对比分析。

图 5-11 为 Utica 深层页岩油气藏水平井百米段长可采油当量散点分布图，统计分段压裂水平井 2468 口，百米段长可采油当量范围 103～59 183 t/100 m，平均百米段长可采油当量 8019 t/100 m，P25 百米段长可采油当量 4987 t/100 m、P50 百米段长可采油当量 7072 t/100 m、P75 百米段长可采油当量 9881 t/100 m、M50 百米段长可采油当量 7201 t/100 m。

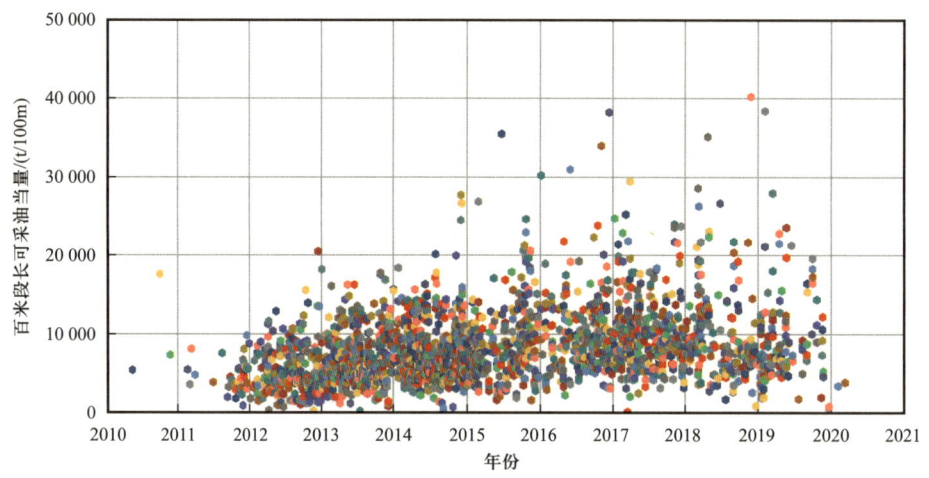

图 5-11　Utica 深层页岩油气藏百米段长可采油当量散点分布图

将 Utica 深层页岩油气藏百米段长可采油当量按 2500 t/100 m 区间进行统计分析，图 5-12 为百米段长可采油当量分布统计图。百米段长可采油当量低于 2500 t/100 m 统计水平井 84 口，统计占比 3.4%。百米段长可采油当量 2500～5000 t/100 m 区间统计水平井 536 口，统计占比 21.7%。百米段长可采油当量 5000～7500 t/100 m 区间统计水平井 731 口，统计占比 29.7%。百米段长可采油当量 7500～10 000 t/100 m 区间统计水平井 516 口，统计占比 20.9%。百米段长可采油当量 10 000～12 500 t/100 m 区间统计水平井 294 口，统计占比 11.9%。百米段长可采油当量 12 500～15 000 t/100 m 区间统计水平井 149 口，统计占比 6.0%。百米段长可采油当量 15 000～17 500 t/100 m 区间统计水平井 67 口，统计占比 2.7%。百米段长可采油当量 17 500～20 000 t/100 m 区间统计水平井 41 口，统计占比 1.7%。百米段长可采油当量超 20 000 t/100 m 统计水平井 50 口，统计占比 2%。

将 Utica 深层页岩油气藏不同年度投产井百米段长可采油当量进行统计分析，利用 P25 和 P75 统计值作为上下限值，同时结合 P50 统计值绘制不同年度百米段长可采油当量学习曲线。图 5-13 给出了 Utica 深层页岩油气藏不同年度投产井百米段长可采油当量学习曲线。

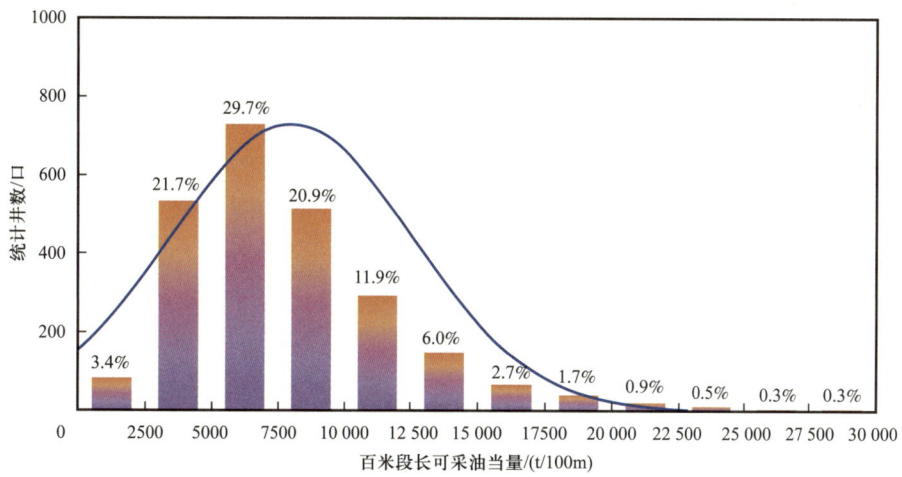

图 5-12　Utica 深层页岩油气藏百米段长可采油当量统计分布图

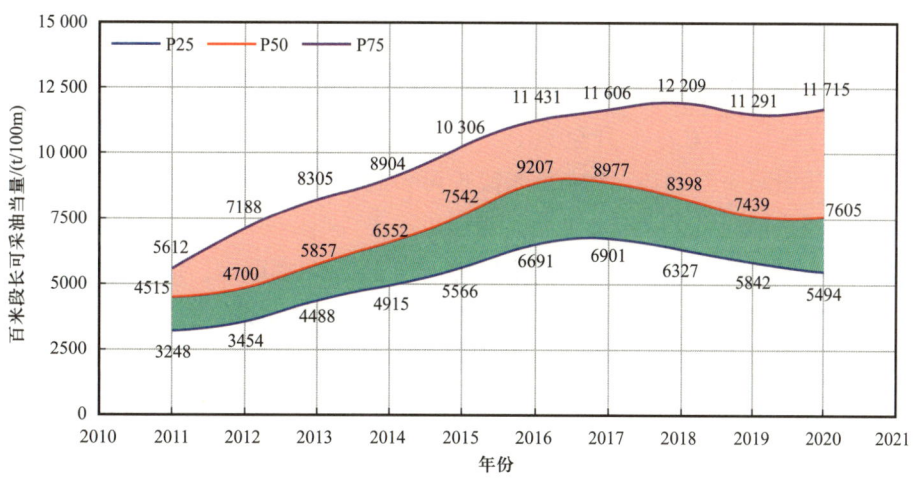

图 5-13　Utica 深层页岩油气藏百米段长可采油当量学习曲线

Utica 深层页岩油气藏百米段长可采油当量学习曲线显示，2011 年统计水平井 37 口，平均百米段长可采油当量 4720 t/100 m、P25 百米段长可采油当量 3248 t/100 m、P50 百米段长可采油当量 4515 t/100 m、P75 百米段长可采油当量 5612 t/100 m。2012 年统计水平井 240 口，平均百米段长可采油当量 5389 t/100 m、P25 百米段长可采油当量 3454 t/100 m、P50 百米段长可采油当量 4700 t/100 m、P75 百米段长可采油当量 7188 t/100 m。2013 年统计水平井 442 口，平均百米段长可采油当量 6617 t/100 m、P25 百米段长可采油当量 4488 t/100 m、P50 百米段长可采油当量 5857 t/100 m、P75 百米段长可采油当量 8305 t/100 m。2014 年统计水平井 564 口，平均百米段长可采油当量 7487 t/100 m、P25 百米段长可采油当量 4915 t/100 m、P50 百米段长可采油当量 6552 t/100 m、P75 百米段长可采油当量 8904 t/100 m。2015 年统计水平井 311 口，平均百米段长可采油当量 8427 t/100 m、P25 百米段长可采油当量 5566 t/100 m、P50 百米段长可采油当量 7542 t/100 m、

P75 百米段长可采油当量 10 306 t/100 m。2016 年统计水平井 230 口，平均百米段长可采油当量 9998 t/100 m、P25 百米段长可采油当量 6691 t/100 m、P50 百米段长可采油当量 9207 t/100 m、P75 百米段长可采油当量 11 431 t/100 m。2017 年统计水平井 323 口，平均百米段长可采油当量 9815 t/100 m、P25 百米段长可采油当量 6901 t/100 m、P50 百米段长可采油当量 8977 t/100 m、P75 百米段长可采油当量 11 606 t/100 m。2018 年统计水平井 196 口，平均百米段长可采油当量 9869 t/100 m、P25 百米段长可采油当量 6327 t/100 m、P50 百米段长可采油当量 8398 t/100 m、P75 百米段长可采油当量 12 209 t/100 m。2019 年统计水平井 120 口，平均百米段长可采油当量 9272 t/100 m、P25 百米段长可采油当量 5842 t/100 m、P50 百米段长可采油当量 7439 t/100 m、P75 百米段长可采油当量 11 291 t/100 m。2020 年统计水平井 36 口，平均百米段长可采油当量 9605 t/100 m、P25 百米段长可采油当量 5494 t/100 m、P50 百米段长可采油当量 7605 t/100 m、P75 百米段长可采油当量 11 715 t/100 m。

Utica 深层页岩油气藏百米段长可采油当量总体呈逐年上升趋势，P25 百米段长可采油当量由 2011 年的 3248 t/100 m 逐年上升至 2017 年的 6901 t/100 m、P50 百米段长可采油当量由 2011 年的 4515 t/100 m 上升至 2016 年的 9207 t/100 m、P75 百米段长可采油当量由 2011 年的 5612 t/100 m 上升至 2018 年的 12 209 t/100 m。2016 年后，P25 和 P50 百米段长可采油当量呈下降趋势，P75 百米段长可采油当量保持相对稳定趋势，表明区块投产井百米段长可采油当量呈大级差变化趋势。

利用许可日期、完钻垂深、水平井测深、水平段长、水垂比、钻井周期、机械钻速、压裂段数、压裂液量、支撑剂量、平均段间距、用液强度、加砂强度、建井周期和百米段长可采油当量绘制相关系数矩阵图。图 5-14 为 34 432 个数据点绘制的 Utica 深层页岩油气藏百米段长可采油当量影响因素相关系数矩阵图。百米段长可采油当量相关因素包括垂深、用液强度、水平井测深、压裂液量、许可日期、支撑剂量、加砂强度和压裂段数。百米段长可采油当量关键影响因素为垂深，相关性系数高达 0.62。

图 5-15 为 Utica 深层页岩油气藏百米段长可采油当量分埋深统计分布图。垂深 1000～2000 m 统计水平井 23 口，平均百米段长可采油当量 4637 t/100 m、P25 百米段长可采油当量 1378 t/100 m、P50 百米段长可采油当量 2311 t/100 m、P75 百米段长可采油当量 3146 t/100 m。垂深 2000～3000 m 统计水平井 2019 口，平均百米段长可采油当量 7396 t/100 m、P25 百米段长可采油当量 4793 t/100 m、P50 百米段长可采油当量 6526 t/100 m、P75 百米段长可采油当量 9029 t/100 m。垂深 3000～4000 m 统计水平井 402 口，平均百米段长可采油当量 10 814 t/100 m、P25 百米段长可采油当量 7833 t/100 m、P50 百米段长可采油当量 9977 t/100 m、P75 百米段长可采油当量 12 815 t/100 m。垂深 4000～5000 m 统计水平井 10 口，平均百米段长可采油当量 21 412 t/100 m、P25 百米段长可采油当量 8189 t/100 m、P50 百米段长可采油当量 10 574 t/100 m、P75 百米段长可采油当量 35 344 t/100 m。

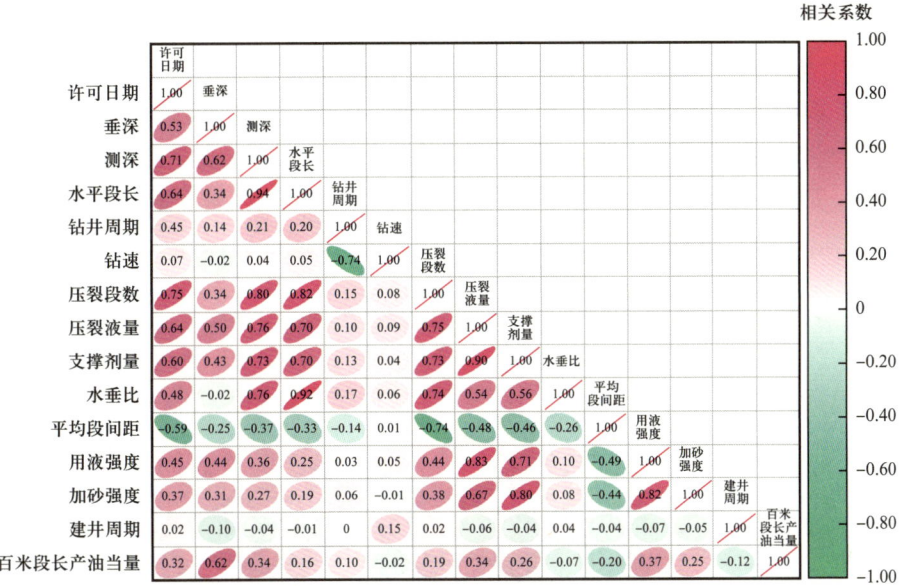

图 5-14 Utica 深层页岩油气藏百米段长可采油当量影响因素相关系数矩阵图

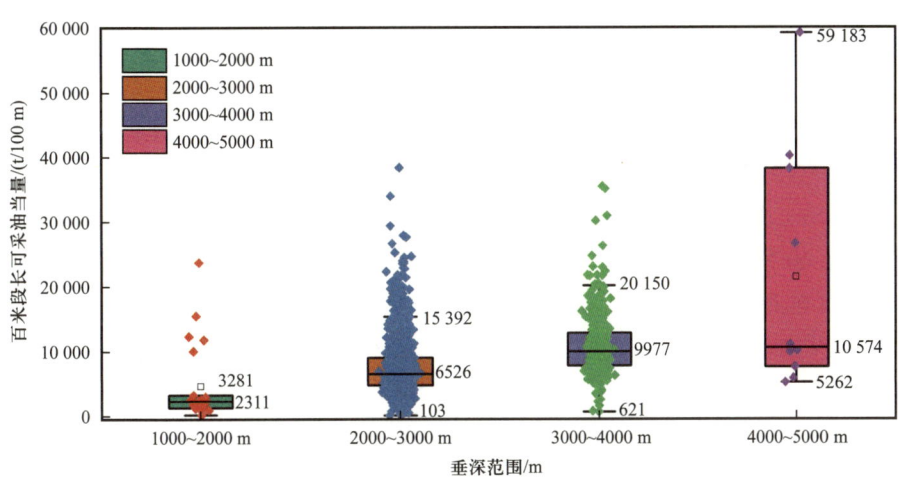

图 5-15 Utica 深层页岩油气藏百米段长可采油当量分埋深统计分布图

5.4 百吨砂量可采储量

  水平井分段压裂技术是页岩油气等非常规油气资源的主体开发技术,通过将高压液体(压裂液)注入油气井中,迫使地层岩石发生断裂,形成人工诱导裂缝,最终提高油气井产能。加砂是指在油气藏内注入固体颗粒材料以增加岩石支撑力,从而提高裂缝导流能力。加砂强度是指单位压裂段长泵入的支撑剂量,是压裂措施规模的重要指标之一。为了便于横向对比分析,引入百吨砂量可采储量表征单位支撑剂消耗量能够从油气藏中获取的可采储量，本节则利用百吨砂量可采油气当量进行对比分析。

图 5-16 为 Utica 深层页岩油气藏水平井百吨砂量可采油当量散点分布图，统计分段压裂水平井 2182 口，百吨砂量可采油当量范围 105～165 040 t/100 t，平均百吨砂量可采油当量 3998 t/100 t、P25 百吨砂量可采油当量 2149 t/100 t、P50 百吨砂量可采油当量 3119 t/100 t、P75 百吨砂量可采油当量 4428 t/100 t、M50 百吨砂量可采油当量 3188 t/100 t。

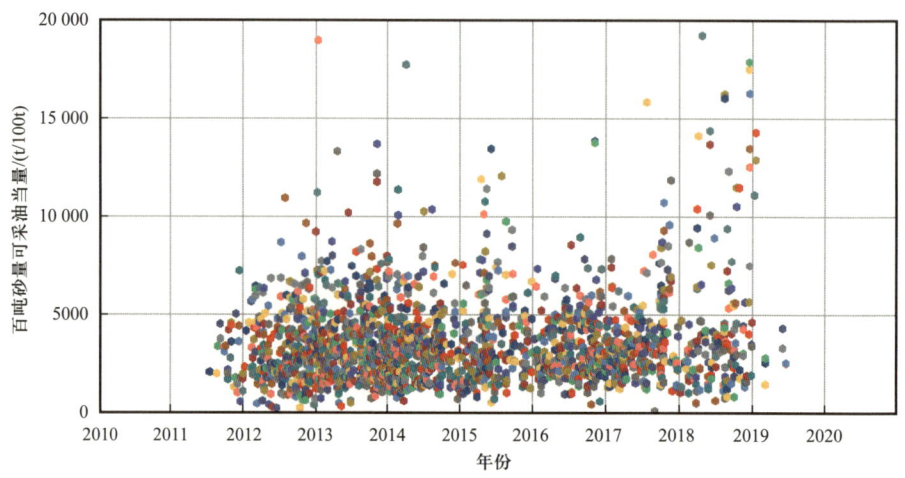

图 5-16　Utica 深层页岩油气藏百吨砂量可采油气当量散点分布图

将 Utica 深层页岩油气藏百吨砂量可采油当量按 1000 t/100 t 区间进行统计分析，图 5-17 为百吨砂量可采油当量分布统计图。百吨砂量可采油当量低于 1000 t/100 t 统计水平井 51 口，统计占比 2.4%。百吨砂量可采油当量 1000～2000 t/100 t 统计水平井 427 口，占比 20.1%；百吨砂量可采油当量 2000～3000 t/100 t 统计水平井 538 口，占比 25.4%；百吨砂量可采油当量 3000～4000 t/100 t 统计水平井 456 口，占比 21.5%；百吨砂量可采油当量 4000～5000 t/100 t 统计水平井 315 口，占比 14.9%；百吨砂量可采油当量 5000～6000 t/100 t 统计水平井 156 口，占比 7.4%；百吨砂量可采油当量 6000～7000 t/100 t 统计水平井 92 口，占比 4.3%；百吨砂量可采油当量 7000～8000 t/100 t 统计水平井 55 口，占比 2.6%；百吨砂量可采油当量 8000～9000 t/100 t 统计水平井 20 口，占比 0.9%；百吨砂量可采油当量 9000～10 000 t/100 t 统计水平井 10 口，占比 0.5%。百吨砂量可采油当量超过 10 000 t/100 t 统计水平井 62 口，占比 2.4%（其中百吨砂量可采油当量超过 15 000 t/100 t 统计水平井 26 口因数据异常做阶段处理，未在图中显示）。

将 Utica 深层页岩油气藏不同年度投产井百吨砂量可采油当量进行统计分析，利用 P25 和 P75 统计值作为上下限值，同时结合 P50 统计值绘制不同年度百吨砂量可采油当量学习曲线。图 5-18 给出了 Utica 深层页岩油气藏不同年度投产井百吨砂量可采油当量学习曲线。

Utica 深层页岩油气藏不同年度投产井百吨砂量可采油当量学习曲线显示，2012 年统计水平井 139 口，平均百吨砂量可采油当量 3419 t/100 t、P25 百吨砂量可采油当量 1954 t/100 t、P50 百吨砂量可采油当量 2661 t/100 t、P75 百吨砂量可采油当量 4345 t/100 t。2013 年统计水平井 431 口，平均百吨砂量可采油当量 3994 t/100 t、P25 百吨砂量可采油当

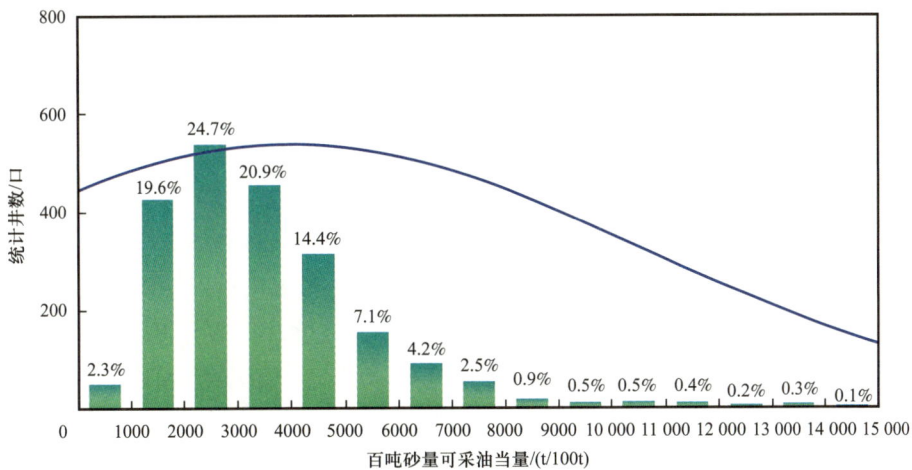

图 5-17　Utica 深层页岩油气藏百吨砂量可采油气当量统计分布图

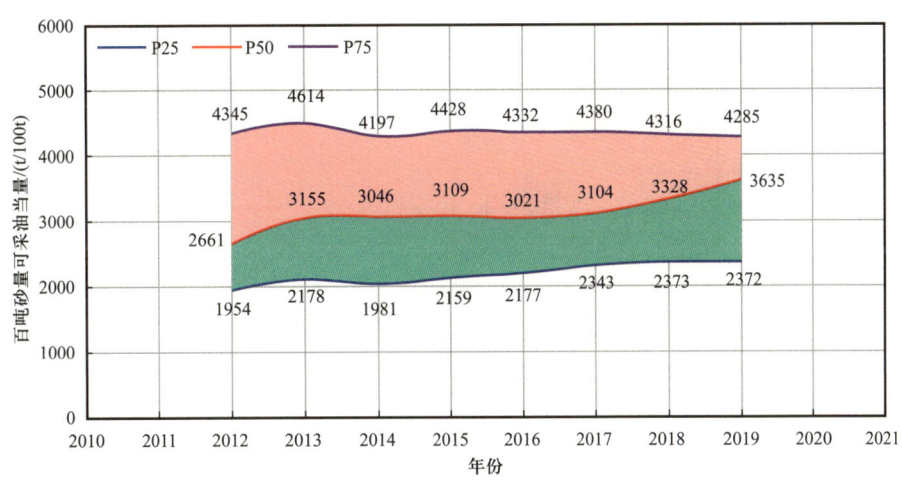

图 5-18　Utica 深层页岩油气藏百吨砂量可采油气当量学习曲线

量 2178 t/100 t、P50 百吨砂量可采油当量 3155 t/100 t、P75 百吨砂量可采油当量 4614 t/100 t。2014 年统计水平井 541 口，平均百吨砂量可采油当量 3400 t/100 t、P25 百吨砂量可采油当量 1981 t/100 t、P50 百吨砂量可采油当量 3046 t/100 t、P75 百吨砂量可采油当量 4197 t/100 t。2015 年统计水平井 294 口，平均百吨砂量可采油当量 3826 t/100 t、P25 百吨砂量可采油当量 2159 t/100 t、P50 百吨砂量可采油当量 3109 t/100 t、P75 百吨砂量可采油当量 4428 t/100 t。2016 年统计水平井 204 口，平均百吨砂量可采油当量 3459 t/100 t、P25 百吨砂量可采油当量 2177 t/100 t、P50 百吨砂量可采油当量 3021 t/100 t、P75 百吨砂量可采油当量 4332 t/100 t。2017 年统计水平井 302 口，平均百吨砂量可采油当量 3598 t/100 t、P25 百吨砂量可采油当量 2343 t/100 t、P50 百吨砂量可采油当量 3104 t/100 t、P75 百吨砂量可采油当量 4380 t/100 t。2018 年统计水平井 178 口，平均百吨砂量可采油当量 3586 t/100 t、P25 百吨砂量可采油当量 2373 t/100 t、P50 百吨砂量可采油当量 3328 t/100 t、

P75 百吨砂量可采油当量 4316 t/100 t。2019 年统计水平井 92 口，平均百吨砂量可采油当量 3667 t/100 t，P25 百吨砂量可采油当量 2372 t/100 t，P50 百吨砂量可采油当量 3635 t/100 t，P75 百吨砂量可采油当量 4285 t/100 t。

Utica 深层页岩油气藏投产井百吨砂量可采油当量学习曲线整体呈稳定变化趋势，P25 百吨砂量可采油当量稳定在 1954～2372 t/100 t，P50 百吨砂量可采油当量稳定在 3155～3328 t/100 t，P75 百吨砂量可采油当量稳定在 4197～4614 t/100 t。

利用许可日期、完钻垂深、水平井测深、水平段长、水垂比、钻井周期、机械钻速、压裂段数、压裂液量、支撑剂量、平均段间距、用液强度、加砂强度、建井周期和百吨砂量可采油当量绘制相关系数矩阵图。图 5-19 为 30 123 个数据点绘制的 Utica 深层页岩油气藏百吨砂量可采油当量影响因素相关系数矩阵图。百吨砂量可采油当量和多数因素不存在显著相关性，仅垂深和钻井周期与百吨砂量可采油当量存在一定相关性。

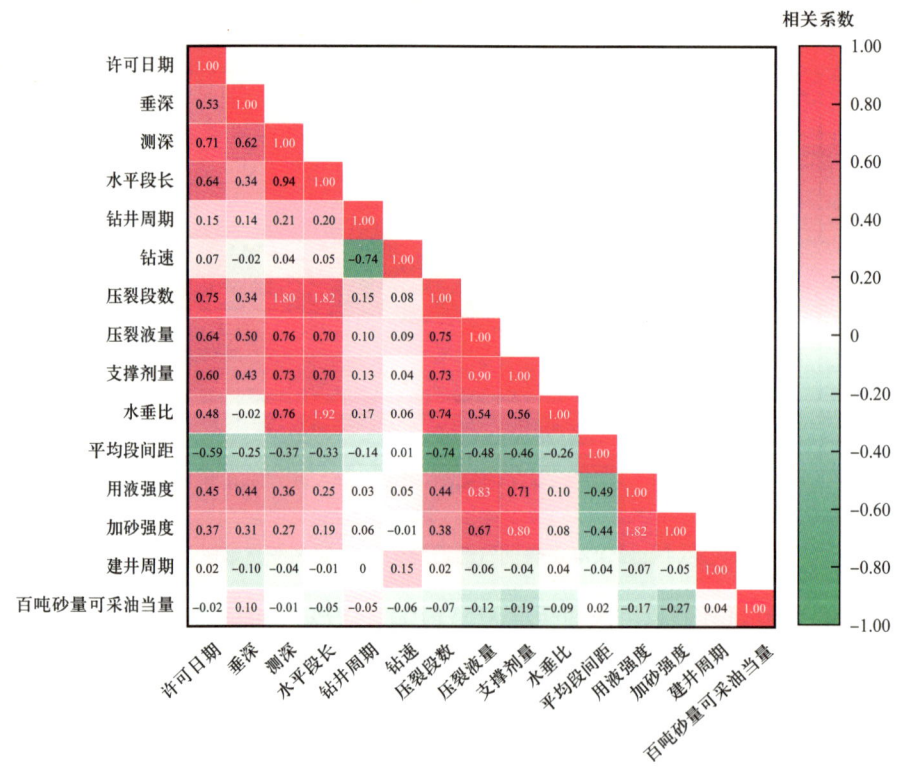

图 5-19　Utica 深层页岩油气藏百吨砂量可采油当量影响因素相关系数矩阵图

5.5　建井周期

水平井建井周期是指页岩油气井自开钻到投产经历的时间，直接反映了水平井钻井及压裂等施工效率和"工厂化"组织实施效率。页岩油气资源通常需要持续规模钻井弥补产量递减和规模上产，建井周期是页岩油气藏开发的关键指标。

图 5-20 为 Utica 深层页岩油气藏水平井建井周期散点分布图，统计水平井 2738 口，建井周期范围 1～1099 d，平均建井周期 313 d、P25 建井周期 203 d、P50 建井周期 277 d、P75 建井周期 379 d、M50 建井周期 281 d。

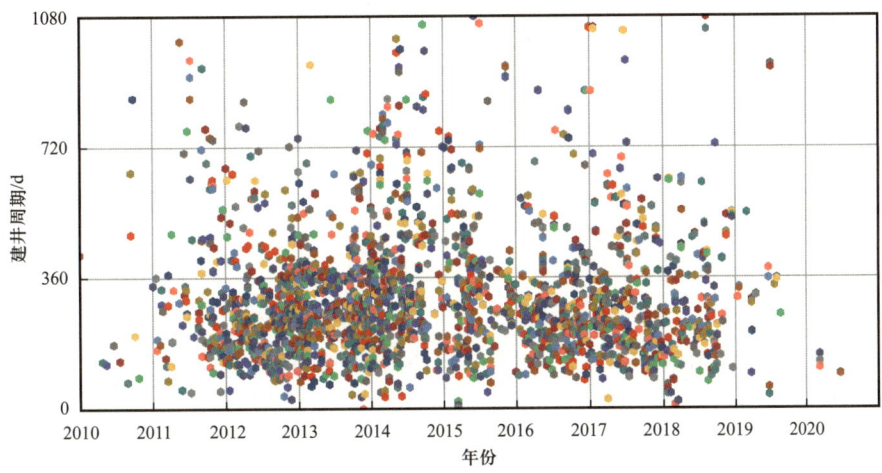

图 5-20　Utica 深层页岩油气藏建井周期散点分布图

将 Utica 深层页岩油气藏建井周期按 90 d 区间进行统计分析，图 5-21 为建井周期分布统计图。建井周期低于 90 d 统计水平井 67 口，统计占比 2.5%；建井周期 90～180 d 统计水平井 456 口，统计占比 16.7%；建井周期 180～270 d 统计水平井 788 口，统计占比 28.8%；建井周期 270～360 d 统计水平井 642 口，统计占比 23.5%；建井周期 360～450 d 统计水平井 352 口，统计占比 12.9%；建井周期 450～540 d 统计水平井 171 口，统计占比 6.3%；建井周期 540～630 d 统计水平井 102 口，统计占比 3.7%；建井周期 630～720 d 统计水平井 60 口，统计占比 2.2%；建井周期 720～810 d 统计水平井 36 口，统计占比 1.3%；建井周期 810～900 d 统计水平井 27 口，统计占比 1.0%；建井周期

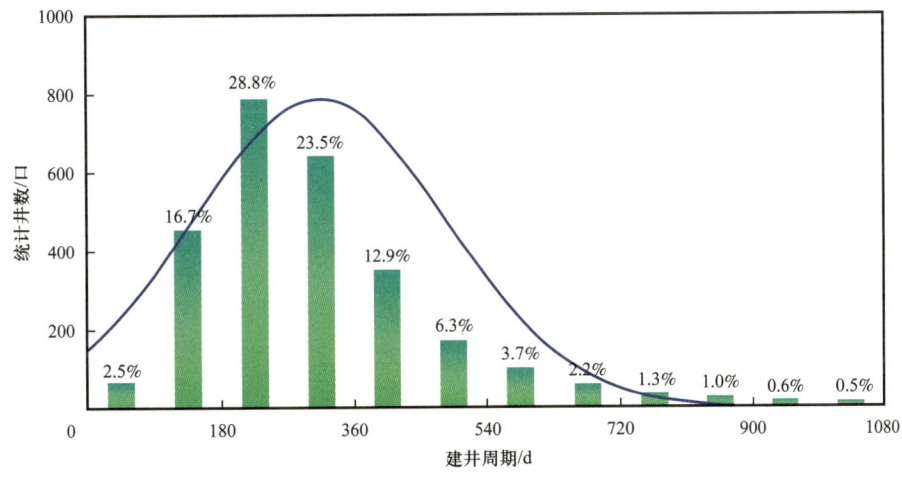

图 5-21　Utica 深层页岩油气藏建井周期统计分布图

900~990 d 统计水平井 17 口，统计占比 0.6%；建井周期 990~1080 d 统计水平井 15 口，统计占比 0.5%。

将 Utica 深层页岩油气藏不同年度投产井建井周期进行统计分析，利用 P25 和 P75 统计值作为上下限值，同时结合 P50 统计值绘制不同年度建井周期学习曲线。图 5-22 给出了 Utica 深层页岩油气藏不同年度投产井建井周期学习曲线。2011 年统计水平井 43 口，平均建井周期 366 d、P25 建井周期 187 d、P50 建井周期 294 d、P75 建井周期 474 d；2012 年统计水平井 249 口，平均建井周期 292 d、P25 建井周期 174 d、P50 建井周期 233 d、P75 建井周期 358 d；2013 年统计水平井 459 口，平均建井周期 276 d、P25 建井周期 201 d、P50 建井周期 260 d、P75 建井周期 347 d；2014 年统计水平井 630 口，平均建井周期 336 d、P25 建井周期 234 d、P50 建井周期 310 d、P75 建井周期 393 d；2015 年统计水平井 336 口，平均建井周期 372 d、P25 建井周期 232 d、P50 建井周期 322 d、P75 建井周期 405 d；2016 年统计水平井 249 口，平均建井周期 309 d、P25 建井周期 213 d、P50 建井周期 273 d、P75 建井周期 342 d；2017 年统计水平井 388 口，平均建井周期 314 d、P25 建井周期 202 d、P50 建井周期 257 d、P75 建井周期 368 d；2018 年统计水平井 258 口，平均建井周期 267 d、P25 建井周期 178 d、P50 建井周期 231 d、P75 建井周期 350 d；2019 年统计水平井 105 口，平均建井周期 330 d、P25 建井周期 203 d、P50 建井周期 264 d、P75 建井周期 388 d；2020 年统计水平井 9 口，平均建井周期 314 d、P25 建井周期 213 d、P50 建井周期 249 d、P75 建井周期 357 d。

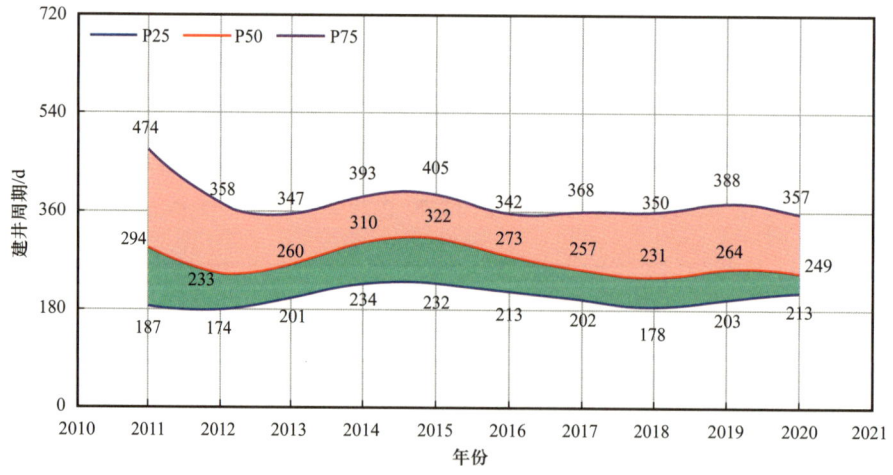

图 5-22 Utica 深层页岩油气藏建井周期学习曲线

Utica 深层页岩油气藏建井周期学习曲线总体呈相对稳定变化趋势，P25 建井周期稳定在 174~213 d、P50 建井周期稳定在 233~322 d、P75 建井周期稳定在 342~474 d。2020 年，该区块 P25 建井周期 213 d、P50 建井周期 249 d、P75 建井周期 357 d。

利用许可日期、完钻垂深、水平井测深、水平段长、钻井周期、机械钻速、压裂段数、压裂液量、支撑剂量、水垂比、平均段间距、用液强度、加砂强度和建井周期绘制相关系数矩阵图。图5-23给出了33 843个数据点绘制的Utica深层页岩油气藏建井周期影响因素相关系数矩阵图。建井周期与机械钻速呈正相关关系，统计相关系数0.19。许可日期、垂深、测深、水平段长、钻井周期、压裂段数、压裂液量、支撑剂量、水垂比、平均段间距、用液强度和加砂强度等指标与建井周期未表现出相关性。

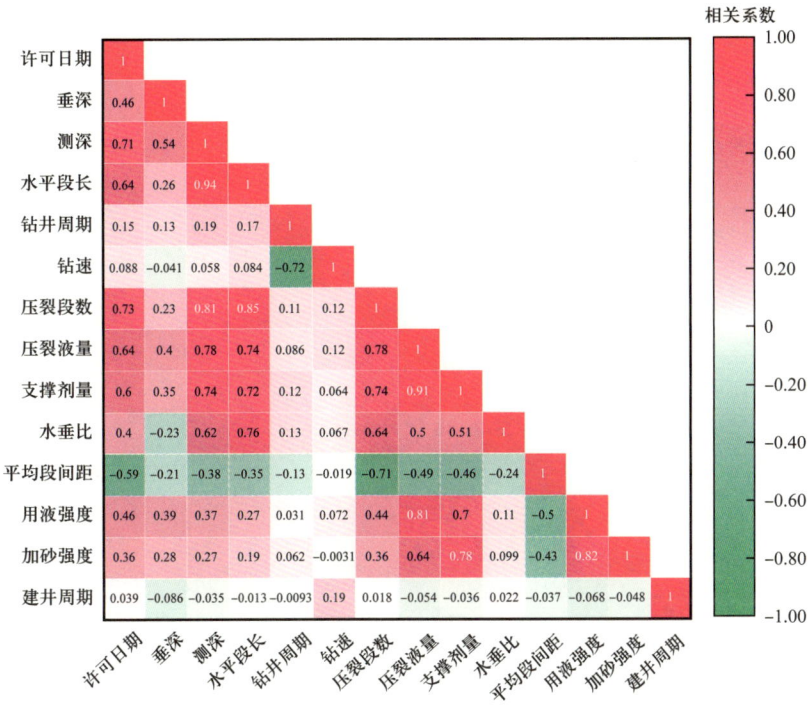

图5-23 Utica深层页岩油气藏建井周期影响因素相关系数矩阵图

5.6 小结

本章主要针对Utica深层页岩油气藏单井开发指标进行了统计分析，包括首年平均日产油气当量、单井最终可采储量、百米段长可采储量、百吨砂量可采储量及建井周期。

Utica深层页岩油气藏单井首年平均日产油当量学习曲线显示，不同年度水平井P50首年平均日产油当量呈逐年增加趋势，2017—2019年P50首年平均日产油当量呈相对稳定趋势。2020年，区块P25单井首年平均日产油当量150 t/d、P50单井首年平均日产油当量265 t/d、P75单井首年平均日产油当量380 t/d。区块单井最终可采油当量总体呈逐年上升趋势。P25单井最终可采油当量由2011年3.6×10^4 t逐年上升至2020年20.3×10^4 t，P50单井最终可采油当量由2011年6.0×10^4 t上升至2020年26.1×10^4 t，P75单井最终可采油当量由2011年9.3×10^4 t上升至2020年的38.9×10^4 t。2017年后，单井最终可采油当量呈相对稳定趋势，P50单井最终可采油当量稳定在$(25.3 \sim 26.9) \times 10^4$ t。Utica深层页岩油气藏百米段长可采油当量总体呈逐年上升趋势，2020年P25百米段长可采油当量

20.3 t/100 m、P50 百米段长可采油当量 26.1 t/100 m、P75 百米段长可采油当量 38.9 t/100 m。百吨砂量可采油当量学习曲线整体呈稳定变化趋势，P25 百吨砂量可采油当量稳定在 1954～2372 t/100 t、P50 百吨砂量可采油当量稳定在 3155～3328 t/100 t、P75 百吨砂量可采油当量稳定在 4197～4614 t/100 t。

第6章 开发成本

页岩气是一种典型的低品位边际油气资源，极低的基质渗透率使页岩气储层必须经过体积压裂改造才能形成产能，单井控制体积小，钻井数量是常规油气田的数倍甚至几十倍，压裂改造作业规模也比常规天然气高很多，对技术和场地要求高，作业成本居高不下。页岩气开发单井成本是总成本的主体构成部分。页岩气水平井单井成本包括钻完井成本和压裂成本。钻完井成本由钻井成本和固井成本构成。压裂成本包括水成本、支撑剂成本、泵送成本和其他成本。

6.1 开发成本构成

开发成本是决定产业发展的根本因素，页岩气也不例外。自2008年美国页岩气产业快速发展以来，外界便开始关注其成本问题，不同机构和学者得出的结论也不尽相同。页岩气的勘探开发包括矿权购置、钻井、完井、基础设施建设、天然气采集和处理、运输、污水处理等过程，据此将整个过程成本划分为矿权购置成本、单井钻压成本、基础设施成本和运行成本四个部分：

（1）矿权购置成本。

从事页岩气勘探开发必须先获得矿权，在美国现行矿产资源法案框架下，公司获得页岩气区矿权的方式有四类。① 早期战略性购置。作业者在页岩区块被开发前，仅以初步地质评价为依据购置矿权，此时区块内没有或仅有极少的页岩气钻探活动，且未开始先导生产，前景尚无法确定。这类区块由于缺少成功的勘探和商业生产案例，可能面临后续勘探不成功、无法实现商业开发的危险，其风险较大，但获取成本一般非常低。② 常规矿权扩展。目前美国主要页岩气区均位于成熟盆地内，有较长的常规油气勘探开发历史，有些作业者的页岩气矿权是通过早期收购或前期持有的常规油气区块所获得。这类页岩气矿权获取方式的费用几乎可忽略不计，持有者有一定的成本优势。③ 快速跟进购置。没有能力独立获取页岩气区块的公司，可能会选择与已有相关资产的公司组建合资企业的方式获得进入机会。这通常出现在目标区块内已有页岩气勘探开发成功案例，相关风险大幅降低之后。但由于此时"甜点"区尚不明确，存在所进入区块无经济生产潜力的风险。④ 晚期跟随介入。即在页岩气区带已有成功案例，且"甜点"已查明后购入矿权。此时页岩盆地或区块的风险已极低，但矿权购置成本是最高的，通常会是快速跟进购置时所需费用的3~4倍。

（2）单井钻压成本。

单井钻压成本包括用钻机将一口井钻至目标层过程中所需的全部费用，可分为有形成本和无形成本两大类，前者包括套管、尾管等费用，后者包括钻头、钻机租赁、钻井液、测录井服务、燃料等费用。页岩气水平井的单井成本与地质情况、深度、设计方案等有关，不同区带之间有较大差异。完井成本包括完井过程中的射孔、压裂、供水及水处理等所发生的费用，也包括有形成本和无形成本两大类，前者包括尾管、油管、采油树、封隔器等费用，后者包括各类压裂支撑剂、压裂液（包括化合物、瓜尔胶、水等）、大型压裂设备租赁、作业服务、水处理等费用。钻压成本约占页岩气勘探开发井口成本的60%。美国页岩区带的钻压成本主要受五大因素影响，即与钻机有关的费用、套管和固井费用、水力压裂设备费用、完井液和返排液处理费用、支撑剂费用。其中与钻机有关的费用与钻井效率、井深、钻机日租费用、钻井液用量和动力费用有关，套管与固井费用主要受钢材价格、井身结构和地层压力影响，水力压裂设备费用主要与所需设备的马力和压裂段数有关，完井液费用主要受用水量、所使用的化学剂及压裂液类型（如瓜尔胶、交联凝胶或滑溜水）影响，支撑剂费用与支撑剂类型、来源和用量有关。通常在较浅和压力较低的井中会使用天然砂含量较高的支撑剂，在较深和压力较高的井中会使用更多的人造支撑剂。

（3）基础设施成本。

基础设施包括道路与井场建设、地表设备（储罐、分离器、干燥器等）及人工举升设备等。目前，美国页岩气区内的基础设施费用在数十万美元左右。

（4）运营成本。

运营成本是开发运营过程中发生的各种费用，会因产液类型、作业位置、井的规模和产量水平而有差异。一般而言，陆上页岩气井的运营成本包括固定成本和可变成本两大类，前者是将页岩气采至井口的费用，主要包括人工举升、气井维护、修井等费用，也被称为开采成本；后者是将页岩气从井口运至采购点、交易中心或炼厂过程中所发生的费用，主要包括采集、处理、运输等费用。在美国，输送页岩气的中游设施由第三方公司运营，上游生产者根据输油气量向中游公司支付费用。① 开采成本：不同页岩区带甚至同一页岩区带不同地区的开采成本差距较大。就页岩气井整个生命周期而言，产量越高所需的开采成本也越高。② 采集、处理与运输成本：是指页岩气生产商向中游公司支付的费用，不同公司间差异较大，通常在某一地区占据主要份额的生产商能够享受较低的费率。③ 水处理成本：页岩气生产过程中返排至地表的污水和压裂液需要进行处理。通常情况下，在页岩气井开始生产30~45 d后产生的返排流体和地层水处理费用会计入运营成本中。受处理手段差异、回注和循环利用影响，页岩气井的水处理成本差距较大。④ 一般行政成本：目前美国页岩气井运营的一般行政成本为1~4美元/桶油当量。

6.2 降低成本措施

2014年下半年以来，为应对油价暴跌带来的压力，北美地区的主要页岩气作业公司纷纷采取技术和管理措施，大幅度降低成本，取得了较好的成效。在钻完井设计、现场作业施工、作业管理及压裂作业等方面不断取得突破，通过采取钻井提速、减少非作业时间、压缩材料费用等措施有效地降低开发成本。

（1）钻完井优化设计。

通过加大水平井段长度、单井场多产层、应用水循环系统降低用水成本等措施系统降低钻井成本。结合水平井钻井技术现状持续增加水平段长，进而提高单井产量而摊销单位成本。应用单井场实现多产层共同开发，充分利用一次井场，减少井场占用面积，通过优化设计对地下储层进行多层开发，实现区块总体效益的提升。

完井优化设计包括压裂优化设计、完井方式优化设计、压裂液回收利用和一体化设计优化。为了增大裂缝与储层的接触面积，提高单井产能，采用多裂缝设计。通过加密射孔、缩短压裂间距，在同等长度水平段，可以布置更多的压裂级数。作业者针对储层各层位产油气特性，减少无效压裂层段，通过改进完井方式提高单井产能。页岩油气井压裂一般采用多级分段、高排量和超大液量的压裂模式，返排液量往往是常规压裂的十倍甚至十几倍。返排液中含有悬浮物、石油、重金属离子和细菌等，是一种污染性很强的废水。采用现场水循环系统，使现场水资源循环利用，节省成本且更加环保。钻井流体优化、完井设计、整体需求规划和计划、材料供应等一体化设计与管理方面具有充分优化空间。

（2）精细现场作业管理。

通过减少非作业时间，压缩材料成本，提高物流管理精度降低开发成本。具体措施包括广泛应用移动钻井平台、工厂批量钻井作业模式、拉链式压裂和交叉压裂作业模式等。利用移动钻井平台进行工厂化作业，可将常规钻井平台移动时间降至半个小时左右，可大量节省作业时间和成本。快速移动钻机具有便携、快速、灵活、安全等特点。钻机的液压系统能使钻机稳定、可靠、安全、精确移动和举升。钻机转盘和驱动内置于钻台，导轨内置于桅杆上，安装快速。陆续采用批量钻井进行工厂化钻完井，大幅减少非作业时间。批量钻井主要指按照顺序批量完成多口井的表层、直井段和水平井段。可以利用不同的钻机或者单一钻机，实现在同一井组中相同井段同样配置钻机和底部钻具，节省大量换钻具时间。拉链式压裂广泛应用于并行的两井组，两井组同时并行压裂。目前在一个井组中也广泛应用了交叉压裂，即相邻的两口井进行交叉压裂，可以增加相互的地层干扰，提高产量。

（3）过程管理优化。

通过对材料、管理、设计进行综合优化，进一步降低成本。将页岩气勘探开发管理划分为一体化设计（规划）、钻完井管理和技术服务、物流管理、材料管理、钻井自动化和分析、专业合作（钻井、地质、作业者及施工方）六大领域综合优化进一步降低开发成本。

（4）老井重复压裂。

老井重复压裂已成为作业者提高产能、降低作业成本的一种有效方法。重复压裂成本是新钻井钻完井成本的20%~35%，压后能恢复31%~76%的初产量，具有较好的经济效益。

6.3 影响因素分析

页岩气水平井钻井及压裂成本主要受区域地质条件、井身结构参数、分段压裂规模及强度等多重因素影响。北美页岩油气钻井广泛采用日费制模式降低钻完成本。日费制是石油技术服务领域钻井承包方式之一。所谓日费制就是由油公司提供钻头、钻井液、套管、水泥，以及钻前、运输、固井、测井、测试等有关专业技术服务，钻井承包商提供钻井船（或平台）、钻机、辅助设备和人员设备。油公司按双方合同中规定的日费标准和钻井船（或平台）在工区作业日数向钻井承包商支付工程费用。在这种承包方式中，油公司承担几乎所有的地质和工程风险，包括地层压力高于预测值、漏失、卡钻、打捞、实际钻速低于预期钻速，以及其他不确定因素造成的风险，但设备故障造成钻机不能作业的损失由钻井承包商承担。日费的变化主要根据以下几个方面的因素，一是国际油价水平，当油价上升，技术服务承包商要分享高油价带来的暴利，带动了工程技术服务费用的上扬。二是海上勘探不断获得新的发现，海洋石油开发掀起热潮，钻井数量激增，钻井平台供不应求时，日费水平将会大幅度提高。因此，钻井相关成本直接与钻井周期相关。

图6-1为Utica页岩油气藏近49 000个数据点绘制的水平井钻压成本影响因素相关系数矩阵图。单井钻压成本主要影响因素依次为支撑剂量、压裂液量、测深、水平段长、压裂段数、钻井周期和垂深。受日费制钻井模式影响，钻井成本直接与钻井周期相关。影响钻井成本的主要因素依次为钻井周期、测深、水平段长、许可日期和垂深。固井成本主要受测深和水平段长影响。水成本直接与压裂液量相关，影响水成本因素依次为压裂液量、支撑剂量、测深、压裂段数、水平段长、许可日期、垂深、钻井周期和钻速。支撑剂成本直接和支撑剂用量相关。泵送成本主要受压裂段数、许可日期、压裂液量、测深、支撑剂量和垂深影响。通过成本影响因素相关系数矩阵初步判断不同因素与成本相关性，为后续单位成本标准指标选取及计算提供依据。

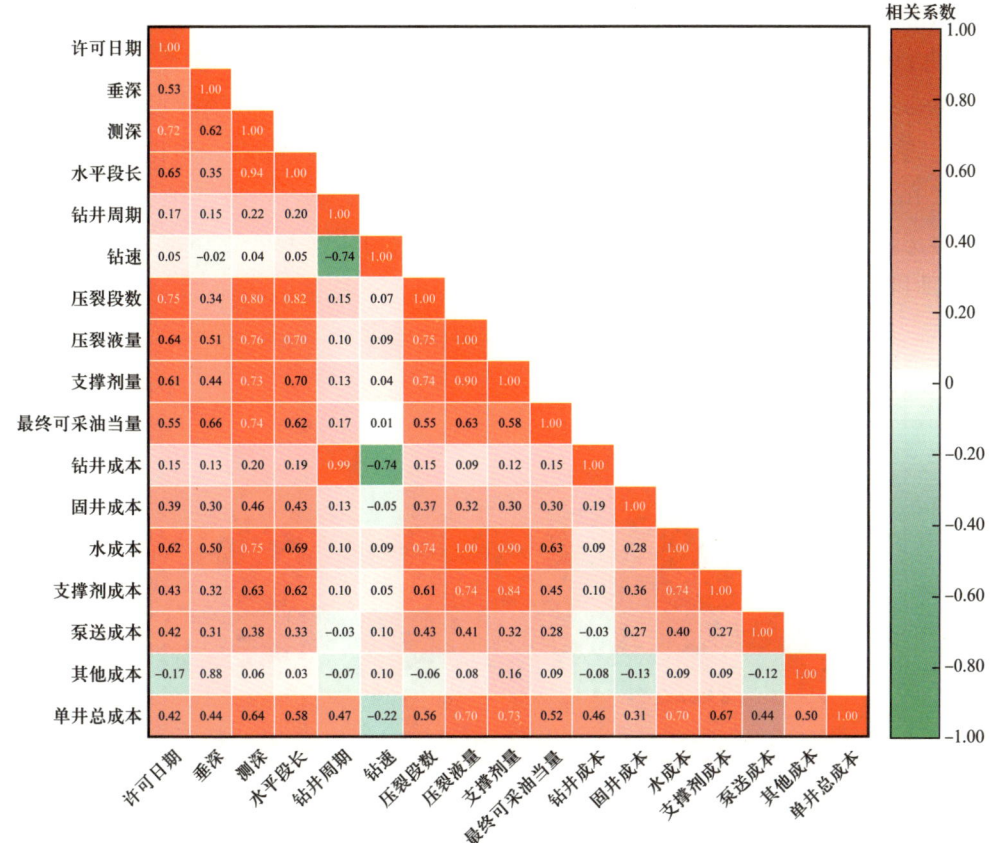

图 6-1　Utica 页岩油气藏水平井钻压成本影响因素相关系数矩阵图

6.4　单井成本及构成

图 6-2 为 Utica 页岩油气藏单井钻井压裂总成本散点分布图，统计 3086 口页岩油气藏水平井，单井钻压成本范围 3387～2122 万美元 / 口，平均单井钻压成本 865 万美元 / 口，P25 单井钻压成本 647 万美元 / 口、P50 单井钻压成本 827 万美元 / 口、P75 单井钻压成本 1036 万美元 / 口、M50 单井钻压成本 830 万美元 / 口。

图 6-3 为 Utica 页岩油气藏单井钻压成本统计分布图，单井钻压成本范围（338～2122）万美元 / 口，单井钻压成本（300～400）万美元 / 口统计水平井 48 口，占比 1.6%。单井钻压成本（400～500）万美元 / 口统计水平井 188 口，占比 6.1%。单井钻压成本（500～600）万美元 / 口统计水平井 343 口，占比 11.1%。单井钻压成本（600～700）万美元 / 口统计水平井 407 口，占比 13.2%。单井钻压成本（700～800）万美元 / 口统计水平井 450 口，占比 14.6%。单井钻压成本（800～900）万美元 / 口统计水平井 428 口，占比 13.9%。单井钻压成本（900～1000）万美元 / 口统计水平井 340 口，占比 11.0%。单井钻压成本（1000～1100）万美元 / 口统计水平井 279 口，占比 9.0%。单井钻压成本

（1100~1200）万美元/口统计水平井 191 口，占比 6.2%。单井钻压成本（1200~1300）万美元/口统计水平井 155 口，占比 5.0%。单井钻压成本（1300~1400）万美元/口统计水平井 96 口，占比 3.1%。单井钻压成本（1400~1500）万美元/口统计水平井 65 口，占比 2.1%。单井钻压成本（1500~1600）万美元/口统计水平井 40 口，占比 1.3%。单井钻压成本（1600~1700）万美元/口统计水平井 18 口，占比 0.6%。单井钻压成本（1700~1800）万美元/口统计水平井 26 口，占比 0.8%。单井钻压成本超过 1800 万美元/口统计水平井 12 口，占比 0.4%。

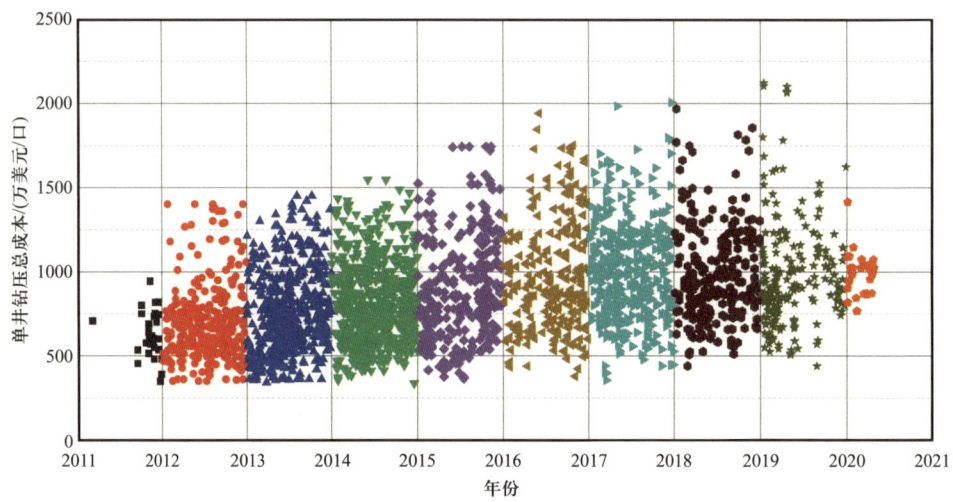

图 6-2　Utica 页岩油气藏水平井钻压成本散点分布图

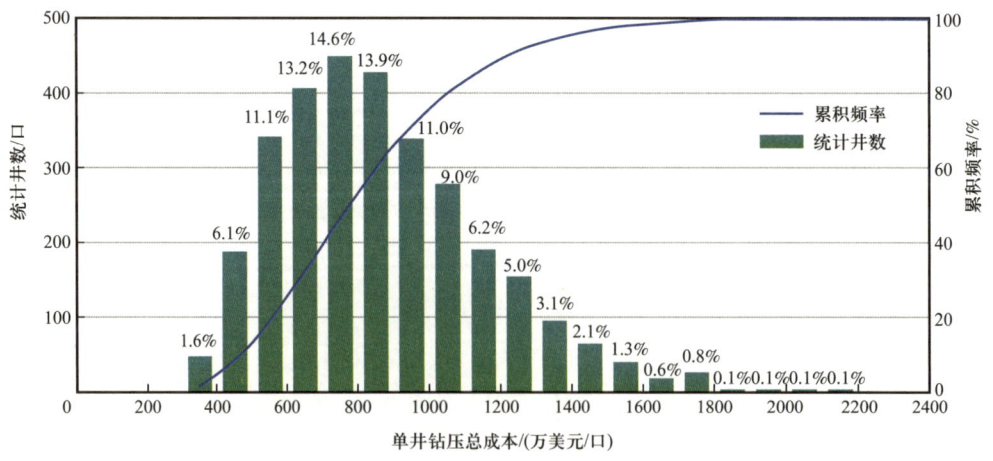

图 6-3　Utica 页岩油气藏水平井钻压成本统计分布图

图 6-4 给出了 Utica 页岩油气藏水平井钻压成本年度学习曲线，2011 年统计水平井 31 口，平均单井钻压成本 625 万美元/口，P25 单井钻压成本 537 万美元/口、P50 单井钻压成本 605 万美元/口、P75 单井钻压成本 721 万美元/口。2012 年统计水平井 339 口，

平均单井钻压成本 692 万美元/口，P25 单井钻压成本 549 万美元/口、P50 单井钻压成本 665 万美元/口、P75 单井钻压成本 767 万美元/口。2013 年统计水平井 516 口，平均单井钻压成本 753 万美元/口，P25 单井钻压成本 559 万美元/口、P50 单井钻压成本 721 万美元/口、P75 单井钻压成本 918 万美元/口。2014 年统计水平井 638 口，平均单井钻压成本 808 万美元/口，P25 单井钻压成本 629 万美元/口、P50 单井钻压成本 776 万美元/口、P75 单井钻压成本 954 万美元/口。2015 年统计水平井 341 口，平均单井钻压成本 892 万美元/口，P25 单井钻压成本 652 万美元/口、P50 单井钻压成本 839 万美元/口、P75 单井钻压成本 1055 万美元/口。2016 年统计水平井 268 口，平均单井钻压成本 972 万美元/口，P25 单井钻压成本 715 万美元/口、P50 单井钻压成本 903 万美元/口、P75 单井钻压成本 1190 万美元/口。2017 年统计水平井 390 口，平均单井钻压成本 995 万美元/口，P25 单井钻压成本 784 万美元/口、P50 单井钻压成本 979 万美元/口、P75 单井钻压成本 1188 万美元/口。2018 年统计水平井 276 口，平均单井钻压成本 985 万美元/口，P25 单井钻压成本 781 万美元/口、P50 单井钻压成本 941 万美元/口、P75 单井钻压成本 1183 万美元/口。2019 年统计水平井 235 口，平均单井钻压成本 1004 万美元/口，P25 单井钻压成本 821 万美元/口、P50 单井钻压成本 943 万美元/口、P75 单井钻压成本 1145 万美元/口。2020 年统计水平井 52 口，平均单井钻压成本 993 万美元/口，P25 单井钻压成本 895 万美元/口、P50 单井钻压成本 1022 万美元/口、P75 单井钻压成本 1042 万美元/口。Utica 页岩油气藏历年水平井单井钻压成本总体呈逐年上升趋势。P50 单井钻压成本由 2010 年的 605 万美元/口逐年上升至 2020 年的 1022 万美元/口，平均年度增幅为 6.1%。

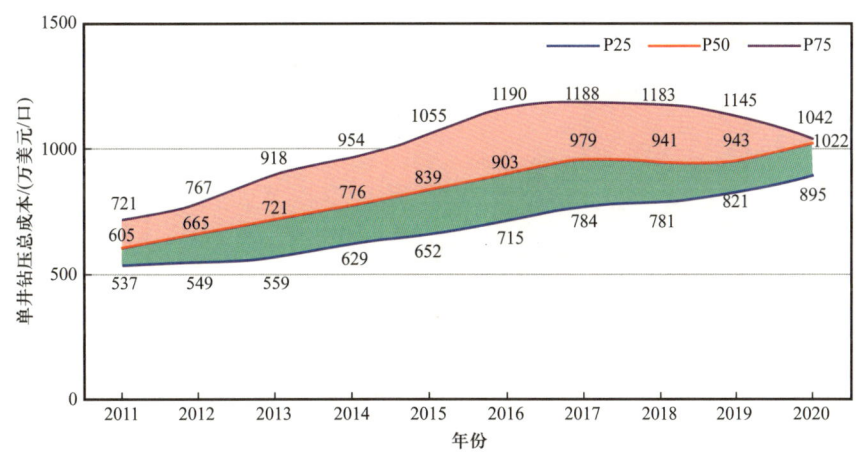

图 6-4　Utica 页岩油气藏水平井钻压成本年度学习曲线

图 6-5 为 Utica 页岩油气藏不同年度水平井钻完井成本及压裂成本占比变化趋势图，不同年度钻完井成本在单井钻压成本中占比范围 30%~48%，压裂成本在单井钻压成本中占比范围 52%~70%。2018—2020 年钻完井成本占比稳定在 35%，压裂成本稳定在 65%。

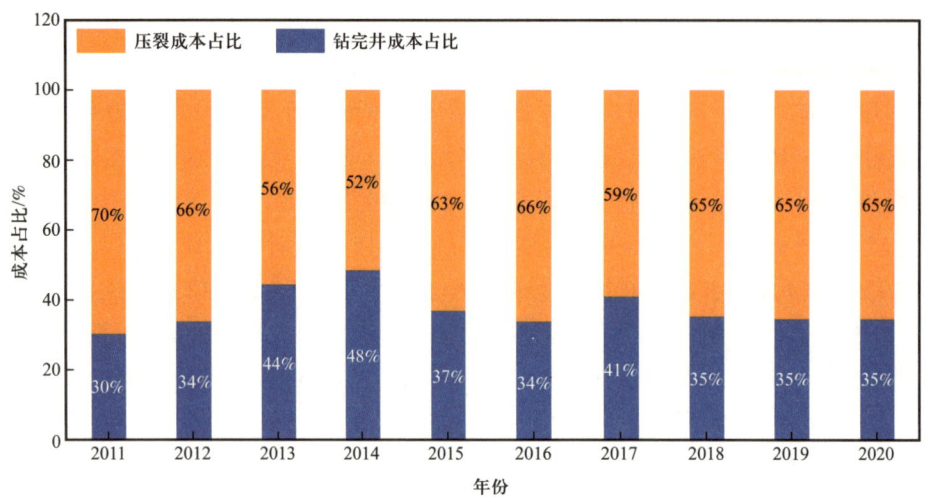

图 6-5 Utica 页岩油气藏不同年度水平井钻完井成本及压裂成本占比统计图

6.5 钻井成本

单井钻井成本主要受气藏地质条件、水平井钻井技术水平、垂深、测深、水平段长、水垂比等因素影响。利用许可日期、垂深、测深、水平段长、钻井周期、钻速和钻井成本绘制皮尔逊相关系数矩阵初步认识不同因素与钻井成本相关性。图 6-6 为 Utica 页岩

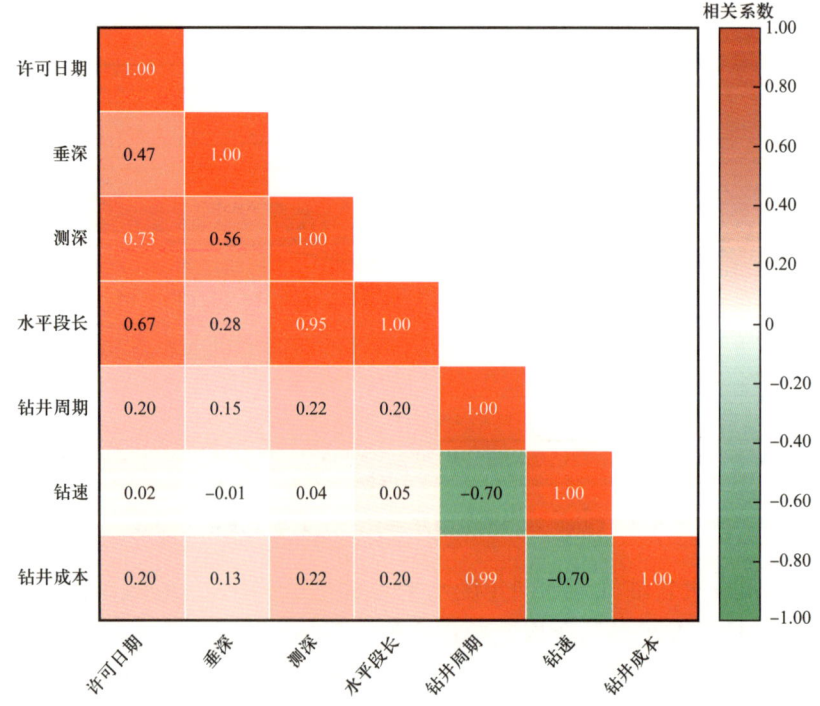

图 6-6 Barnett 页岩气藏水平井钻井成本影响因素相关系数矩阵图

油气藏 44 230 个数据项绘制的相关系数矩阵图。由于日费制模式，水平井钻井成本与钻井周期直接相关，相关系数高达 0.99。影响钻井成本的主要因素依次为钻井周期、测深、水平段长和许可日期。

图 6-7 为 Utica 页岩油气藏水平井单井钻井成本及单位进尺钻井成本散点分布图。单井钻井成本统计 3086 口水平井分布范围为（6～904）万美元/口，平均单井钻井成本 304 万美元/口，P25 单井钻井成本 189 万美元/口、P50 单井钻井成本 258 万美元/口、P75 单井钻井成本 360 万美元/口、M50 单井钻井成本 262 万美元/口。单位进尺钻井成本统计 2768 口水平井分布范围 12～4302 美元/m，平均单位进尺钻井成本 619 美元/m，P25 单位进尺钻井成本 377 美元/m、P50 单位进尺钻井成本 538 美元/m、P75 单位进尺钻井成本 771 美元/m、M50 单位进尺钻井成本 510 美元/m。

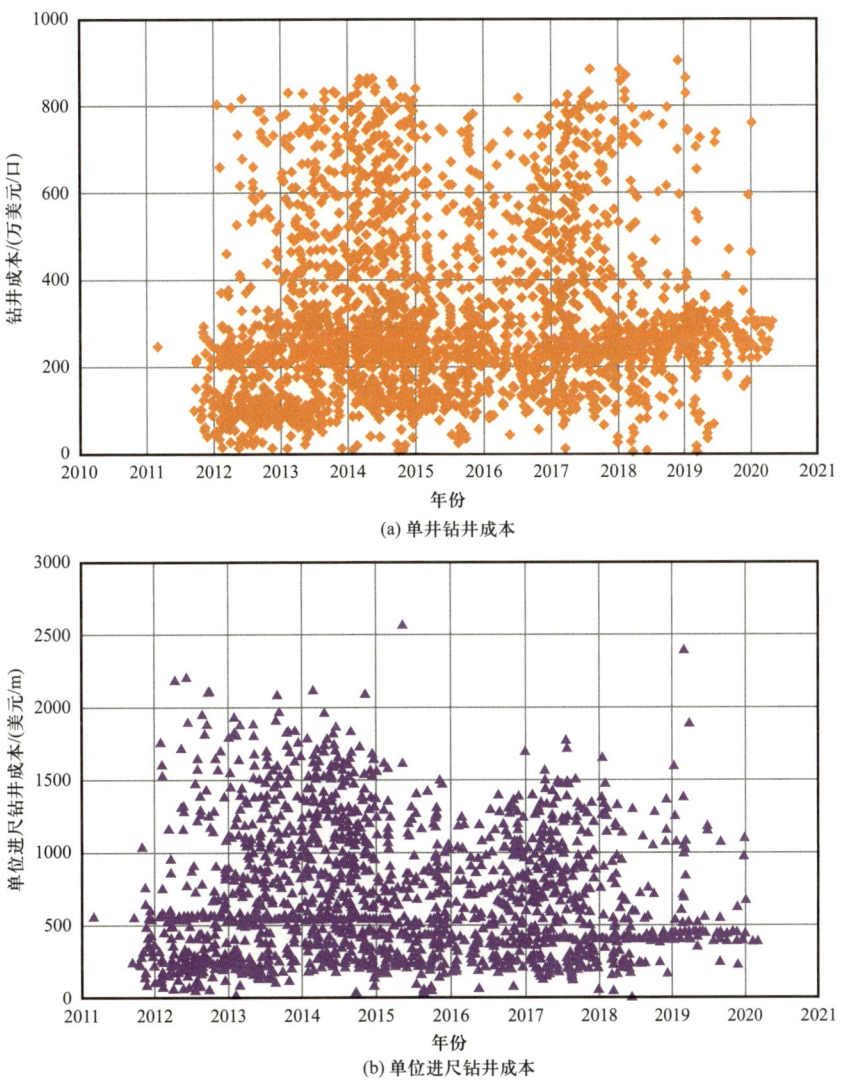

图 6-7　Utica 页岩油气藏水平井单井钻井成本及单位进尺钻井成本散点图

图 6-8 为 Utica 页岩油气藏水平井单井钻井成本及单位进尺钻井成本统计分布图。单井钻井成本统计显示，钻井成本低于 100 万美元/口统计水平井 257 口，占比 8.3%。钻井成本（100~200）万美元/口统计水平井 575 口，占比 18.6%。钻井成本（200~300）万美元/口统计水平井 1184 口，占比 38.4%。钻井成本（300~400）万美元/口统计水平井 383 口，占比 12.4%。钻井成本（400~500）万美元/口统计水平井 192 口，占比 6.2%。钻井成本（500~600）万美元/口统计水平井 164 口，占比 5.3%。钻井成本（600~700）万美元/口统计水平井 135 口，占比 4.4%。钻井成本（700~800）万美元/口统计水平井 150 口，占比 4.9%。钻井成本（800~900）万美元/口统计水平井 45 口，占比 1.5%。钻井成本（900~1000）万美元/口统计水平井 1 口。单井钻井成本主要集中在（100~300）万美元/口区间。

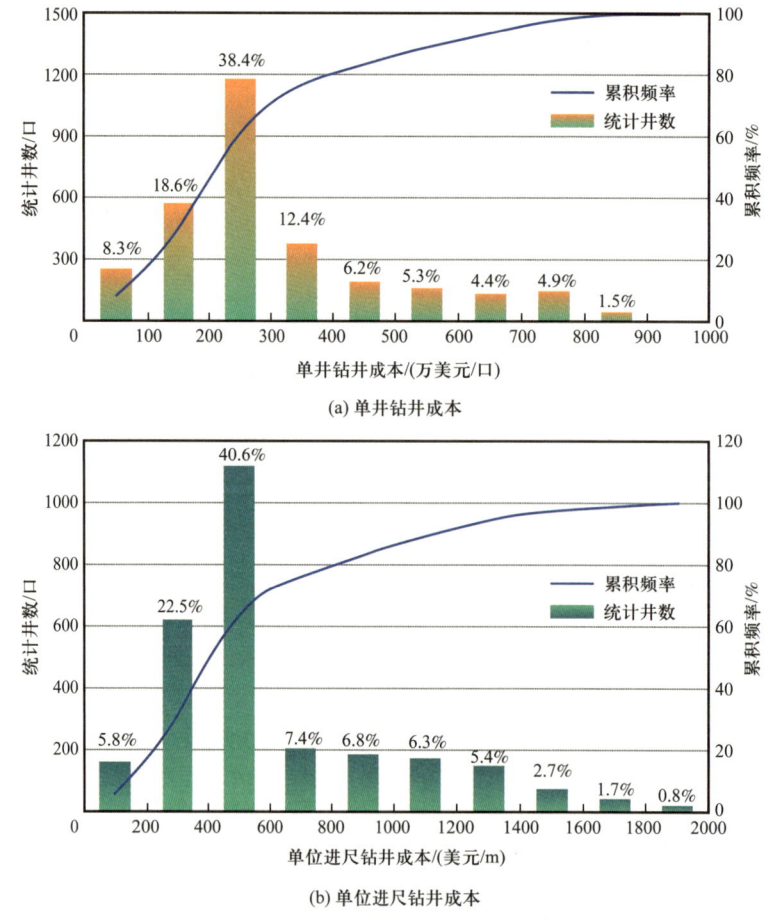

图 6-8 Utica 页岩油气藏水平井单井钻井成本及单位进尺钻井成本统计分布图

单位进尺钻井成本统计分布显示，单位进尺钻井成本低于 200 美元/m 统计水平井 160 口，占比 5.8%。单位进尺钻井成本 200~400 美元/m 统计水平井 621 口，占比 22.5%。单位进尺钻井成本 400~600 美元/m 统计水平井 1119 口，占比 40.6%。单位进尺钻井成本 600~800 美元/m 统计水平井 204 口，占比 7.4%。单位进尺钻井成本 800~1000 美元/m 统计水平井 186 口，占比 6.8%。单位进尺钻井成本 1000~1200 美元/m 统计水平井 174 口，占比 6.3%。单位进尺钻井成本 1200~1400 美元/m 统计水平井 149 口，占比 5.4%。单位进尺钻井成本 1400~1600 美元/m 统计水平井 73 口，占比 2.7%。单位进尺钻井成本 1600~1800 美元/m 统计水平井 46 口，占比 1.7%。单位进尺钻井成本 1800~2000 美元/m 统计水平井 22 口，占比 0.8%。单位进尺钻井成本主体分布在 200~600 美元/m 区间。

利用不同年度钻井成本及单位进尺钻井成本统计 P25、P50 和 P75 参数值绘制钻井成本和单位进尺钻井成本年度学习曲线。年度成本学习曲线反映了钻井成本及单位进尺钻井成本的变化趋势，图 6-9 和图 6-10 分别给出了 Utica 页岩气藏钻井成本和单位进尺钻井成本的年度学习曲线。

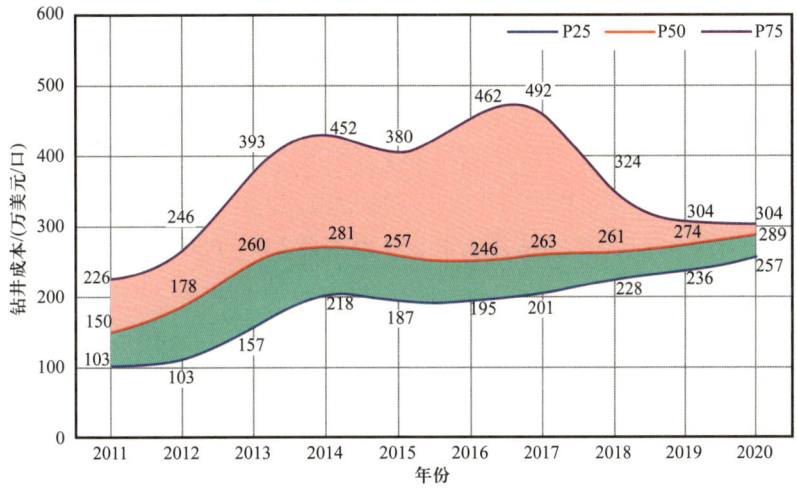

图 6-9　Utica 页岩油气藏水平井钻井成本年度学习曲线

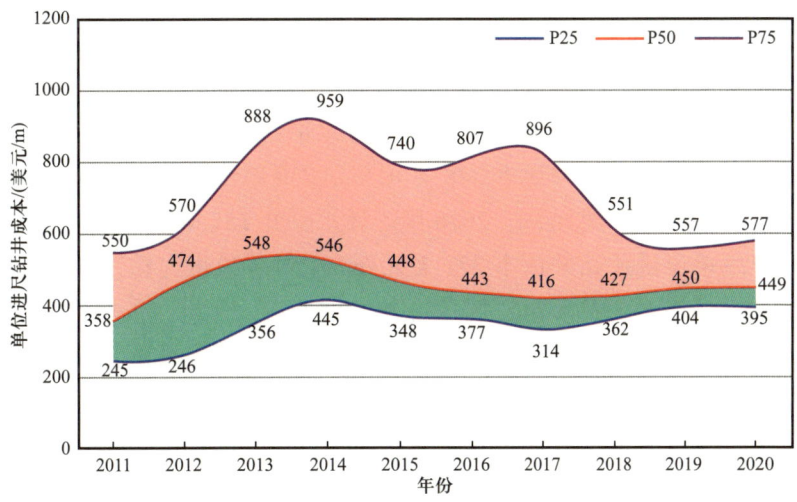

图 6-10　Utica 页岩油气藏水平井单位进尺钻井成本年度学习曲线

单井钻井成本年度学习曲线显示，2011年统计水平井31口，平均钻井成本162万美元/口，P25钻井成本103万美元/口、P50钻井成本150万美元/口、P75钻井成本226万美元/口。2012年统计水平井339口，平均钻井成本211万美元/口，P25钻井成本103万美元/口、P50钻井成本178万美元/口、P75钻井成本246万美元/口。2013年统计水平井516口，平均钻井成本306万美元/口，P25钻井成本157万美元/口、P50钻井成本260万美元/口、P75钻井成本393万美元/口。2014年统计水平井638口，平均钻井成本343万美元/口，P25钻井成本218万美元/口、P50钻井成本281万美元/口、P75钻井成本452万美元/口。2015年统计水平井341口，平均钻井成本301万美元/口，P25钻井成本187万美元/口、P50钻井成本257万美元/口、P75钻井成本380万美元/口。2016年统计水平井268口，平均钻井成本322万美元/口，P25钻井成本195万美元/口、P50钻井成本246万美元/口、P75钻井成本462万美元/口。2017年统计水平井390口，平均钻井成本345万美元/口，P25钻井成本201万美元/口、P50钻井成本263万美元/口、P75钻井成本492万美元/口。2018年统计水平井276口，平均钻井成本293万美元/口，P25钻井成本228万美元/口、P50钻井成本261万美元/口、P75钻井成本324万美元/口。2019年统计水平井235口，平均钻井成本284万美元/口，P25钻井成本236万美元/口、P50钻井成本274万美元/口、P75钻井成本304万美元/口。2020年统计水平井52口，平均钻井成本288万美元/口，P25钻井成本257万美元/口、P50钻井成本289万美元/口、P75钻井成本304万美元/口。

单位进尺钻井成本年度学习曲线显示，2011年统计水平井28口，平均单位进尺钻井成本401美元/m，P25单位进尺钻井成本245美元/m、P50单位进尺钻井成本358美元/口、P75单位进尺钻井成本550美元/m。2012年统计水平井322口，平均单位进尺钻井成本528美元/m，P25单位进尺钻井成本246美元/m、P50单位进尺钻井成本474美元/口、P75单位进尺钻井成本570美元/m。2013年统计水平井497口，平均单位进尺钻井成本674美元/m，P25单位进尺钻井成本356美元/m、P50单位进尺钻井成本548美元/口、P75单位进尺钻井成本888美元/m。2014年统计水平井608口，平均单位进尺钻井成本710美元/m，P25单位进尺钻井成本445美元/m、P50单位进尺钻井成本546美元/口、P75单位进尺钻井成本959美元/m。2015年统计水平井316口，平均单位进尺钻井成本581美元/m，P25单位进尺钻井成本348美元/m、P50单位进尺钻井成本448美元/口、P75单位进尺钻井成本740美元/m。2016年统计水平井257口，平均单位进尺钻井成本602美元/m，P25单位进尺钻井成本377美元/m、P50单位进尺钻井成本443美元/口、P75单位进尺钻井成本807美元/m。2017年统计水平井357口，平均单位进尺钻井成本618美元/m，P25单位进尺钻井成本314美元/m、P50单位进尺钻井成本416美元/口、P75单位进尺钻井成本896美元/m。2018年统计水平井215口，平均单位进尺钻井成本511美元/m，P25单位进尺钻井成本362美元/m、P50单位进尺钻井成本427美元/口、P75单位进尺钻井成本551美元/m。2019年统计水平井163口，平均单位进尺钻井成本567美元/m，P25单位进尺钻井成本404美元/m、P50单位进尺钻井成本450美元/口、

P75 单位进尺钻井成本 557 美元 /m。2020 年统计水平井 5 口，平均单位进尺钻井成本 602 美元 /m，P25 单位进尺钻井成本 395 美元 /m、P50 单位进尺钻井成本 449 美元 / 口、P75 单位进尺钻井成本 577 美元 /m。

图 6-11 和图 6-12 给出了 Utica 页岩气藏不同垂深范围和测深范围水平井对应钻井成本及单位进尺钻井成本统计曲线。统计曲线显示，随水平井测深增加，单井钻井成本呈增加趋势，单位进尺钻井成本总体呈下降趋势。由于"日费制"结算模式，单井钻井成本与钻井周期强相关。引入单位时间钻井成本参数用于横向对比分析。单位时间钻井成本分析统计样本数 1200 口，单位时间钻井成本范围为（6.3～7.6）万美元 /d，平均单位时间钻井成本 6.9 万美元 /d，P25 单位时间钻井成本 6.8 万美元 /d、P50 单位时间钻井成本 7.0 万美元 /d、P75 单位时间钻井成本 7.2 万美元 /d、M50 单位时间钻井成本 7.0 万美

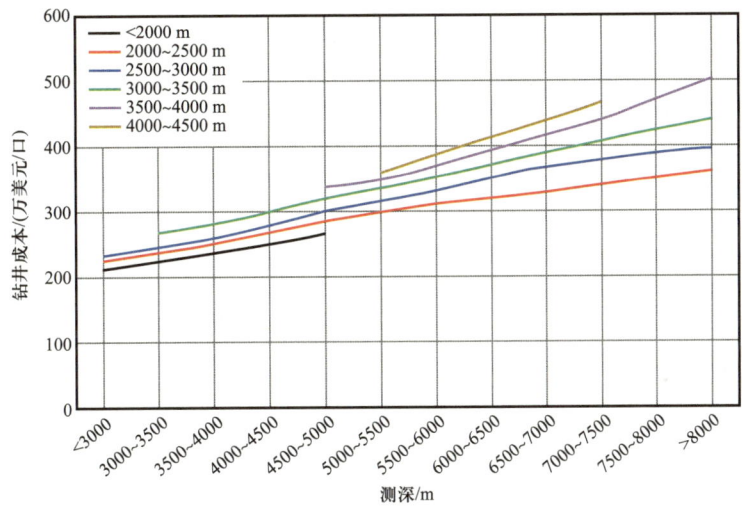

图 6-11　Utica 页岩油气藏不同垂深和测深范围水平井钻井成本曲线

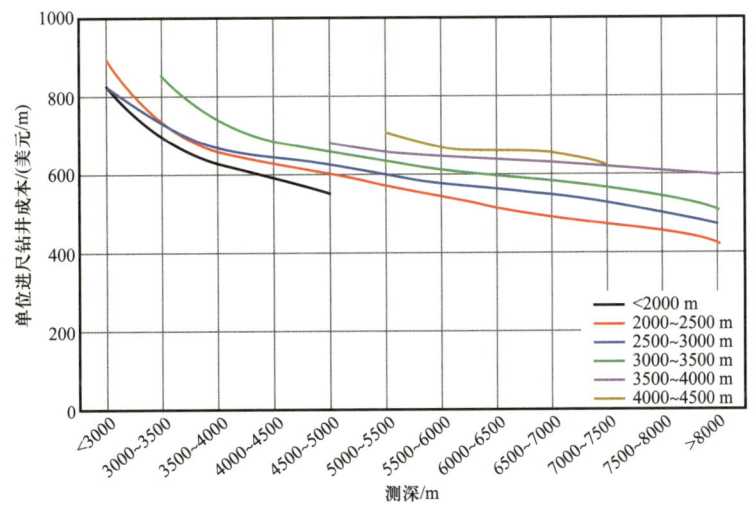

图 6-12　Utica 页岩油气藏不同垂深和测深范围水平井单位进尺钻井成本曲线

元/d。自 Utica 页岩油气藏规模开发以来，单位时间钻井成本呈稳定分布方式，总体分布在（6.3～7.6）万美元/d 区间，相对波动幅度较小。图 6-13 给出了 Utica 页岩气藏水平井钻井成本与钻井周期的统计关系曲线，水平井单井钻井成本与钻井周期呈极好的线性统计关系。线性回归结果显示，水平井单井钻井成本与钻井周期对应斜率为 6.903 56，线性回归系数高达 0.997 79。由此可知，提高钻井效率、降低钻井周期是大幅降低水平井钻井成本的关键。

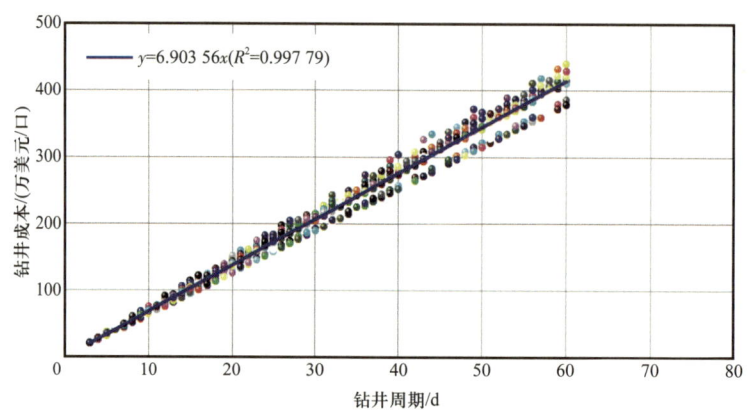

图 6-13　Utica 页岩油气藏水平井单位时间钻井成本与钻井周期关系曲线

6.6　固井成本

固井是油气井建井过程中最为重要的环节之一，其主要目的就是封隔井内的油、气、水层，防止层间相互串通，保护油气井套管，增加油气井的寿命。对于页岩气水平井固井而言，页岩含泥质较多，具有易膨胀、易破碎的特点，页岩气储层多为低孔隙低渗透，90% 以上的页岩气井的完井方式是套管固井后射孔的完井方式，采用多级压裂技术来提高页岩气的产量。因此，在固井过程中能否有效封固页岩气储层，是后期页岩气井生产寿命长短和能否稳产的关键。

作为勘探开发过程中一个非常重要的环节，固井工程在具体施工过程中的施工质量对页岩气水平井产能和有效开发周期会产生直接影响。页岩气藏的储层特征和提高单井产能的勘探开发目标决定了页岩气水平井钻完井工艺特点，而储层特征及钻完井工艺特点又共同决定了页岩气水平井固井所面临的难点：

（1）油基钻井液置换及界面清洗困难，顶替效率不高。油基钻井液的清除是页岩气水平井固井中最重要的一个工作。油基钻井液黏度高、附着力强，常规水基前置液对其清洗和驱替效果差。

（2）管串安全下入难度大。页岩气水平井水平段长，大斜度井段、水平井段高伽马碳质页岩易垮塌，造成井眼不规则，形成大肚子井眼，管串下入时易阻卡。多级分段压裂所需完井工具管串结构复杂，下入过程中损坏风险大。

(3)固井过程中的井漏。无论是在常规油气藏还是页岩气藏固井中,井漏都是时常遇到的复杂事故。固井作业过程中,浆柱产生的正压差要比钻井过程中的压差大得多,且要求水泥浆返至地面,封固段长,顶替后期易出现漏失。

(4)固井后早期气窜。虽然页岩气藏储层的渗透率低,但其储层的压力比较高,固井后早期气窜将影响界面胶结质量,降低水泥环性能。

(5)对水泥浆和水泥石性能要求高。良好的固井胶结质量和水泥石性能是页岩气井长期生产寿命和水力压裂有效性的重要保证。

页岩气水平井固井成本受区域地层复杂程度、完钻井深、水平段长、测深、施工作业模式等多重因素影响。固井成本是钻完井成本中的重要组成部分。除固井成本外,本节引入单位进尺固井成本用于横向对比分析。图 6-14 为 Utica 页岩油气藏 44 230 个数据项绘制的相关系数矩阵图。影响固井成本的主要因素依次为测深、水平段长、许可日期、垂深和水垂比。单位进尺固井成本与各个因素无明显线性相关性。

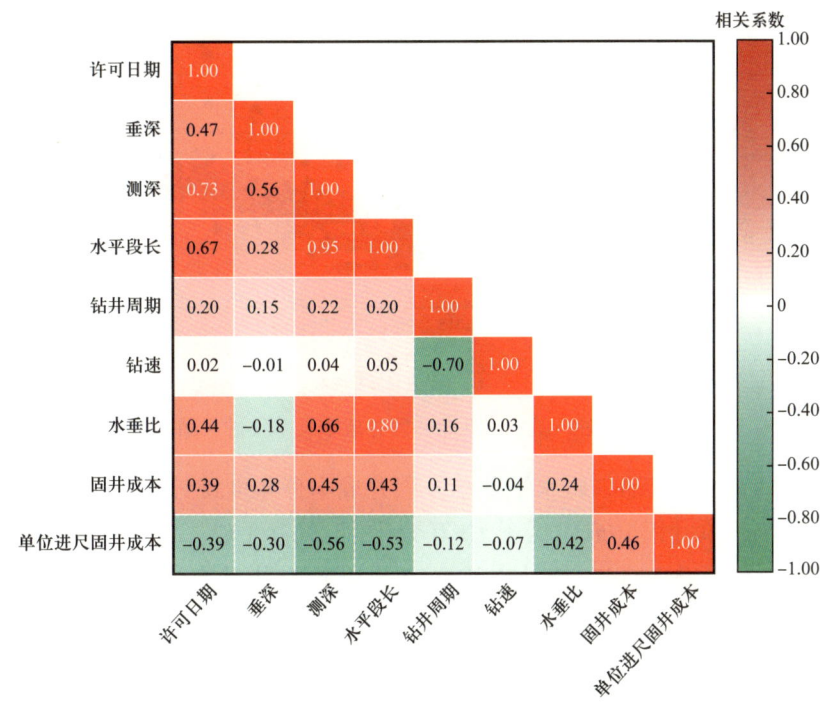

图 6-14 Utica 页岩油气藏水平井固井成本影响因素相关系数矩阵图

图 6-15 为 Utica 页岩油气藏水平井单井固井成本及单位进尺固井成本散点分布图。单井固井成本统计 3086 口水平井分布范围为(4~82)万美元/口,平均单井固井成本 44 万美元/口,P25 单井固井成本 38 万美元/口、P50 单井固井成本 42 万美元/口、P75 单井固井成本 48 万美元/口、M50 单井固井成本 42 万美元/口。单位进尺固井成本统计 2768 口水平井分布范围 33~599 美元/m,平均单位进尺固井成本 86 美元/m,P25 单位进尺固井成本 77 美元/m、P50 单位进尺固井成本 87 美元/m、P75 单位进尺固井成本 95 美元/m、M50 单位进尺固井成本 87 美元/m。

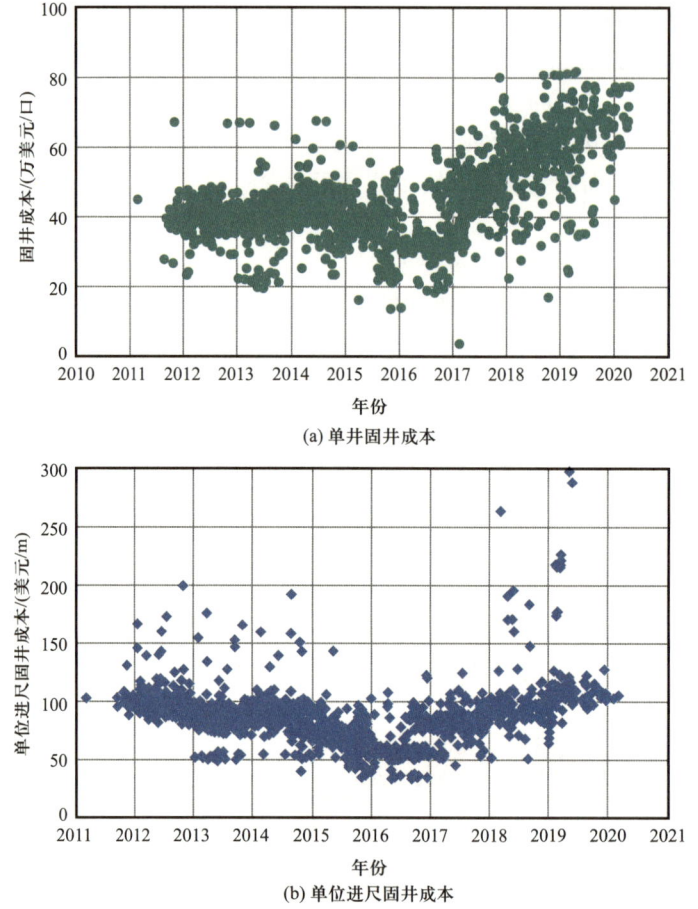

图 6-15　Utica 页岩油气藏水平井单井固井成本及单位进尺固井成本散点图

图 6-16 为 Utica 页岩油气藏水平井单井固井成本分年度统计分布图。水平井单井固井成本统计显示，单井固井成本低于 10 万美元/口气井 1 口。单井固井成本（10~20）万美元/口统计水平井 14 口，统计占比 0.5%。单井固井成本（20~30）万美元/口统计水平井 131 口，统计占比 4.2%。单井固井成本（30~40）万美元/口统计水平井 1020 口，统计占比 33.1%。单井固井成本（40~50）万美元/口统计水平井 1285 口，统计占比 41.6%。单井固井成本（50~60）万美元/口统计水平井 291 口，统计占比 9.4%。单井固井成本（60~70）万美元/口统计水平井 265 口，统计占比 8.6%。单井固井成本（70~80）万美元/口统计水平井 70 口，统计占比 2.3%。单井固井成本（80~90）万美元/口统计水平井 9 口，统计占比 0.3%。单井固井成本集中分布在（30~50）万美元/口区间。

单位进尺固井成本统计结果显示，单位进尺固井成本 20~40 美元/m 统计水平井 32 口，统计占比 1.2%。单位进尺固井成本 40~60 美元/m 统计水平井 265 口，统计占比 9.6%。单位进尺固井成本 60~80 美元/m 统计水平井 556 口，统计占比 20.2%。单位进尺固井成本 80~100 美元/m 统计水平井 1557 口，统计占比 56.6%。单位进尺固井成本 100~120

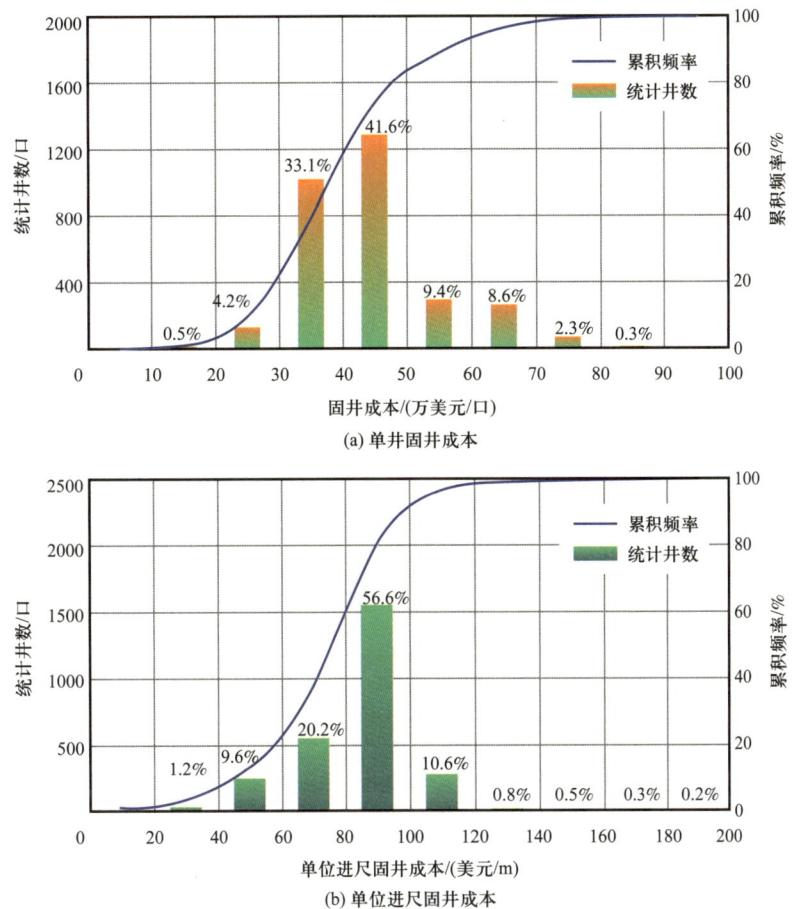

图 6-16 Utica 页岩油气藏水平井单井固井成本及单位进尺固井成本分年度统计分布图

美元/m 统计水平井 290 口，统计占比 10.6%。单位进尺固井成本 120~140 美元/m 统计水平井 21 口，统计占比 0.8%。单位进尺固井成本 140~160 美元/m 统计水平井 14 口，统计占比 0.5%。单位进尺固井成本 160~180 美元/m 统计水平井 9 口，统计占比 0.3%。单位进尺固井成本 180~200 美元/m 统计水平井 5 口，统计占比 0.2%。单位进尺固井成本集中分布在 60~100 美元/m 区间。

图 6-17 分别给出了 Utica 页岩油气藏水平井单井固井成本和单位进尺固井成本年度学习曲线。单井固井成本年度学习曲线显示，2016 年以前单井固井成本总体保持相对稳定，2016 年以后呈逐年增加趋势。2011 年统计水平井 28 口，平均单井固井成本 40 万美元/口、P25 单井固井成本 37 万美元/口、P50 单井固井成本 40 万美元/口、P75 单井固井成本 42 万美元/口。2012 年统计水平井 322 口，平均单井固井成本 40 万美元/口、P25 单井固井成本 38 万美元/口、P50 单井固井成本 40 万美元/口、P75 单井固井成本 42 万美元/口。2013 年统计水平井 497 口，平均单井固井成本 39 万美元/口、P25 单井固井成本 37 万美元/口、P50 单井固井成本 39 万美元/口、P75 单井固井成本 41 万美

元/口。2014年统计水平井608口，平均单井固井成本43万美元/口、P25单井固井成本41万美元/口、P50单井固井成本43万美元/口、P75单井固井成本46万美元/口。2015年统计水平井316口，平均单井固井成本38万美元/口、P25单井固井成本35万美元/口、P50单井固井成本39万美元/口、P75单井固井成本41万美元/口。2016年统计水平井257口，平均单井固井成本34万美元/口、P25单井固井成本30万美元/口、P50单井固井成本32万美元/口、P75单井固井成本38万美元/口。2017年统计水平井357口，平均单井固井成本47万美元/口、P25单井固井成本44万美元/口、P50单井固井成本47万美元/口、P75单井固井成本51万美元/口。2018年统计水平井215口，平均单井固井成本57万美元/口、P25单井固井成本55万美元/口、P50单井固井成本59万美元/口、P75单井固井成本62万美元/口。2019年统计水平井163口，平均单井固井成本60万美元/口、P25单井固井成本54万美元/口、P50单井固井成本63万美元/口、P75单井固井成本68万美元/口。2020年统计水平井5口，平均单井固井成本68万美元/口、P25单井固井成本68万美元/口、P50单井固井成本70万美元/口、P75单井固井成本70万美元/口。

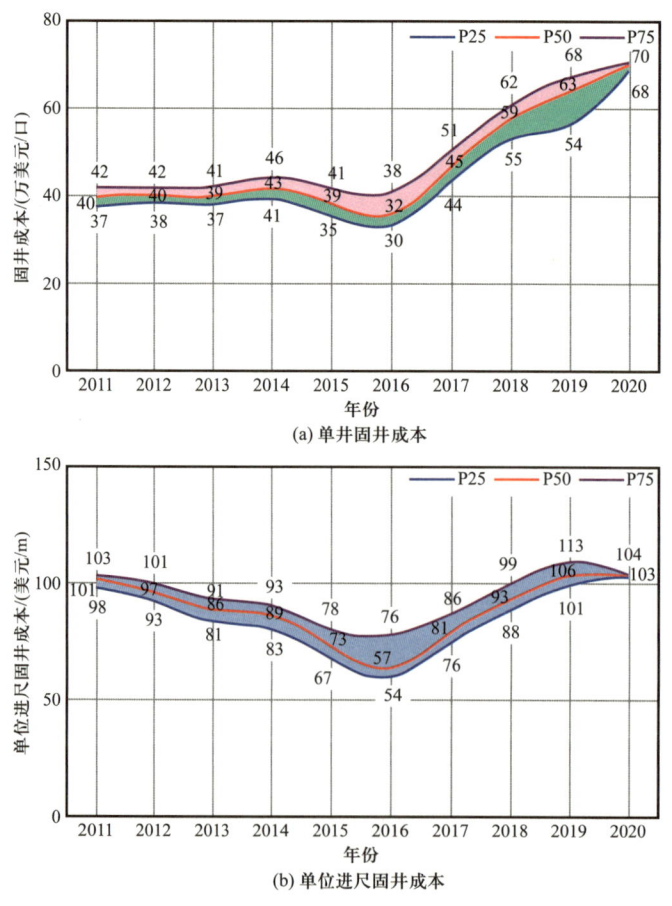

图6-17　Utica页岩油气藏水平井单井固井成本及单位进尺固井成本年度学习曲线

单位进尺固井成本呈先下降后上升变化特征。2011 年统计水平井 28 口，平均单位进尺固井成本 101 美元 /m，P25 单位进尺固井成本 98 美元 /m、P50 单位进尺固井成本 101 美元 /m、P75 单位进尺固井成本 103 美元 /m。2012 年统计水平井 322 口，平均单位进尺固井成本 99 美元 /m、P25 单位进尺固井成本 93 美元 /m、P50 单位进尺固井成本 97 美元 /m、P75 单位进尺固井成本 101 美元 /m。2013 年统计水平井 497 口，平均单位进尺固井成本 86 美元 /m、P25 单位进尺固井成本 81 美元 /m、P50 单位进尺固井成本 86 美元 /m、P75 单位进尺固井成本 91 美元 /m。2014 年统计水平井 608 口，平均单位进尺固井成本 87 美元 /m、P25 单位进尺固井成本 83 美元 /m、P50 单位进尺固井成本 89 美元 /m、P75 单位进尺固井成本 93 美元 /m。2015 年统计水平井 316 口，平均单位进尺固井成本 72 美元 /m、P25 单位进尺固井成本 67 美元 /m、P50 单位进尺固井成本 73 美元 /m、P75 单位进尺固井成本 78 美元 /m。2016 年统计水平井 257 口，平均单位进尺固井成本 64 美元 /m、P25 单位进尺固井成本 54 美元 /m、P50 单位进尺固井成本 57 美元 /m、P75 单位进尺固井成本 76 美元 /m。2017 年统计水平井 357 口，平均单位进尺固井成本 80 美元 /m、P25 单位进尺固井成本 76 美元 /m、P50 单位进尺固井成本 81 美元 /m、P75 单位进尺固井成本 86 美元 /m。2018 年统计水平井 215 口，平均单位进尺固井成本 98 美元 /m、P25 单位进尺固井成本 88 美元 /m、P50 单位进尺固井成本 93 美元 /m、P75 单位进尺固井成本 99 美元 /m。2019 年统计水平井 163 口，平均单位进尺固井成本 117 美元 /m、P25 单位进尺固井成本 101 美元 /m、P50 单位进尺固井成本 106 美元 /m、P75 单位进尺固井成本 113 美元 /m。2020 年统计水平井 5 口，平均单位进尺固井成本 103 美元 /m、P25 单位进尺固井成本 103 美元 /m、P50 单位进尺固井成本 103 美元 /m、P75 单位进尺固井成本 104 美元 /m。

Utica 页岩油气藏单位进尺固井成本和测深无线性相关关系。然而，随气井测深增加，单位进尺固井成本势必会摊薄。图 6-18 给出了单位进尺固井成本和气井测深的统计关系。统计结果显示，单位进尺固井成本与测深呈指数函数统计关系，整体呈前期快速下降后期保持稳定趋势。气井测深低于 4000 m 时，单位进尺固井成本随测深增加显著下降。当气井测深超过 4000 m 时，单位进尺固井成本保持相对稳定变化趋势。

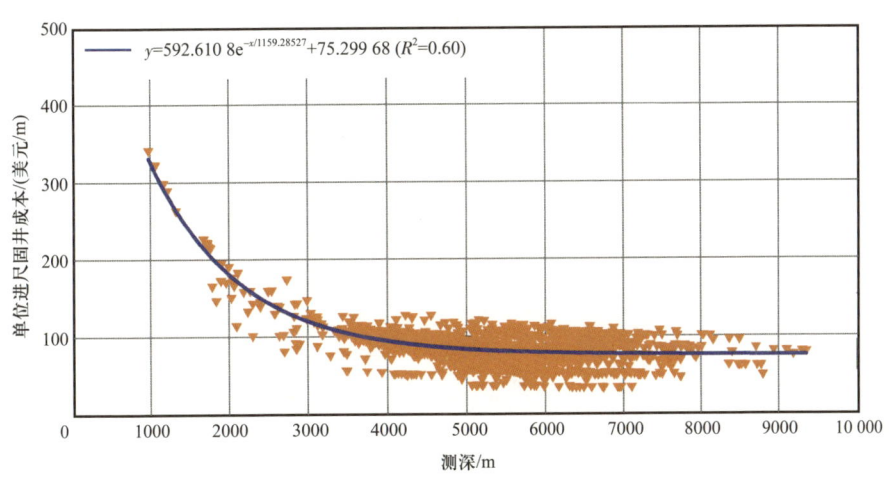

图 6-18　Utica 页岩油气藏单位进尺固井成本与测深统计关系曲线

6.7 压裂成本及构成

随着页岩气开发的深入，常规的直井已经无法满足开发要求，水平井和水平井分段压裂技术目前已经成为北美页岩气藏有效开发的主体技术。水平井压裂技术分为水平井多级可钻式桥塞封隔分段压裂技术和水平井封隔器分段压裂技术。其中，水平井多级可钻式桥塞封隔分段压裂技术的主要特点是套管压裂、多段分簇射孔、可钻式桥塞（钻时小于分）封隔。水平井封隔器分段压裂技术则包括水平井多级滑套封隔器分段压裂技术、水平井膨胀式封隔器分段压裂技术、水平井水力喷射分段压裂技术和水平井多井同步压裂技术类型。Utica 属于北美地区近年新兴规模开发的页岩油气藏，开发过程中借鉴了其他页岩油气产区开发技术及经验。

页岩气水平井压裂成本由水成本、支撑剂成本、泵送成本和其他成本构成。页岩气水平井压裂成本受区域地层复杂程度、完钻井深、水平段长、测深、水垂比、压裂段数、压裂液量、支撑剂量、平均段间距、用液强度、加砂强度、砂液比、施工作业模式等多重因素影响。除压裂成本外，本节引入百米段长压裂成本和单段压裂成本用于横向对比分析。图 6-19 为 Utica 页岩油气藏 47 944 个数据项绘制的相关系数矩阵图。影响单井压

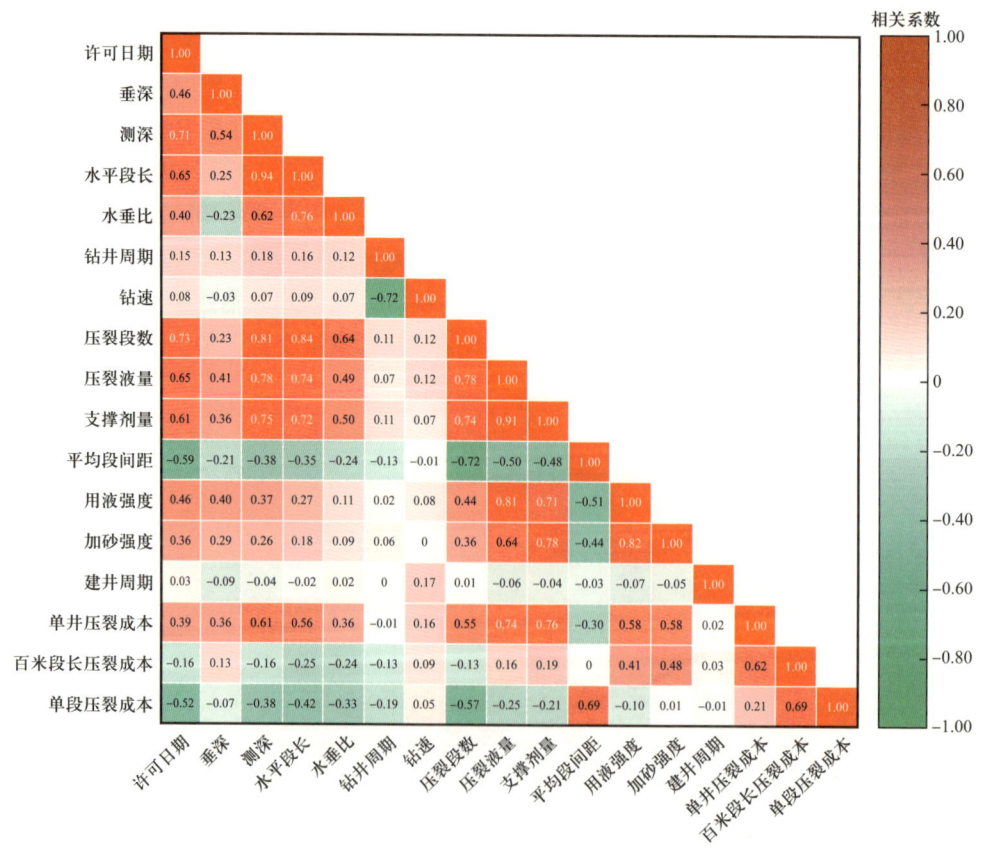

图 6-19　Utica 页岩油气藏水平井压裂成本影响因素相关系数矩阵图

裂成本的主要因素依次为支撑剂量、压裂液量、测深、用液强度、加砂强度、加砂强度水平段长、压裂段数。百米段长压裂成本主要影响因素包括用液强度和加砂强度。单段压裂成本主要影响因素为平均段间距。

图 6-20 给出了 Utica 页岩油气藏水平井压裂成本及百米段长压裂成本，单井压裂成本统计样本水平井数 3086 口，单井压裂成本范围（44～1786）万美元/口，平均单井压裂成本 517 万美元/口、P25 单井压裂成本 368 万美元/口、P50 单井压裂成本 484 万美元/口、P75 单井压裂成本 620 万美元/口、M50 单井压裂成本 486 万美元/口。百米段长压裂成本统计结果显示，统计样本水平井数 2608 口，百米段长压裂成本范围（4.1～66.7）万美元/100 m，平均百米段长压裂成本 21.1 万美元/100 m、P25 百米段长压裂成本 15.8 万美元/100 m、P50 百米段长压裂成本 20.1 万美元/100 m、P75 百米段长压裂成本 25.6 万美元/100 m、M50 百米段长压裂成本 20.3 万美元/100 m。单段压裂成本统计样本水平井 2572 口，单段压裂成本范围为（1.9～694.1）万美元、平均单段压裂成本 16.4 万美元、P25 单段压裂成本 9.0 万美元、P50 单段压裂成本 12.2 万美元、P75 单段压裂成本 17.4 万美元、M50 单段压裂成本 12.5 万美元。

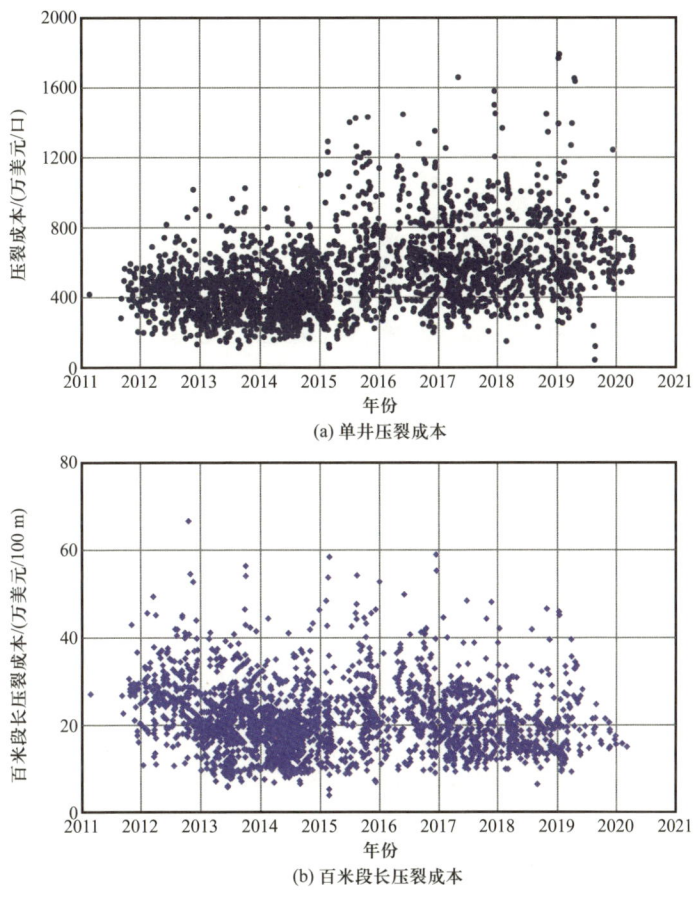

图 6-20　Utica 页岩油气藏水平井压裂成本及百米段长压裂成本

图 6-21 为 Utica 页岩油气藏水平井压裂成本及百米段长压裂成本统计分布图，单井压裂成本统计结果显示单井压裂成本低于 100 万美元/口水平井 1 口。单井压裂成本（100～200）万美元/口水平井 63 口，占比 2.0%。单井压裂成本（200～300）万美元/口水平井 333 口，占比 10.8%。单井压裂成本（300～400）万美元/口水平井 593 口，占比 19.3%。单井压裂成本（400～500）万美元/口水平井 666 口，占比 21.7%。单井压裂成本（500～600）万美元/口水平井 573 口，占比 18.7%。单井压裂成本（600～700）万美元/口水平井 368 口，占比 11.9%。单井压裂成本（700～800）万美元/口水平井 183 口，占比 5.9%。单井压裂成本（800～900）万美元/口水平井 130 口，占比 4.2%。单井压裂成本（900～1000）万美元/口水平井 73 口，占比 2.4%。单井压裂成本（1000～1100）万美元/口水平井 43 口，占比 1.4%。单井压裂成本（1100～1200）万美元/口水平井 28 口，占比 0.9%。单井压裂成本（1200～1300）万美元/口水平井 13 口，占比 0.4%。单井压裂成本（1300～1400）万美元/口水平井 5 口，占比 0.2%。单井压裂成本（1400～1500）万美元/口水平井 7 口，占比 0.2%。单井压裂成本主要集中分布在（300～600）万美元/口区间。

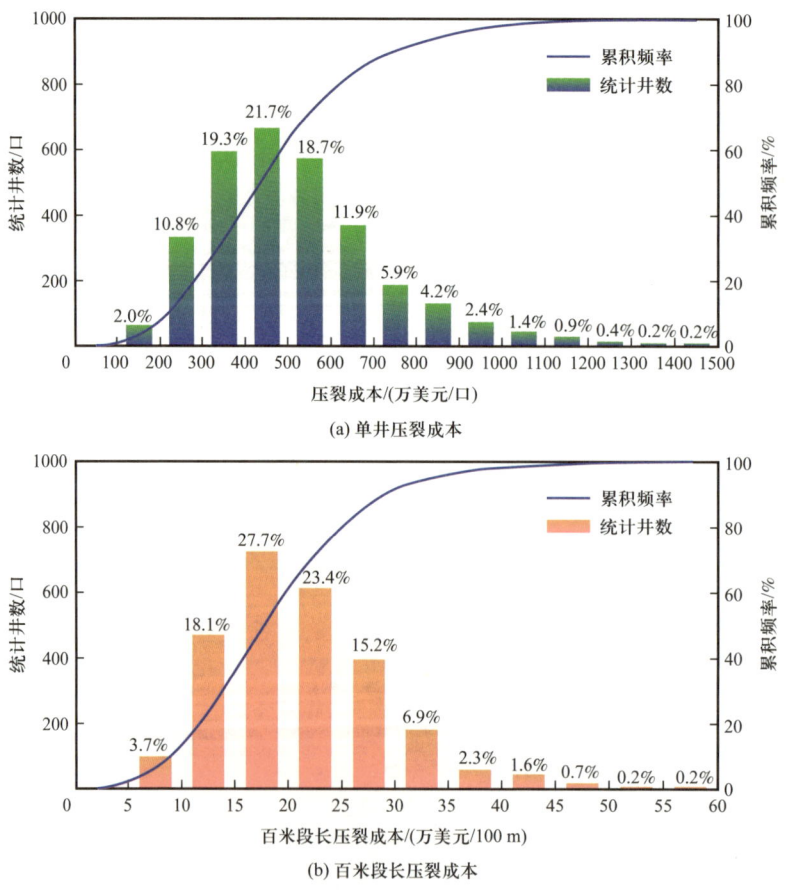

图 6-21 Utica 页岩油气藏水平井压裂成本及百米段长压裂成本统计分布图

百米段长压裂成本统计显示低于 5 万美元/100 m 水平井 1 口。百米段长压裂成本（5~10）万美元/100 m 水平井 96 口，占比 3.7%。百米段长压裂成本（10~15）万美元/100 m 水平井 471 口，占比 18.1%。百米段长压裂成本（15~20）万美元/100 m 水平井 722 口，占比 27.7%。百米段长压裂成本（20~25）万美元/100 m 水平井 611 口，占比 23.4%。百米段长压裂成本（25~30）万美元/100 m 水平井 396 口，占比 15.2%。百米段长压裂成本（30~35）万美元/100 m 水平井 180 口，占比 6.9%。百米段长压裂成本（35~40）万美元/100 m 水平井 60 口，占比 2.3%。百米段长压裂成本（40~45）万美元/100 m 水平井 43 口，占比 1.6%。百米段长压裂成本（45~50）万美元/100 m 水平井 17 口，占比 0.7%。百米段长压裂成本（50~55）万美元/100 m 水平井 6 口，占比 0.2%。百米段长压裂成本（55~60）万美元/100 m 水平井 4 口，占比 0.2%。百米段长压裂成本主要分布在（10~25）万美元/100 m 区间。

图 6-22 给出了 Utica 页岩油气藏水平井单井压裂成本及百米段长压裂成本年度学习曲线。单井压裂成本统计数据显示，2011 年统计水平井 31 口，平均单井压裂成本 423 万美元/口、P25 压裂成本 371 万美元/口、P50 压裂成本 416 万美元/口、P75 压裂成本 486 万美元/口。2012 年统计水平井 339 口，平均单井压裂成本 440 万美元/口、P25 压裂

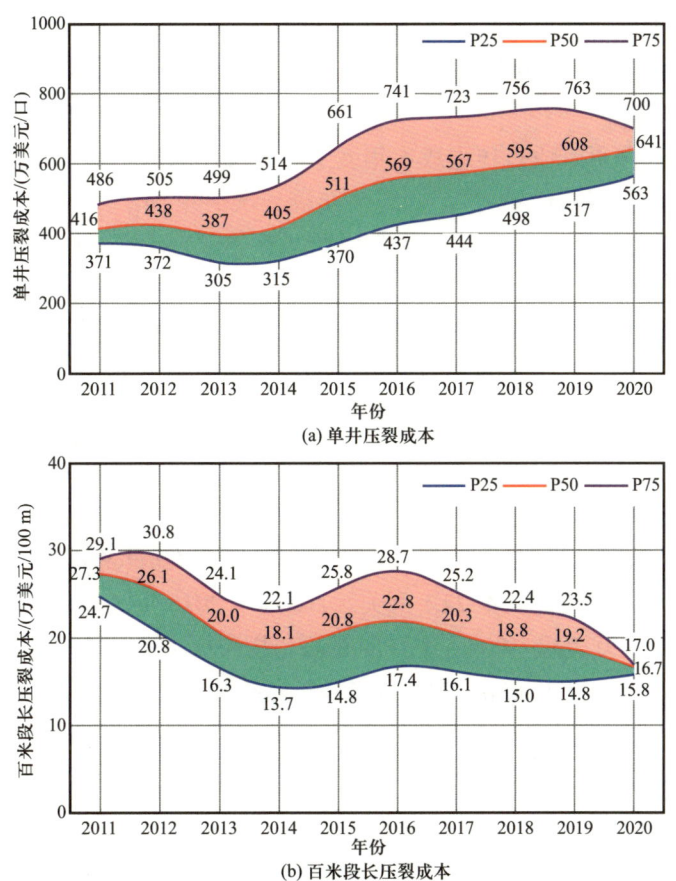

图 6-22 Utica 页岩油气藏水平井单井压裂成本及百米段长压裂成本年度学习曲线

成本 372 万美元/口、P50 压裂成本 438 万美元/口、P75 压裂成本 505 万美元/口。2013年统计水平井 516 口，平均单井压裂成本 409 万美元/口、P25 压裂成本 305 万美元/口、P50 压裂成本 387 万美元/口、P75 压裂成本 499 万美元/口。2014 年统计水平井 638 口，平均单井压裂成本 423 万美元/口、P25 压裂成本 315 万美元/口、P50 压裂成本 405 万美元/口、P75 压裂成本 514 万美元/口。2015 年统计水平井 341 口，平均单井压裂成本 553 万美元/口、P25 压裂成本 370 万美元/口、P50 压裂成本 511 万美元/口、P75 压裂成本 661 万美元/口。2016 年统计水平井 268 口，平均单井压裂成本 616 万美元/口、P25 压裂成本 437 万美元/口、P50 压裂成本 569 万美元/口、P75 压裂成本 741 万美元/口。2017 年统计水平井 390 口，平均单井压裂成本 602 万美元/口、P25 压裂成本 444 万美元/口、P50 压裂成本 567 万美元/口、P75 压裂成本 723 万美元/口。2018 年统计水平井 276 口，平均单井压裂成本 634 万美元/口、P25 压裂成本 498 万美元/口、P50 压裂成本 595 万美元/口、P75 压裂成本 756 万美元/口。2019 年统计水平井 235 口，平均单井压裂成本 659 万美元/口、P25 压裂成本 517 万美元/口、P50 压裂成本 608 万美元/口、P75 压裂成本 763 万美元/口。2020 年统计水平井 52 口，平均单井压裂成本 635 万美元/口、P25 压裂成本 563 万美元/口、P50 压裂成本 641 万美元/口、P75 压裂成本 700 万美元/口。Utica 页岩油气藏单井压裂成本总体呈逐年上升趋势。2014 年以前单井压裂成本保持相对稳定，2014 年以后逐年大幅上升。单井压裂成本逐年上升与完钻水平段长逐年增加及压裂强度增加直接相关。

Utica 页岩油气藏百米段长压裂成本年度学习曲线显示水平井百米段长压裂成本总体呈逐年下降趋势。数据统计结果显示，2011 年统计水平井 24 口，平均百米段长压裂成本 27.0 万美元/100 m、P25 百米段长压裂成本 24.7 万美元/100 m、P50 百米段长压裂成本 27.3 万美元/100 m、P75 百米段长压裂成本 29.1 万美元/100 m。2012 年统计水平井 247 口，平均百米段长压裂成本 26.7 万美元/100 m、P25 百米段长压裂成本 20.8 万美元/100 m、P50 百米段长压裂成本 26.1 万美元/100 m、P75 百米段长压裂成本 30.8 万美元/100 m。2013 年统计水平井 453 口，平均百米段长压裂成本 20.5 万美元/100 m、P25 百米段长压裂成本 16.3 万美元/100 m、P50 百米段长压裂成本 20.0 万美元/100 m、P75 百米段长压裂成本 24.1 万美元/100 m。2014 年统计水平井 602 口，平均百米段长压裂成本 18.7 万美元/100 m、P25 百米段长压裂成本 13.7 万美元/100 m、P50 百米段长压裂成本 18.1 万美元/100 m、P75 百米段长压裂成本 22.1 万美元/100 m。2015 年统计水平井 313 口，平均百米段长压裂成本 21.5 万美元/100 m、P25 百米段长压裂成本 14.8 万美元/100 m、P50 百米段长压裂成本 20.8 万美元/100 m、P75 百米段长压裂成本 25.8 万美元/100 m。2016 年统计水平井 253 口，平均百米段长压裂成本 23.8 万美元/100 m、P25 百米段长压裂成本 17.4 万美元/100 m、P50 百米段长压裂成本 22.8 万美元/100 m、P75 百米段长压裂成本 28.7 万美元/100 m。2017 年统计水平井 358 口，平均百米段长压裂成本 20.8 万美元/100 m、P25 百米段长压裂成本 16.1 万美元/100 m、P50 百米段长压裂成本 20.3 万美元/100 m、P75 百米段长压裂成本 25.2 万美元/100 m。2018 年统计水平井 215 口，平均百米段长压裂成本 19.8 万美元 /100 m、P25 百米段长压裂成本 15.0 万美元 /100 m、P50 百米段长压裂成本 18.8 万美元 /100 m、P75 百米段长压裂成本 22.4 万美元 /100 m。2019 年统计水平井 138 口，平均百米段长压裂成本 20.3 万美元 /100 m、P25 百米段长压裂成本 14.8 万美元 /100 m、P50 百米段长压裂成本 19.2 万美元 /100 m、P75 百米段长压裂成本 23.5 万美元 /100 m。2020 年统计水平井 5 口，平均百米段长压裂成本 16.4 万美元 /100 m、P25 百米段长压裂成本 15.8 万美元 /100 m、P50 百米段长压裂成本 16.7 万美元 /100 m、P75 百米段长压裂成本 17.0 万美元 /100 m。百米段长压裂成本整体呈逐年下降趋势。

图 6-23 为 Utica 页岩油气藏压裂成本中水成本、支撑剂成本、泵送成本和其他成本的年度占比统计图。单井压裂数据成本占比统计数据显示，水成本占比范围 0.3%~67.3%，平均占比 23.2%，M50 值占比 22.5%。支撑剂成本占比范围 0.4%~64.2%，平均占比 19.3%，M50 值 18.1%。泵送成本占比范围 0.9%~63.9%，平均占比 13.8%，M50 值占比 9.8%。其他成本占比范围 4.0%~95.4%，平均占比 43.7%，M50 值占比 43.3%。不同年度压裂成本构成统计显示，单井压裂水成本占比呈先上升后保持稳定趋势，2014 年以前压裂水成本占比呈逐年增加趋势，2014 年后水成本占比稳定在 25%~27%。支撑剂成本占比与水成本占比变化趋势相似，2014 年后支撑剂成本占比稳定在 19%~21%。泵送成本占比总体呈逐年增加趋势。2014 年以前泵送成本占比低于 10%，呈逐年增加趋势。2014—2017 年泵送成本占比总体稳定在 11%~13% 区间。2018 年以后泵送成本占比大幅上升至 27%~32%。压裂其他成本占比呈逐年下降趋势，由 2011 年的 76% 下降至 2020 年的 22%。

图 6-23 Utica 页岩油气藏不同年度水平井压裂成本构成

6.7.1 压裂水成本

滑溜水压裂技术，又被称为清水压裂技术，主要由水构成。滑溜水压裂液技术是目前美国页岩气开发作业中应用最多的压裂液技术。相对于传统的凝胶压裂液体系，滑溜水压裂液体系以其高效、低成本的特点在页岩气开发中广泛应用。降阻剂作为滑溜水压裂液体系的核心助剂，直接决定了滑溜水压裂液体系的性能与应用。水是滑溜水压裂液的主要组成部分，因此压裂液水成本也是页岩气水平井压裂成本的重要组成部分。为了便于横向对比分析，本节引入单位压裂液量水成本标准指标用于不同区块或气藏间进行横向对比分析。

水平井压裂水成本主要受压裂规模强度影响，图6-24为Utica页岩油气藏水平井压裂水成本影响因素相关系数矩阵图。相关系数矩阵图显示，水平井压裂水成本主要影响因素包括压裂液量、支撑剂量、用液强度、压裂段数、测深、水平段长、加砂强度、用液强度等。

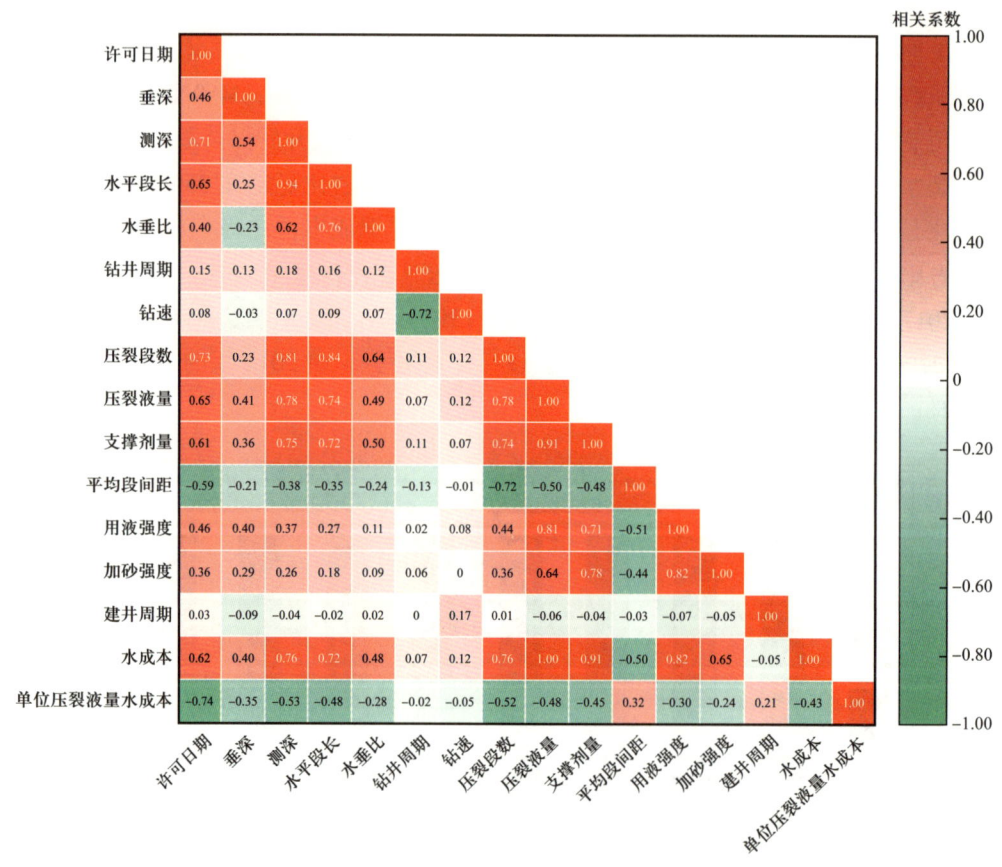

图6-24　Utica页岩油气藏水平井压裂水成本影响因素相关系数矩阵图

图6-25为Utica页岩油气藏水平井压裂水成本和单位压裂液量水成本散点分布图，单井压裂水成本统计样本水平井3086口，单井压裂水成本范围为（1.1~536.0）万美元/口，平均单井压裂水成本117.5万美元/口、P25单井压裂水成本70.2万美元/口、P50单井压裂水成本106.7万美元/口、P75单井压裂水成本148.6万美元/口、M50单井压裂水成本108.1万美元/口。单位压裂液量水成本统计样本水平井2426口，单位压裂液量水成本范围21.7~26.3美元/m³，平均单位压裂液量水成本25.7美元/m³、P25单位压裂液量

水成本 25.0 美元 /m³、P50 单位压裂液量水成本 26.3 美元 /m³、P75 单位压裂液量水成本 26.3 美元 /m³、M50 单位压裂液量水成本 26.2 美元 /m³。

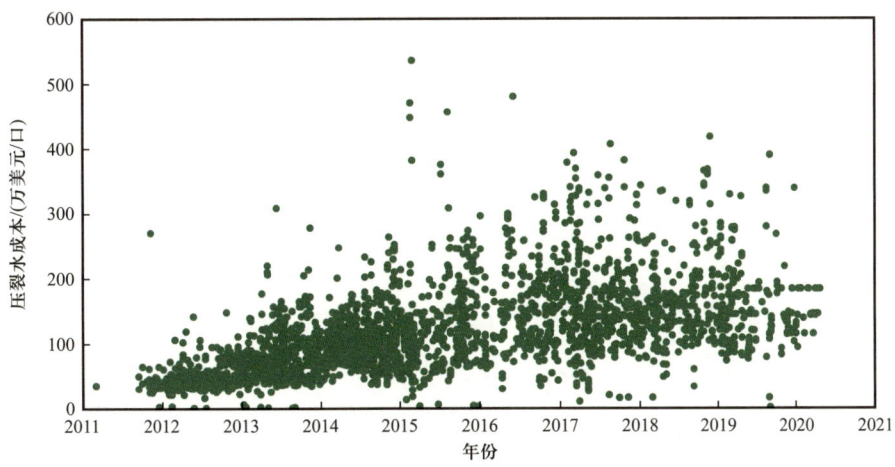

图 6-25　Utica 页岩油气藏水平井压裂水成本散点图

图 6-26 为 Utica 页岩油气藏水平井压裂水成本统计分布图。单井压裂水成本统计显示，单井压裂水成本（0~50）万美元 / 口统计水平井 453 口，占比 14.7%。单井压裂水成本（50~100）万美元 / 口统计水平井 920 口，占比 29.8%。单井压裂水成本（100~150）万美元 / 口统计水平井 958 口，占比 31.1%。单井压裂水成本（150~200）万美元 / 口统计水平井 454 口，占比 14.7%。单井压裂水成本（200~250）万美元 / 口统计水平井 165 口，占比 5.4%。单井压裂水成本（250~300）万美元 / 口统计水平井 72 口，占比 2.3%。单井压裂水成本（300~350）万美元 / 口统计水平井 41 口，占比 1.3%。单井压裂水成本（350~400）万美元 / 口统计水平井 16 口，占比 0.5%。单井压裂水成本超过 400 万美元 / 口统计水平井 6 口，占比 0.2%。Utica 页岩油气藏水平井单井压裂水成本主要分布在（50~150）万美元 / 口区间。

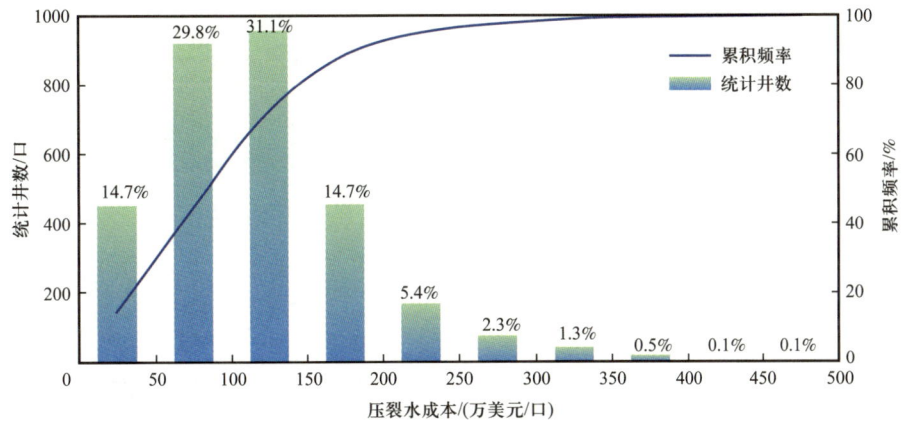

图 6-26　Utica 页岩油气藏水平井压裂水成本统计分布图

图6-27给出了Utica页岩油气藏水平井单井压裂水成本年度学习曲线。单井压裂水成本总体呈逐年增加趋势,2011—2020年P50单井压裂水成本平均年度相对增幅为18.9%。2016年后,单井压裂水成本保持相对稳定趋势。单井压裂水成本数据统计显示,2011年统计水平井31口,平均单井压裂水成本45.3万美元/口、P25单井压裂水成本31.5万美元/口、P50单井压裂水成本36.2万美元/口、P75单井压裂水成本46.5万美元/口。2012年统计水平井339口,平均单井压裂水成本48.8万美元/口、P25单井压裂水成本37.5万美元/口、P50单井压裂水成本44.0万美元/口、P75单井压裂水成本53.8万美元/口。2013年统计水平井516口,平均单井压裂水成本79.7万美元/口、P25单井压裂水成本50.5万美元/口、P50单井压裂水成本70.8万美元/口、P75单井压裂水成本102.4万美元/口。2014年统计水平井638口,平均单井压裂水成本104.9万美元/口、P25单井压裂水成本79.2万美元/口、P50单井压裂水成本99.5万美元/口、P75单井压裂水成本123.4万美元/口。2015年统计水平井341口,平均单井压裂水成本131.3万美元/口、P25单井压裂水成本89.1万美元/口、P50单井压裂水成本119.1万美元/口、P75单井压裂水成本152.5万美元/口。2016年统计水平井268口,平均单井压裂水成本149.0万美元/口、P25单井压裂水成本99.2万美元/口、P50单井压裂水成本139.5万美元/口、P75单井压裂水成本185.2万美元/口。2017年统计水平井390口,平均单井压裂水成本159.4万美元/口、P25单井压裂水成本111.9万美元/口、P50单井压裂水成本144.3万美元/口、P75单井压裂水成本194.6万美元/口。2018年统计水平井276口,平均单井压裂水成本162.4万美元/口、P25单井压裂水成本122.5万美元/口、P50单井压裂水成本156.1万美元/口、P75单井压裂水成本180.8万美元/口。2019年统计水平井235口,平均单井压裂水成本156.2万美元/口、P25单井压裂水成本116.7万美元/口、P50单井压裂水成本144.8万美元/口、P75单井压裂水成本183.9万美元/口。2020年统计水平井52口,平均单井压裂水成本159.7万美元/口、P25单井压

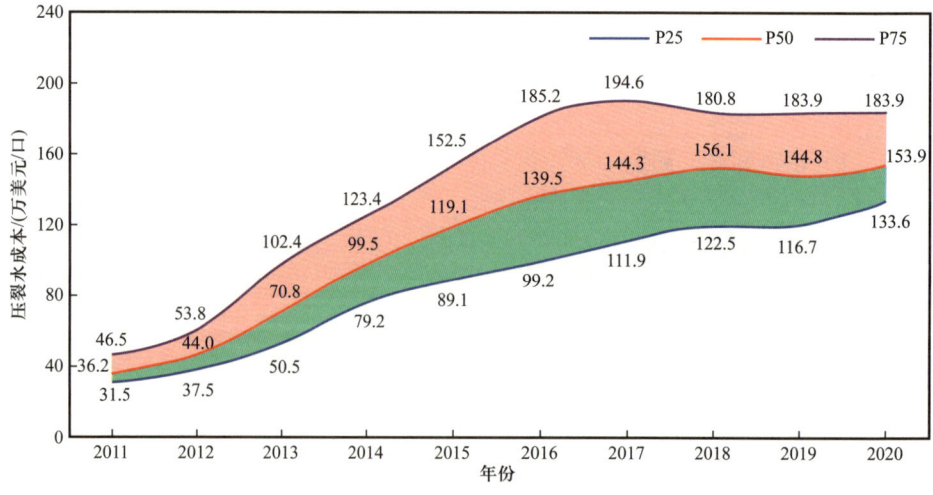

图6-27 Utica页岩油气藏水平井压裂水成本年度学习曲线

裂水成本 133.6 万美元 / 口、P50 单井压裂水成本 153.9 万美元 / 口、P75 单井压裂水成本 183.9 万美元 / 口。

图 6-28 给出了 Utica 页岩油气藏水平井单井压裂液量与水成本统计关系曲线，单井压裂液量与水成本呈良好的线性关系，线性回归系数高达 0.996 99。线性回归关系式斜率也反映了单位压裂液量水成本，表明单位压裂液量水成本在该地区基本保持稳定，进一步表明单位水成本总体呈稳定趋势。

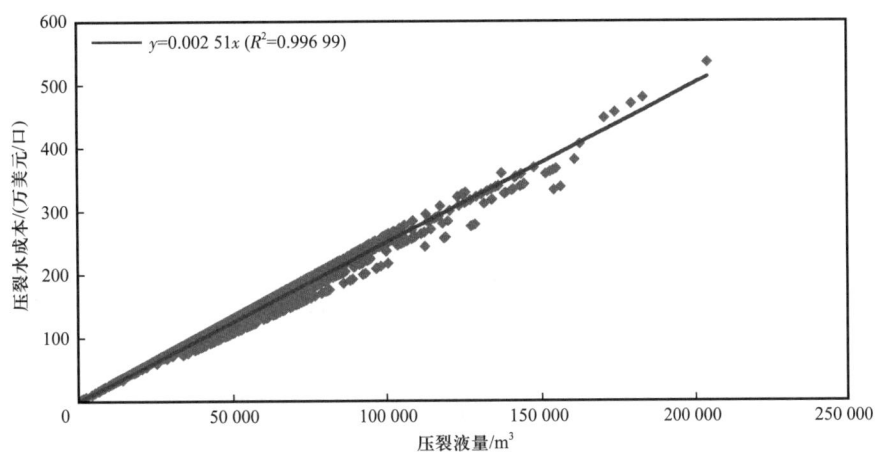

图 6-28　Utica 页岩油气藏水平井单井压裂液量与水成本统计关系曲线

6.7.2　压裂支撑剂成本

支撑剂又称为压裂支撑剂。在石油天然气开采时，高闭合压力低渗透性矿床经压裂处理后，使含油气岩层裂开，油气从裂缝形成的通道中汇集而出，此时需要流体注入岩石基层，以超过地层破裂强度的压力，使井筒周围岩层产生裂缝，形成一个具有高层流能力的通道，为保持压裂后形成的裂缝开启，油气产物能顺畅通过。用石油支撑剂随同高压溶液进入地层充填在岩层裂隙中，起到支撑裂隙不因应力释放而闭合的作用，从而保持高导流能力，使油气畅通，增加产量。页岩气水平井大规模水力压裂措施中，支撑剂成本是压裂成本中的重要部分。本节引入单位支撑剂量成本参数用于横向对比分析。

图 6-29 为 Utica 页岩油气藏水平井压裂支撑剂及单位支撑剂量成本影响因素相关系数矩阵图。相关系数矩阵图显示，支撑剂成本直接与支撑剂量和加砂强度相关。除此之外，支撑剂成本与垂深、压裂液量、用液强度、测深和压裂段数等参数存在一定相关性。

图 6-30 为 Utica 页岩油气藏水平井单井支撑剂成本及单位支撑剂量成本散点图。Utica 页岩油气藏水平井单井压裂支撑剂成本统计样本水平井 3086 口，单井压裂支撑剂成本为（0.8~965.5）万美元 / 口，平均单井压裂支撑剂成本 100.1 万美元 / 口，P25 单井压裂支撑剂成本 59.4 万美元 / 口、P50 单井压裂支撑剂成本 84.9 万美元 / 口、P75 单井压裂支撑剂成本 118.8 万美元 / 口、M50 单井压裂支撑剂成本 86.3 万美元 / 口。单位支撑剂量成本统计样本水平井 2305 口，单位支撑剂量成本范围 125.6~835.5 美元 /t，平均单位

支撑剂量成本 158.0 美元/t，P25 单位支撑剂量成本 130.3 美元/t、P50 单位支撑剂量成本 159.1 美元/t、P75 单位支撑剂量成本 164.9 美元/t、M50 单位支撑剂量成本 155.5 美元/t。

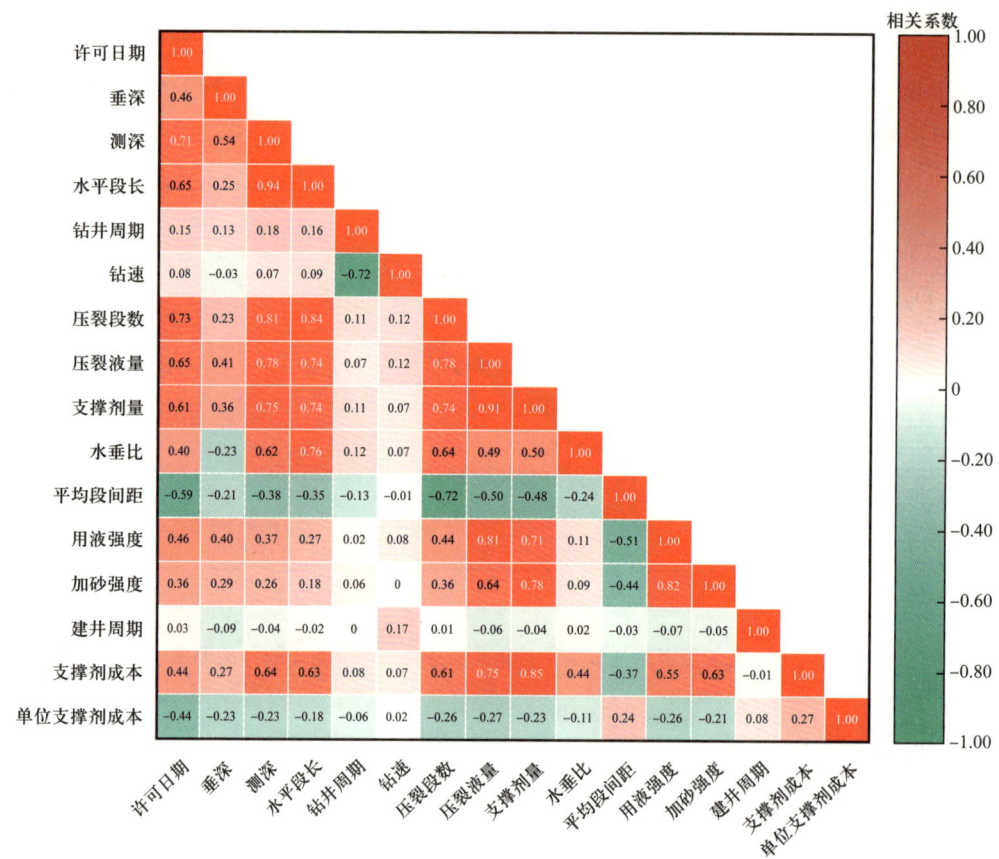

图 6-29　Utica 页岩油气藏水平井压裂支撑剂成本影响因素相关系数矩阵图

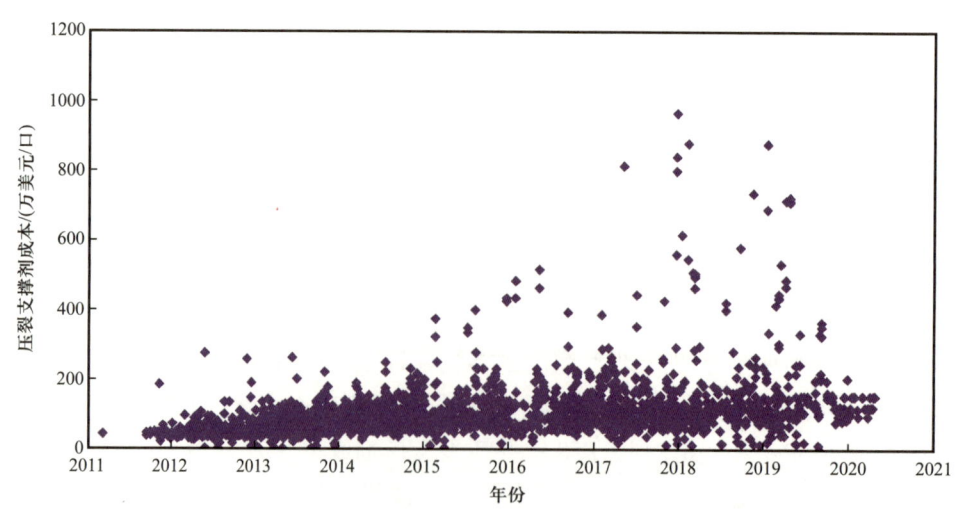

图 6-30　Utica 页岩油气藏水平井单井支撑剂成本散点图

图 6-31 为 Utica 页岩油气藏水平井单井支撑剂成本统计分布图。单井压裂支撑剂成本低于 50 万美元 / 口统计水平井 525 口，占比 17.1%。单井压裂支撑剂成本（50～100）万美元 / 口统计水平井 1427 口，占比 46.6%。单井压裂支撑剂成本（100～150）万美元 / 口统计水平井 728 口，占比 23.8%。单井压裂支撑剂成本（150～200）万美元 / 口统计水平井 251 口，占比 8.2%。单井压裂支撑剂成本（200～250）万美元 / 口统计水平井 81 口，占比 2.6%。单井压裂支撑剂成本（250～300）万美元 / 口统计水平井 19 口，占比 0.6%。单井压裂支撑剂成本（300～350）万美元 / 口统计水平井 9 口，占比 0.3%。单井压裂支撑剂成本（350～400）万美元 / 口统计水平井 7 口，占比 0.2%。单井压裂支撑剂成本（400～450）万美元 / 口统计水平井 11 口，占比 0.4%。单井压裂支撑剂成本超过 450 万美元 / 口统计水平井 7 口，占比 0.2%。单井压裂支撑剂成本主体分布在（50～150）万美元 / 口区间。

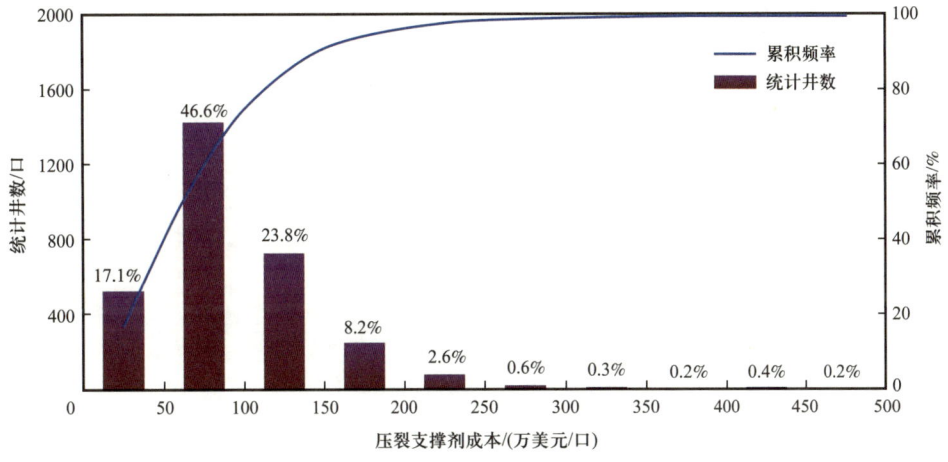

图 6-31　Utica 页岩油气藏水平井单井支撑剂成本统计分布图

图 6-32 给出了 Utica 页岩油气藏水平井压裂支撑剂成本年度学习曲线，由于完钻井水平段长和压裂强度逐年增加，单井压裂支撑剂量逐年增加，最终使得单井压裂支撑剂成本呈逐年上升趋势。单井压裂支撑剂成本统计结果显示，2011 年统计水平井 31 口，平均单井压裂支撑剂成本 46.8 万美元 / 口、P25 单井压裂支撑剂成本 37.2 万美元 / 口、P50 单井压裂支撑剂成本 43.6 万美元 / 口、P75 单井压裂支撑剂成本 46.5 万美元 / 口。2012 年统计水平井 339 口，平均单井压裂支撑剂成本 51.0 万美元 / 口、P25 单井压裂支撑剂成本 41.1 万美元 / 口、P50 单井压裂支撑剂成本 46.5 万美元 / 口、P75 单井压裂支撑剂成本 50.9 万美元 / 口。2013 年统计水平井 516 口，平均单井压裂支撑剂成本 70.8 万美元 / 口、P25 单井压裂支撑剂成本 49.3 万美元 / 口、P50 单井压裂支撑剂成本 63.7 万美元 / 口、P75 单井压裂支撑剂成本 87.7 万美元 / 口。2014 年统计水平井 638 口，平均单井压裂支撑剂成本 90.6 万美元 / 口、P25 单井压裂支撑剂成本 69.2 万美元 / 口、P50 单井压裂支撑剂成本 83.0 万美元 / 口、P75 单井压裂支撑剂成本 104.1 万美元 / 口。2015 年统计水平井 341 口，平均单井压裂支撑剂成本 104.9 万美元 / 口、P25 单井压裂支撑剂成本 70.9 万美

元/口、P50 单井压裂支撑剂成本 88.5 万美元/口、P75 单井压裂支撑剂成本 119.3 万美元/口。2016 年统计水平井 268 口，平均单井压裂支撑剂成本 115.1 万美元/口、P25 单井压裂支撑剂成本 67.7 万美元/口、P50 单井压裂支撑剂成本 98.4 万美元/口、P75 单井压裂支撑剂成本 140.6 万美元/口。2017 年统计水平井 390 口，平均单井压裂支撑剂成本 126.3 万美元/口、P25 单井压裂支撑剂成本 75.5 万美元/口、P50 单井压裂支撑剂成本 110.6 万美元/口、P75 单井压裂支撑剂成本 142.5 万美元/口。2018 年统计水平井 276 口，平均单井压裂支撑剂成本 134.6 万美元/口、P25 单井压裂支撑剂成本 89.8 万美元/口、P50 单井压裂支撑剂成本 113.4 万美元/口、P75 单井压裂支撑剂成本 137.4 万美元/口。2019 年统计水平井 235 口，平均单井压裂支撑剂成本 151.9 万美元/口、P25 单井压裂支撑剂成本 95.3 万美元/口、P50 单井压裂支撑剂成本 113.5 万美元/口、P75 单井压裂支撑剂成本 153.3 万美元/口。2020 年统计水平井 52 口，平均单井压裂支撑剂成本 133.5 万美元/口、P25 单井压裂支撑剂成本 119.7 万美元/口、P50 单井压裂支撑剂成本 133.3 万美元/口、P75 单井压裂支撑剂成本 153.3 万美元/口。

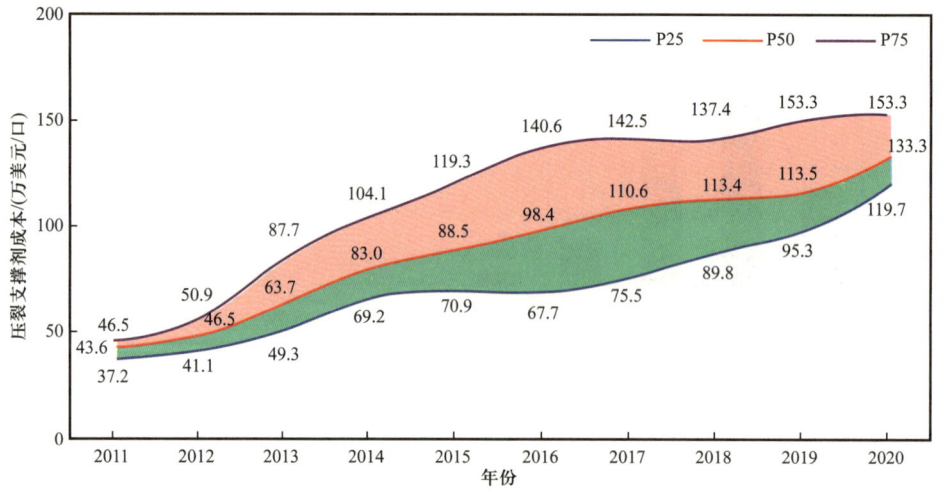

图 6-32　Utica 页岩油气藏水平井压裂支撑剂成本年度学习曲线

图 6-33 给出了 Utica 页岩油气藏单井压裂支撑剂量与支撑剂成本统计关系曲线，支撑剂成本直接与支撑剂量呈线性关系，随支撑剂量增加，单井压裂支撑剂成本呈线性增加趋势。支撑剂成本与用量拟合线性关系相关系数为 0.828 97，斜率反映了单位支撑剂用量成本，表明单位支撑剂成本呈稳定趋势。

6.7.3　压裂泵送成本

水平井压裂泵送成本主要反映压裂液体和支撑剂由井口高压泵送至储层过程中需要的成本。图 6-34 为 Utica 页岩油气藏水平井压裂泵送成本影响因素相关系数矩阵图。单井压裂泵送成本主要影响因素包括压裂段数、许可日期、压裂液量、测深、水平段长、支撑剂量和用液强度等。

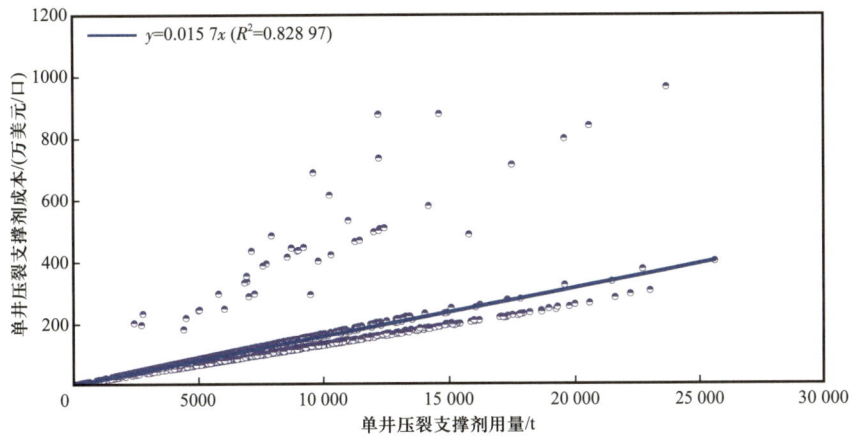

图 6-33　Utica 页岩油气藏单井压裂支撑剂量与支撑剂成本统计关系曲线

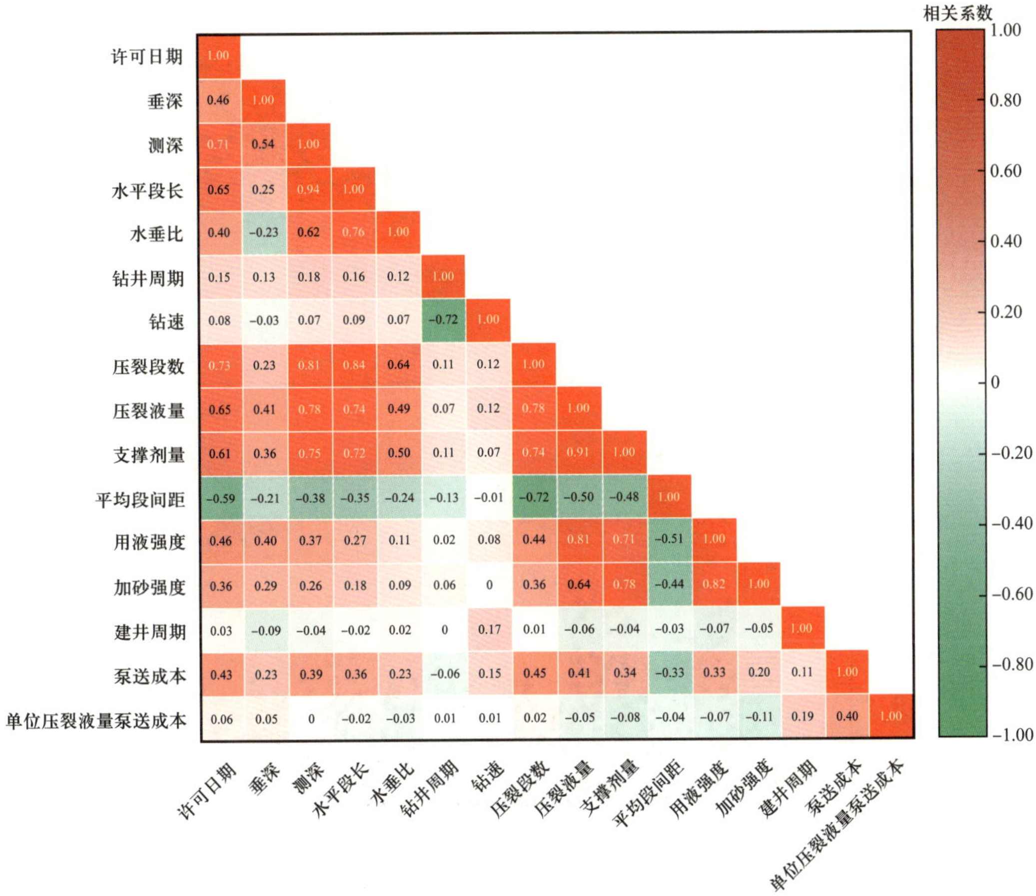

图 6-34　Utica 页岩油气藏水平井压裂泵送成本影响因素相关系数矩阵图

图 6-35 为 Utica 页岩气藏水平井压裂泵送成本及单位压裂液量泵送成本散点分布图。单井压裂泵送成本统计样本水平井 3086 口，单井压裂泵送成本范围为（5.4～406.7）万美

元/口，平均单井压裂泵送成本77.1万美元/口，P25单井压裂泵送成本10.8万美元/口、P50单井压裂泵送成本16.6万美元/口、P75单井压裂泵送成本148.4万美元/口、M50单井压裂泵送成本49.0万美元/口。单井压裂泵送成本与压裂液量强相关，引入单位压裂液量泵送成本指标进行横向对比分析。单位压裂液量泵送成本统计样本水平井2426口，单位压裂液量泵送成本范围0.8~917.5美元/m^3，平均单位压裂液量泵送成本16.1美元/m^3，P25单位压裂液量泵送成本3.0美元/m^3、P50单位压裂液量泵送成本5.6美元/m^3、P75单位压裂液量泵送成本26.1美元/m^3、M50单位压裂液量泵送成本8.6美元/m^3。

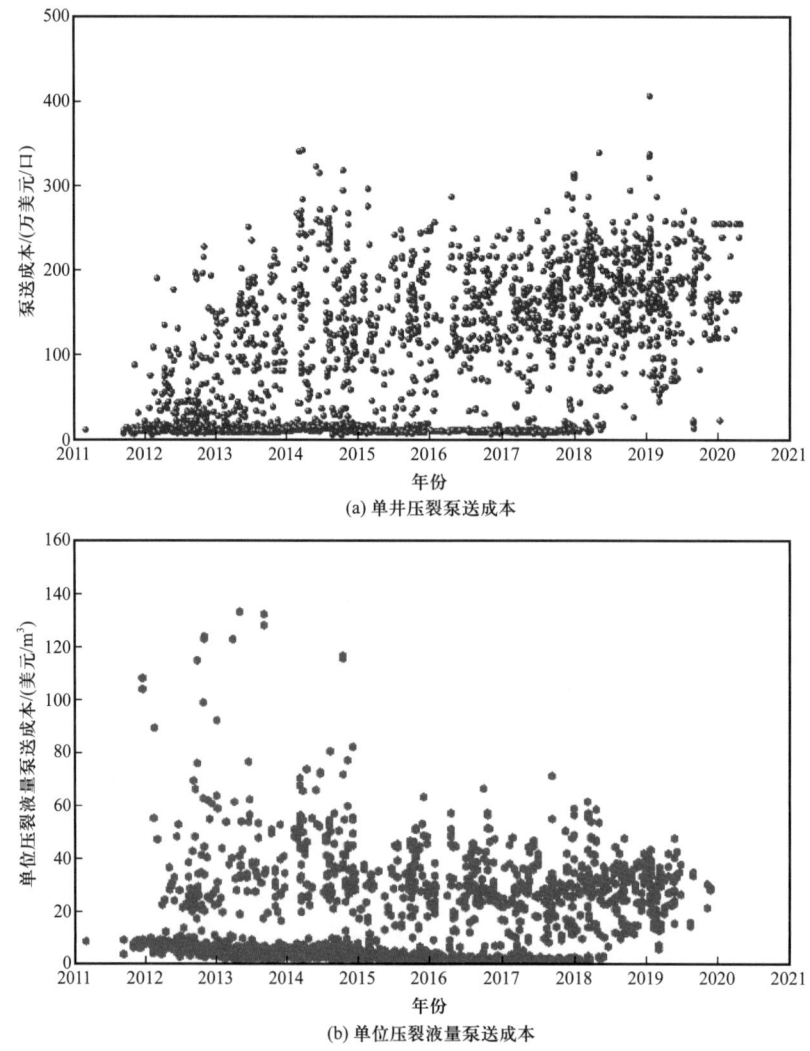

图6-35 Utica页岩油气藏水平井压裂泵送成本及单位压裂液量泵送成本散点图

图6-36为Utica页岩油气藏水平井压裂泵送成本及单位压裂液量泵送成本统计分布图。单井压裂泵送成本低于10万美元/口统计水平井470口，占比17.2%。单井压

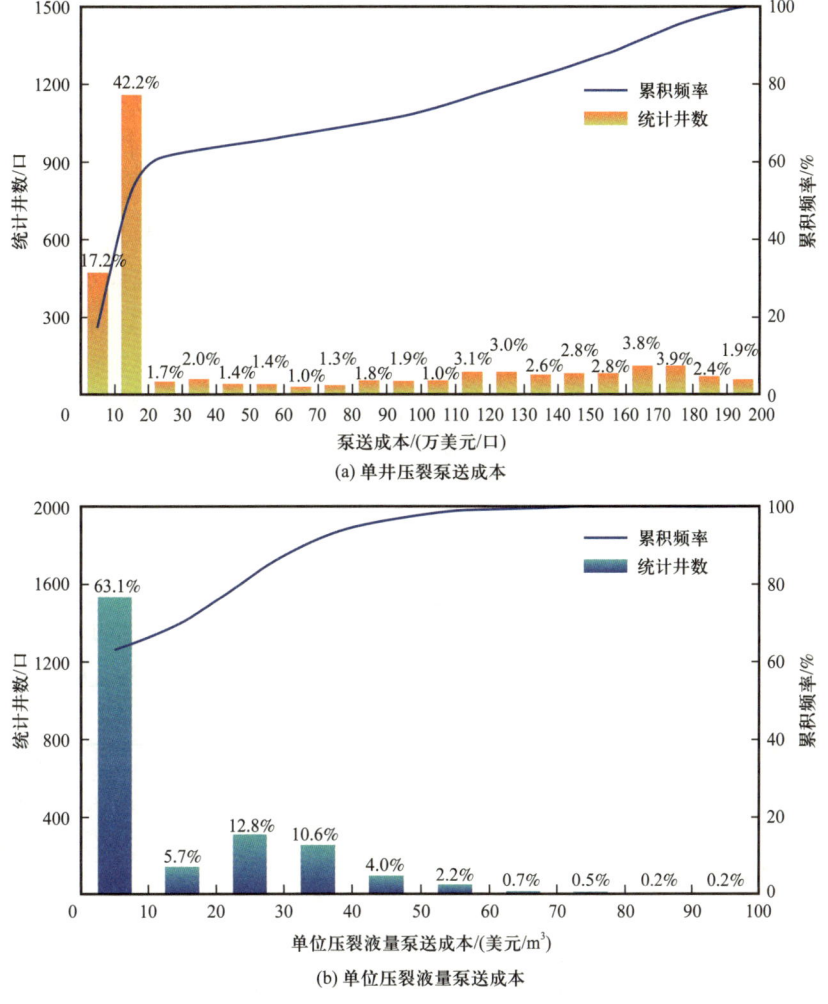

图 6-36 Utica 页岩油气藏水平井压裂泵送成本及单位压裂液量泵送成本统计分布图

裂泵送成本（10~20）万美元/口统计水平井 1156 口，占比 42.2%。单井压裂泵送成本（20~30）万美元/口统计水平井 47 口，占比 1.7%。单井压裂泵送成本（30~40）万美元/口统计水平井 56 口，占比 2.0%。单井压裂泵送成本（40~50）万美元/口统计水平井 37 口，占比 1.4%。单井压裂泵送成本（50~60）万美元/口统计水平井 38 口，占比 1.4%。单井压裂泵送成本（60~70）万美元/口统计水平井 28 口，占比 1.0%。单井压裂泵送成本（70~80）万美元/口统计水平井 35 口，占比 1.3%。单井压裂泵送成本（80~90）万美元/口统计水平井 48 口，占比 1.8%。单井压裂泵送成本（90~100）万美元/口统计水平井 51 口，占比 1.9%。单井压裂泵送成本（100~110）万美元/口统计水平井 48 口，占比 1.8%。单井压裂泵送成本（110~120）万美元/口统计水平井 85 口，占比 3.1%。单井压裂泵送成本（120~130）万美元/口统计水平井 82 口，占比 3.0%。单井压裂泵送成本（130~140）万美元/口统计水平井 71 口，占比 2.6%。单井压裂泵送成本（140~150）万美元/口统计水平井 76 口，占比 2.8%。单井压裂泵送成本

（150～160）万美元/口统计水平井78口，占比2.8%。单井压裂泵送成本（160～170）万美元/口统计水平井104口，占比3.8%。单井压裂泵送成本（170～180）万美元/口统计水平井106口，占比3.9%。单井压裂泵送成本（180～190）万美元/口统计水平井66口，占比2.4%。单井压裂泵送成本（190～200）万美元/口统计水平井56口，占比1.9%。Utica页岩油气藏单井压裂泵送成本主要分布在20万美元/口以内。

单位压裂液量泵送成本统计显示，单位压裂液量泵送成本低于10美元/m^3统计水平井1527口，占比63.1%。单位压裂液量泵送成本10～20美元/m^3统计水平井138口，占比5.7%。单位压裂液量泵送成本20～30美元/m^3统计水平井309口，占比12.8%。单位压裂液量泵送成本30～40美元/m^3统计水平井256口，占比10.6%。单位压裂液量泵送成本40～50美元/m^3统计水平井96口，占比4.0%。单位压裂液量泵送成本50～60美元/m^3统计水平井53口，占比2.2%。单位压裂液量泵送成本超过60美元/m^3统计水平井41口，占比1.6%。单位压裂液量泵送成本主体分布在10美元/m^3以内。

6.7.4 其他成本

压裂其他成本主要指除水成本、支撑剂成本和泵送成本以外产生的成本。图6-37为Utica页岩油气藏水平井压裂其他成本影响因素相关系数矩阵图。相关性分析显示水平井

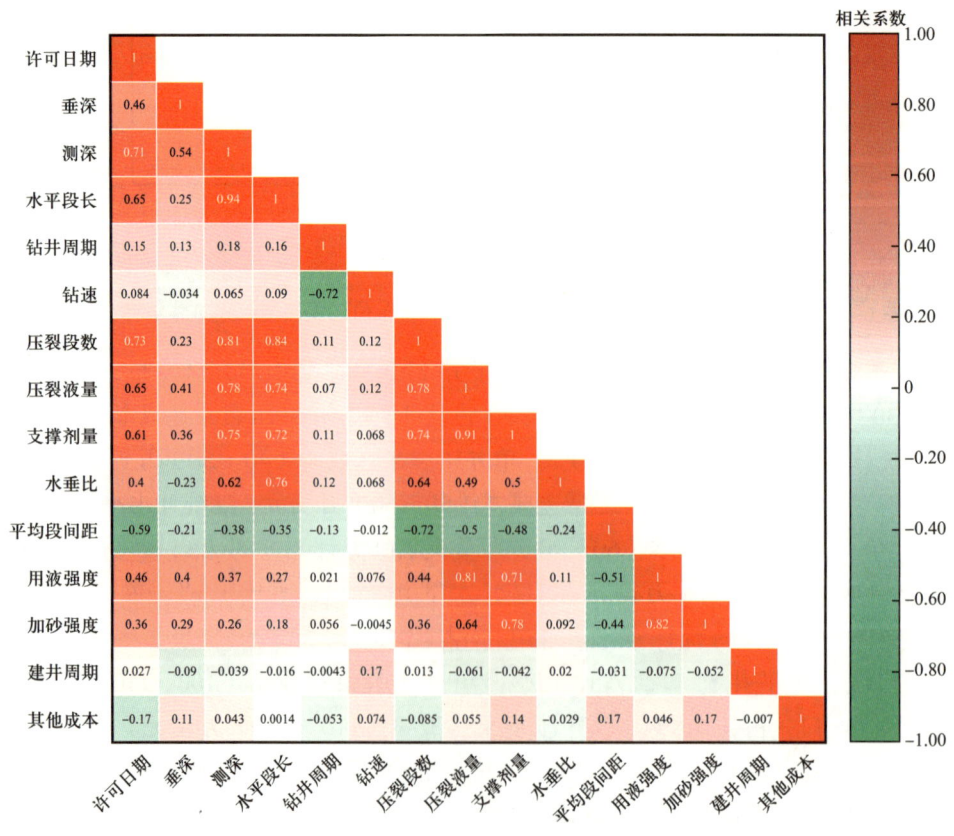

图6-37 Utica页岩油气藏水平井压裂其他成本影响因素相关系数矩阵图

单井压裂其他成本主要与加砂强度、平均段间距、支撑剂量和垂深存在一定相关性。单井压裂其他成本并未表现出与某一项指标强相关，故无法引入标准指标进行横向对比分析。

图 6-38 为 Utica 页岩油气藏水平井单井压裂其他成本散点分布图。统计压裂其他成本样本水平井 3086 口，单井压裂其他成本范围为（23.2～845.3）万美元/口，平均单井压裂其他成本 222.1 万美元/口，P25 单井压裂其他成本 115.7 万美元/口、P50 单井压裂其他成本 204.5 万美元/口、P75 单井压裂其他成本 311.8 万美元/口、M50 单井压裂其他成本 206.9 万美元/口。

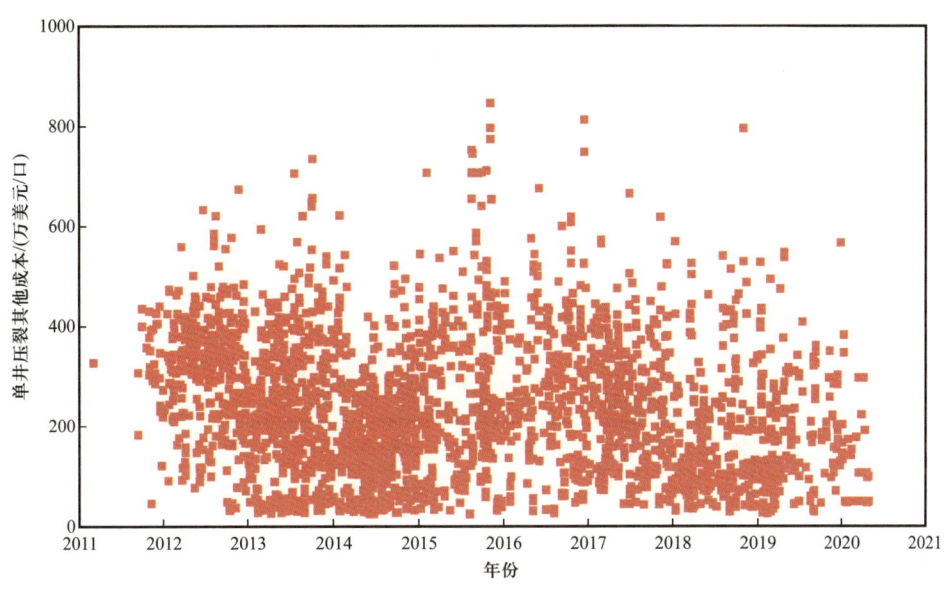

图 6-38　Utica 页岩油气藏水平井单井压裂其他成本散点分布图

6.8　单位产油当量钻压成本

单井钻完井和压裂成本是页岩气藏开发成本的主体部分，因此引入单位油当量钻压成本指标作为衡量开发效益的经济指标。单位油当量钻压成本是指单位产油当量对应的钻压成本，计算方式为气井最终可采油当量与钻压成本的比值。单位产油当量钻压成本作为重要的经济评价指标，直接受钻完井、压裂、生产及成本等众多因素影响。图 6-39 为 Utica 页岩油气藏水平井单位油当量钻压成本影响因素相关系数矩阵图。单位油当量钻压成本主要与垂深、支撑剂量、加砂强度、测深等因素相关。

图 6-40 为 Utica 页岩油气藏单位油当量钻压成本散点与统计图。单位油当量钻压成本统计样本水平井 2531 口，单位钻压成本产气量范围 8.4～465.8 m^3/美元，平均单位钻压成本产气量 58.1 m^3/美元，P25 单位钻压成本产气量 32.9 m^3/美元、P50 单位钻压成本产气量 48.1 m^3/美元、P75 单位钻压成本产气量 72.1 m^3/美元、M50 单位钻压成本产气量 49.4 m^3/美元。

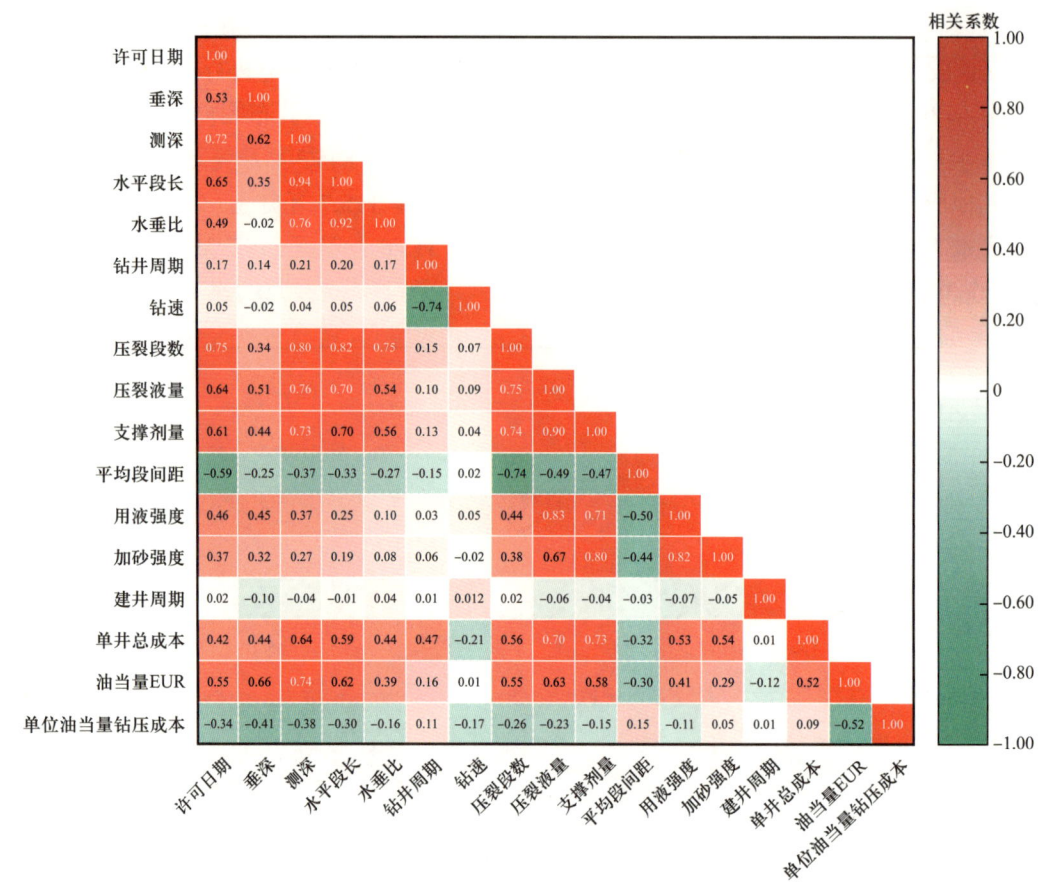

图 6-39 Utica 页岩油气藏水平井单位油当量钻压成本影响因素相关系数矩阵图

单位油当量钻压成本数据统计显示，单位油当量钻压成本低于 25 美元/t 统计水平井 304 口，占比 12.2%。单位油当量钻压成本 25～50 美元/t 统计水平井 1044 口，占比 41.8%。单位油当量钻压成本 50～75 美元/t 统计水平井 606 口，占比 24.3%。单位油当量钻压成本 75～100 美元/t 统计水平井 264 口，占比 10.6%。单位油当量钻压成本 100～125 美元/t 统计水平井 121 口，占比 4.8%。单位油当量钻压成本 125～150 美元/t 统计水平井 73 口，占比 2.9%。单位油当量钻压成本 150～175 美元/t 统计水平井 34 口，占比 1.4%。单位油当量钻压成本 175～200 美元/t 统计水平井 19 口，占比 0.8%。单位油当量钻压成本超过 200 美元/t 统计水平井 32 口，占比 1.2%。Utica 页岩油气藏单位油当量钻压成本主要集中在 100 美元/t 以内。

图 6-41 给出了 Utica 页岩油气藏单位油当量钻压成本年度学习曲线。单位油当量钻压成本年度数据统计结果显示，2011 年单位油当量钻压成本统计水平井 24 口，P25 单位油当量钻压成本 69.5 美元/t、P50 单位油当量钻压成本 93.3 美元/t、P75 单位油当量钻压成本 137.5 美元/t、M50 单位油当量钻压成本 97.3 美元/t。2012 年单位油当量钻压成本统计水平井 240 口，P25 单位油当量钻压成本 54.5 美元/t、P50 单位油当量钻压成本

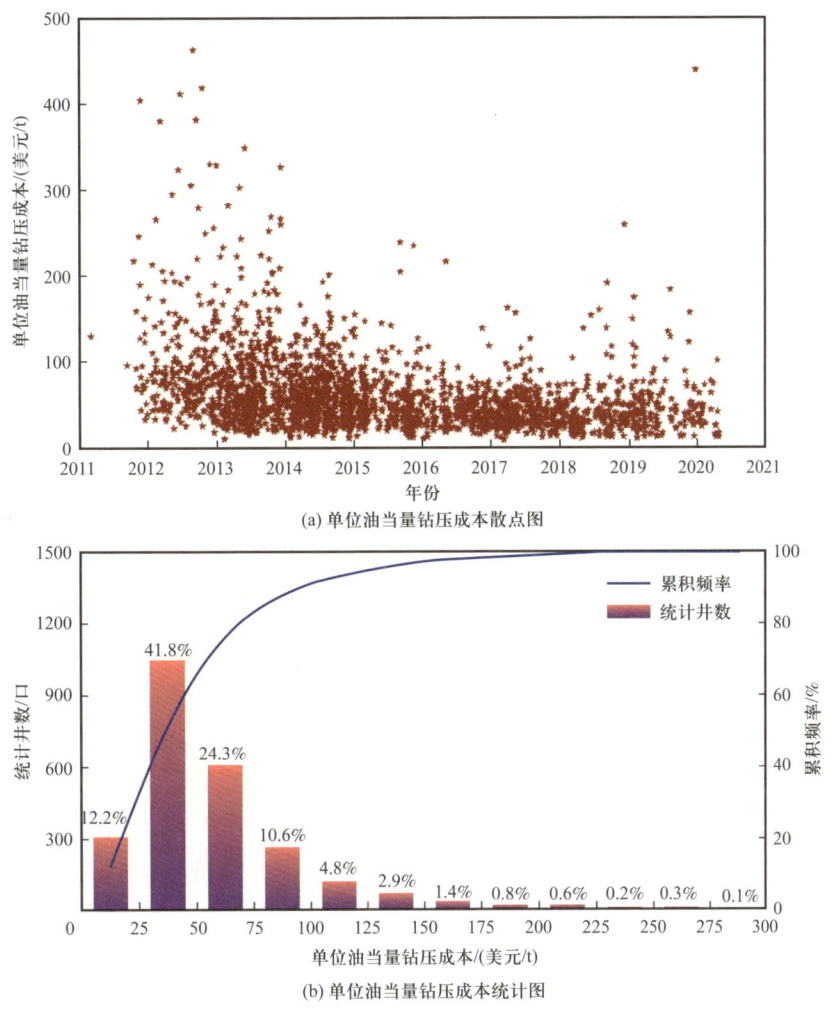

图 6-40 Utica 页岩油气藏单位油当量钻压成本散点与统计图

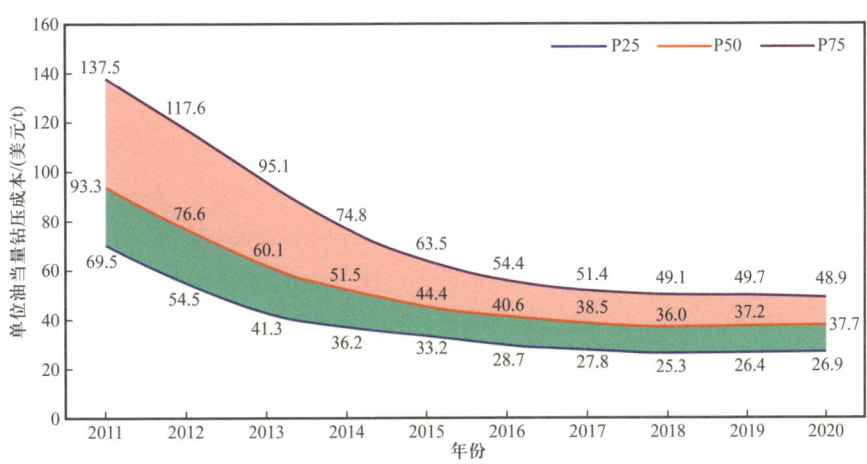

图 6-41 Utica 页岩油气藏单位油当量钻压成本年度学习曲线

76.6 美元/t、P75 单位油当量钻压成本 117.6 美元/t、M50 单位油当量钻压成本 80.4 美元/t。2013 年单位油当量钻压成本统计水平井 447 口，P25 单位油当量钻压成本 41.3 美元/t、P50 单位油当量钻压成本 60.1 美元/t、P75 单位油当量钻压成本 95.1 美元/t、M50 单位油当量钻压成本 62.8 美元/t。2014 年单位油当量钻压成本统计水平井 562 口，P25 单位油当量钻压成本 36.2 美元/t、P50 单位油当量钻压成本 51.5 美元/t、P75 单位油当量钻压成本 74.8 美元/t、M50 单位油当量钻压成本 53.0 美元/t。2015 年单位油当量钻压成本统计水平井 306 口，P25 单位油当量钻压成本 33.2 美元/t、P50 单位油当量钻压成本 44.4 美元/t、P75 单位油当量钻压成本 63.5 美元/t、M50 单位油当量钻压成本 46.5 美元/t。2016 年单位油当量钻压成本统计水平井 235 口，P25 单位油当量钻压成本 28.7 美元/t、P50 单位油当量钻压成本 40.6 美元/t、P75 单位油当量钻压成本 54.4 美元/t、M50 单位油当量钻压成本 40.7 美元/t。2017 年单位油当量钻压成本统计水平井 327 口，P25 单位油当量钻压成本 27.8 美元/t、P50 单位油当量钻压成本 38.5 美元/t、P75 单位油当量钻压成本 51.4 美元/t、M50 单位油当量钻压成本 38.3 美元/t。2018 年单位油当量钻压成本统计水平井 207 口，P25 单位油当量钻压成本 25.3 美元/t、P50 单位油当量钻压成本 36.0 美元/t、P75 单位油当量钻压成本 49.1 美元/t、M50 单位油当量钻压成本 35.4 美元/t。2019 年单位油当量钻压成本统计水平井 155 口，P25 单位油当量钻压成本 26.4 美元/t、P50 单位油当量钻压成本 37.2 美元/t、P75 单位油当量钻压成本 49.7 美元/t、M50 单位油当量钻压成本 36.8 美元/t。2020 年单位油当量钻压成本统计水平井 28 口，P25 单位油当量钻压成本 26.9 美元/t、P50 单位油当量钻压成本 37.7 美元/t、P75 单位油当量钻压成本 48.9 美元/t、M50 单位油当量钻压成本 37.3 美元/t。Utica 页岩油气藏单位油当量钻压成本总体呈逐年下降趋势，P50 单位油当量钻压成本由 2011 年的 93.3 美元/t 下降至 2020 年的 37.7 美元/t，平均年度下降幅度为 9.2%。

6.9 小结

本章重点叙述了 Utica 页岩油气藏水平井开发成本构成及降低成本措施，重点针对水平井钻完井及压裂成本进行了分析。页岩气水平井钻井及压裂成本主要受区域地质条件、井身结构参数、分段压裂规模及强度等多重因素影响。Utica 页岩油气藏水平井钻压成本主要影响因素包括支撑剂用量、压裂液用量、测深、水平段长、压裂段数、钻井周期、垂深和许可日期。影响钻井成本的主要因素包括钻井周期、测深、水平段长和许可日期。固井成本主要受测深和水平段长影响。水成本直接与压裂液量相关，影响水成本因素还包括支撑剂量、用液强度、压裂段数、测深、水平段长、许可日期和水垂比。支撑剂成本直接和支撑剂用量相关。泵送成本主要受压裂段数、许可日期、压裂液量、测深和水平段长影响。其他成本主要受平均段间距、加砂强度、支撑剂量、垂深和钻速的影响。

第 7 章 开发技术政策

自页岩油气资源实现商业化开发以来，各个已开发区块一直在探索合理开发技术政策以实现高效开发。页岩气藏开发技术政策包括井型、布井模式、靶体位置、水平井眼轨迹方位、水平段长、井距、段间距、簇间距、加砂强度、用液强度等。合理开发技术政策不仅能够实现具体页岩气藏的高效开发，也能够为其他页岩气藏开发提供参考依据。本章针对 Utica 深层页岩油气藏历年投产页岩气水平井进行统计分析，重点评价垂深、水平段长和加砂强度等因素对气井开发效果的影响，以为其他页岩气藏开发提供参考。

图 7-1 为 Utica 页岩油气藏水平井综合开发效果影响因素相关系数矩阵图。相关系数矩阵图考虑影响因素包括许可日期、垂深、测深、水平段长、钻井周期、压裂段数、压裂液量、支撑剂量、单井总成本、水垂比、平均段间距、用液强度、加砂强度、建井周

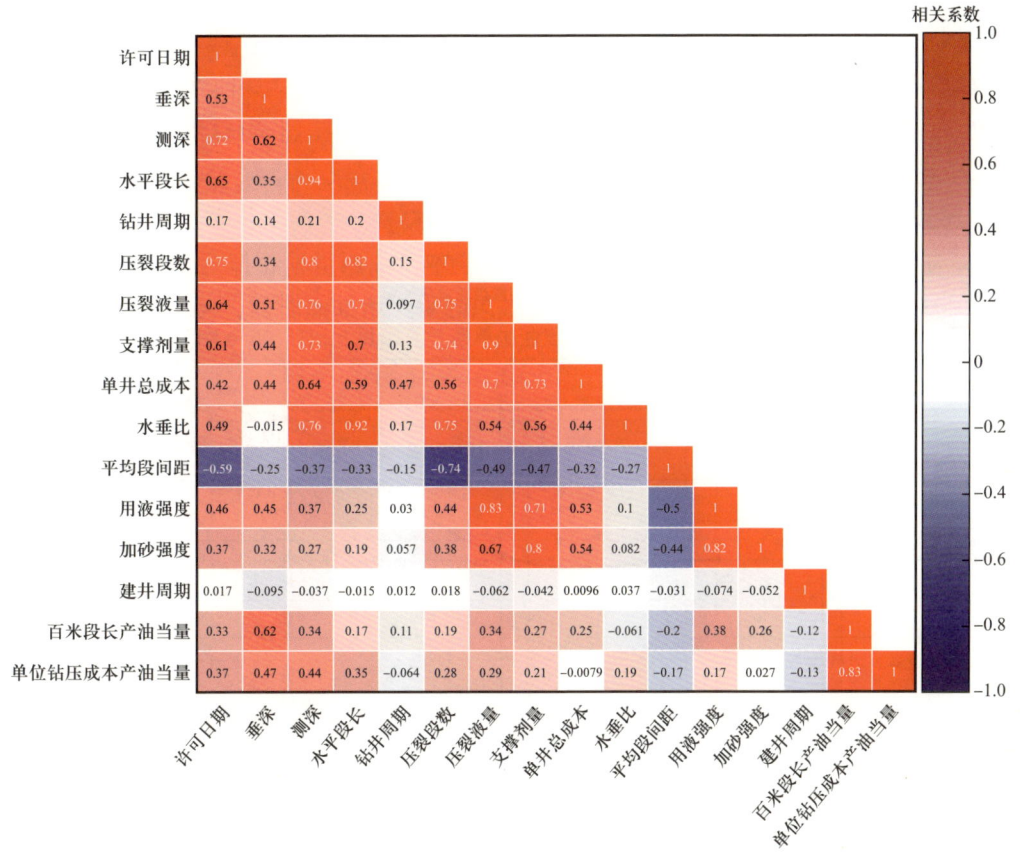

图 7-1　Utica 页岩油气藏水平井综合开发效果影响因素相关系数矩阵图

期、百米段长产油当量和单位钻压成本产油当量。许可日期反映了综合技术进步情况。技术指标百米段长产油当量主要影响因素包括加砂强度、用液强度和垂深。经济指标单位钻压成本产油当量主要影响因素包括垂深、测深、水平段长、水垂比和平均段间距。根据水平井综合开发效果影响因素相关系数矩阵图，综合选取垂深、加砂强度、用液强度等关键因素进行不同维度合理开发技术政策分析。

7.1 垂深

垂深是页岩油气藏开发的关键指标之一，不同于常规油气藏，目前页岩油气藏通常以 2000 m 和 3500 m 为垂深界限划分为浅层、中深层和深层页岩油气藏。垂深直接影响水平井钻完井、分段压裂、开发特征及开发成本。前述章节也指出，不同垂深范围水平段长、用液强度、加砂强度、砂液比、首年日产气量、递减率及单井 EUR 等均存在显著差异。因此，垂深被视为影响页岩油气藏开发的关键因素之一。本节首先对 Utica 页岩油气藏所有水平井做垂深单因素影响分析。引入百米段长产油当量为技术指标、单位钻压成本产油当量为经济指标综合评价垂深对开发效果的影响。

针对 Utica 所有页岩油气水平井按照 500 m 垂深间隔进行统计分析，图 7-2 给出了不同垂深水平井百米段长产油当量及单位钻压成本产油当量的统计曲线。垂深小于 2000 m 统计水平井 19 口，平均百米段长产油当量为 5310 t/100 m，平均单位钻压成本产油当量为 146.7 t/万美元。垂深 2000~2500 m 统计水平井 1069 口，平均百米段长产油当量为 5469 t/100 m，平均单位钻压成本产油当量为 169.8 t/万美元。垂深 2500~3000 m 统计水平井 1303 口，平均百米段长产油当量为 10 049 t/100 m，平均单位钻压成本产油当量为 295.4 t/万美元。百米段长产油当量与单位钻压成本产油当量呈相似变化趋势，随垂深增加技术指标和经济指标同步增加，综合开发效果随垂深增加而增加。

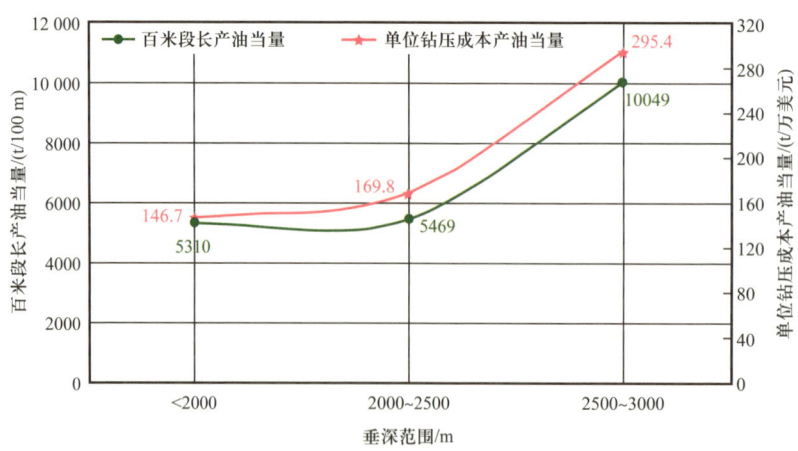

图 7-2 Utica 页岩油气藏不同垂深水平井百米段长产油当量及单位钻压成本产油当量

7.2 水平段长

Utica 开发过程中充分借鉴了其他页岩气藏开发积累的经验。水平井钻井和大规模分段体积压裂是页岩气藏普遍采用的关键核心技术。水平段长是单井开发效果的关键控制因素。通常随水平段长增加，单井控制面积及储量随之增加，单井也会获得更高的最终可采储量。然而，水平段长并非越长越好，随水平段长增加，钻完井及压裂施工难度加大，脆性页岩垮塌和破裂等复杂问题越突出。长水平井同时会为后续固井和大规模体积压裂带来施工挑战。针对不同垂深储层，水平段长设计还要考虑水垂比合理范围。从单井开发效果出发，长水平井抽吸压力及井筒摩阻增大，产量与水平段长并非呈线性关系。通常利用百米段长 EUR 作为标准技术开发指标衡量水平井开发效果。随水平段长增加，钻完井和大规模体积压裂工具及工艺技术施工效率有所下降，通常会导致百米段长 EUR 随水平段长增加呈下降趋势。因此，考虑技术和经济效益模式下的合理水平段长一直是每个已开发页岩油气藏关注的热点。

本节主要针对 Utica 深层页岩油气藏投产井进行统计分析，通过不同统计维度分析合理水平段长。引入百米段长产油当量作为技术指标、单位钻压成本产油当量作为经济指标同时评价不同水平段长水平井开发效果。前述开发效果影响因素分析显示，水平井开发技术和经济指标受多重因素影响，加砂强度和垂深是影响水平井开发效果的主控因素。因此，本节主要采用两种统计方法分析水平井合理水平段长，分别为分布频率统计法和单因素统计分析方法。分布频率统计方法是指将不同垂深范围水平井按照技术指标和经济指标排序，选取前 25% 水平井对应水平段长做统计频率分析，初步确定水平井合理水平段长范围。单因素统计分析方法是指对不同垂深范围内不同水平段长技术和经济指标进行综合统计分析，确定合理水平段长范围。

图 7-3（a）为 Utica 页岩油气藏不同垂深水平井合理技术水平段长统计分布图。垂深小于 2000 m 统计百米段长产油当量排序前 25% 水平井 5 口，统计平均水平段长 2248 m、P25 水平段长 2026 m、P50 水平段长 2087 m、P75 水平段长 2294 m。垂深 2000～2500 m 统计百米段长产油当量排序前 25% 水平井 42 口，统计平均水平段长 2597 m、P25 水平段长 1842 m、P50 水平段长 2534 m、P75 水平段长 3171 m。垂深 2500～3000 m 统计百米段长产油当量排序前 25% 水平井 559 口，统计平均水平段长 2562 m、P25 水平段长 2042 m、P50 水平段长 2552 m、P75 水平段长 2952 m。

图 7-3（b）为 Utica 深层页岩油气藏不同垂深水平井合理经济水平段长统计分布图。垂深小于 2000 m 统计百米段长产油当量排序前 25% 水平井 4 口，统计平均水平段长 2304 m、P25 水平段长 2044 m、P50 水平段长 2190 m、P75 水平段长 2564 m。垂深 2000～2500 m 统计百米段长产油当量排序前 25% 水平井 89 口，统计平均水平段长 2843 m、P25 水平段长 2227 m、P50 水平段长 2813 m、P75 水平段长 3397 m。垂深 2500～3000 m 统计百米段

长产油当量排序前 25% 水平井 496 口，统计平均水平段长 2796 m、P25 水平段长 2271 m、P50 水平段长 2719 m、P75 水平段长 3174 m。

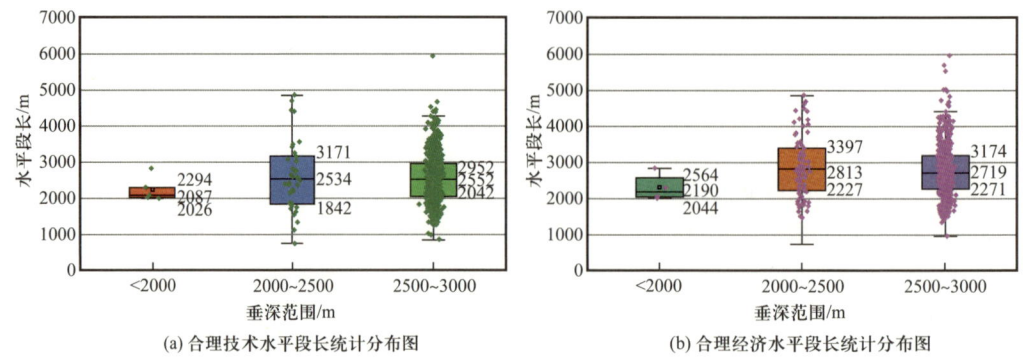

图 7-3　Utica 页岩油气藏不同垂深水平井合理技术和经济水平段长统计分布图

将不同垂深范围水平井对应合理技术及经济水平段长统计范围进行叠加，确定合理技术经济水平段长范围。图 7-4 为 Utica 页岩油气藏不同垂深水平井合理技术与经济水平段长叠加图。垂深小于 2000 m 水平井统计合理技术水平段长范围 2000~2835 m、合理经济水平段长范围 2000~2835 m，综合确定合理经济技术水平段长范围 2000~2835 m。垂深 2000~2500 m 水平井统计合理技术水平段长范围 742~4849 m、合理经济水平段长范围 742~4849 m，综合确定合理经济水平段长范围 742~4849 m。垂深 2500~3000 m 水平井统计合理技术水平段长范围 847~5936 m、合理经济水平段长范围 970~5936 m，综合确定合理经济技术水平段长范围 970~5936 m。

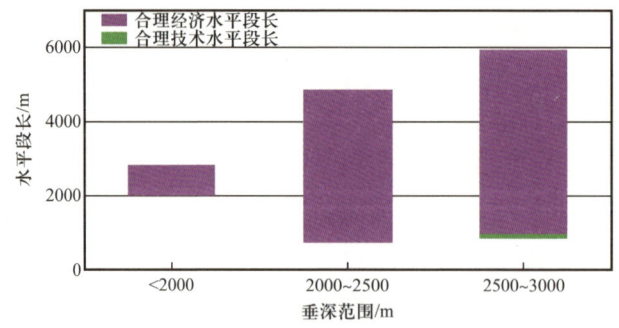

图 7-4　Utica 页岩油气藏不同垂深水平井合理技术与经济水平段长叠合图

Utica 页岩油气藏不同垂深水平井分布频率统计合理技术经济水平段长结果显示，随垂深范围增加，合理技术经济水平段长总体呈下降趋势。分布频率统计合理技术经济水平段长变化趋势符合常规认识。随垂深增加，钻完井和压裂工程技术施工难度增加，但效果有所下降，合理技术经济水平段长呈下降趋势。

在分布频率统计方法基础上，继续沿用垂深小于 2000 m、2000~2500 m、2500~3000 m、3000~3500 m、3500~4000 m 和 4000~4500 m 分类方式，对不同水平段长水平井开发效果进行单因素综合统计分析。水平段长范围按照小于 1000 m、1000~1250 m、

1250～1500 m、1500～1750 m、1750～2000 m、2000～2250 m 和水平段长超过 2250 m 进行区间划分。

图 7-5 给出了 Utica 页岩油气藏不同垂深和水平段长范围水平井百米段长产油当量统计曲线。水平段长 1250～1500 m 的统计结果显示，共有 7 口水平井，平均百米段长产油当量为 1274 t/100 m。在水平段长 1500～1750 m 范围内，统计涵盖 3 口水平井，平均百米段长产油当量为 1625 t/100 m。水平段长 1750～2000 m 区间内的数据来自 1 口水平井，其平均百米段长产油当量为 2587 t/100 m。对于水平段长 2000～2250 m 的水平井，共有 5 口，平均百米段长产油当量为 7545 t/100 m。最后，水平段长大于 2250 m 的水平井有 7 口，其平均百米段长产油当量为 7505 t/100 m。

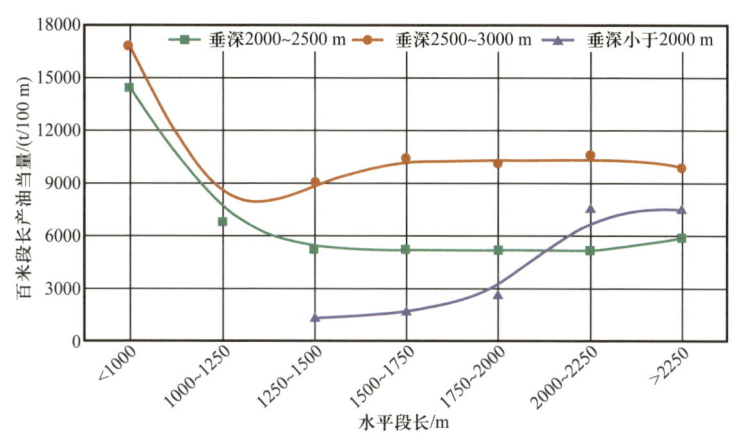

图 7-5　Utica 页岩油气藏不同垂深和水平段长范围水平井百米段长产油当量统计曲线

垂深 2000～2500 m 区间，水平段长小于 1000 m 的水平井有 3 口，平均百米段长产油当量为 14 402 t/100 m。水平段长 1000～1250 m 的水平井有 11 口，平均百米段长产油当量为 6726 t/100 m。水平段长 1250～1500 m 的水平井有 85 口，平均百米段长产油当量为 5153 t/100 m。水平段长 1500～1750 m 的水平井有 163 口，平均百米段长产油当量为 5226 t/100 m。水平段长 1750～2000 m 的水平井有 213 口，平均百米段长产油当量为 5154 t/100 m。水平段长 2000～2250 m 的水平井有 169 口，平均百米段长产油当量为 5090 t/100 m。水平段长大于 2250 m 的水平井有 438 口，平均百米段长产油当量为 5821 t/100 m。

垂深大于 2500 Utica 区间，水平段长小于 1000 m 的水平井有 5 口，平均百米段长产油当量为 16 737 t/100 m。水平段长在 1000～1250 m 区间的水平井有 9 口，平均百米段长产油当量为 6463 t/100 m。水平段长在 1250～1500 m 区间，有 34 口水平井，平均百米段长产油当量为 9003 t/100 m。水平段长在 1500～1750 m 区间，有 125 口水平井，平均百米段长产油当量为 10 452 t/100 m。水平段长在 1750～2000 m 区间，有 137 口水平井，平均百米段长产油当量为 10 121 t/100 m。水平段长在 2000～2250 m 区间的水平井有 165 口，平均百米段长产油当量为 10 549 t/100 m。最后，水平段长大于 2250 m 的水平井有 874 口，平均百米段长产油当量为 9952 t/100 m。

由于不同水平段长范围内统计水平井数量存在显著差异，根据实际数据点及样本数量对统计曲线趋势进行了综合调整。结合前期统计规律认识显示，随水平段长增加，水平井百米段长产油当量整体较为稳定。因此，根据不同水平段长综合百米段长产油当量实际统计数据点绘制了不同水平段长综合百米段长产油当量变化趋势。在相同垂深范围内，随水平段长增加，百米段长产油当量呈相对稳定、略有增加。相同水平段长范围内，随垂深增加，综合百米段长产油当量呈增加趋势。

图 7-6 给出了 Utica 页岩油气藏不同垂深和水平段长范围水平井单位钻压成本产油当量统计曲线。垂深小于 2000 m 水平井，水平段长 1250～1500 m 统计水平井 5 口，平均单位钻压成本产油当量为 28.3 t/万美元。水平段长 1500～1750 m 统计水平井 1 口，平均单位钻压成本产油当量为 30.9 t/万美元。水平段长 1750～2000 m 统计水平井 1 口，平均单位钻压成本产油当量为 63.7 t/万美元。水平段长 2000～2250 m 统计水平井 5 口，平均单位钻压成本产油当量为 196.3 t/万美元。水平段长大于 2250 m 统计水平井 7 口，平均单位钻压成本产油当量为 224.4 t/万美元。

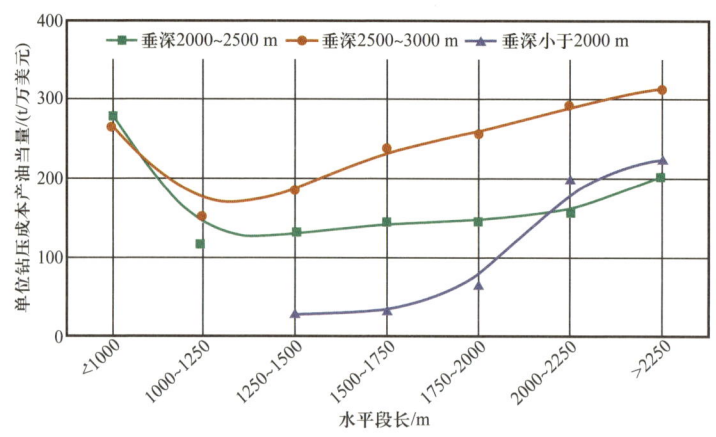

图 7-6 Utica 页岩油气藏不同垂深和水平段长范围水平井单位钻压成本产油当量统计曲线

垂深 2000～2500 m 区间，水平段长小于 1000 m 统计水平井 3 口，平均单位钻压成本产油当量为 277.4 t/万美元。水平段长 1000～1250 m 统计水平井 11 口，平均单位钻压成本产油当量为 116.6 t/万美元。水平段长 1250～1500 m 统计水平井 80 口，平均单位钻压成本产油当量为 130.4 t/万美元。水平段长 1500～1750 m 统计水平井 160 口，平均单位钻压成本产油当量为 143.9 t/万美元。水平段长 1750～2000 m 统计水平井 210 口，平均单位钻压成本产油当量为 145.5 t/万美元。水平段长 2000～2250 m 统计水平井 168 口，平均单位钻压成本产油当量为 157.0 t/万美元。水平段长大于 2250 m 统计水平井 437 口，平均单位钻压成本产油当量为 203.7 t/万美元。

垂深 2500～3000 m 区间，水平段长小于 1000 m 统计水平井 5 口，平均单位钻压成本产油当量为 264.2 t/万美元。水平段长 1000～1250 m 统计水平井 7 口，平均单位钻压成本产油当量为 152.7 t/万美元。水平段长 1250～1500 m 统计水平井 26 口，平均单位钻压成本产油当量为 183.5 t/万美元。水平段长 1500~1750 m 统计水平井 111 口，平均单位钻压成本产油当量为 237.8 t/万美元。水平段长 1750~2000 m 统计水平井 127 口，平均单位钻压成本产油当量为 257.0 t/万美元。水平段长 2000~2250 m 统计水平井 162 口，平均单位钻压成本产油当量为 292.1 t/万美元。水平段长大于 2250 m 统计水平井 865 口，平均单位钻压成本产油当量为 313.7 t/万美元。

按照垂深小于 2000 m、2000~2500 m 和 2500~3000 m 分类方式，不同水平段长水平井开发效果单因素综合统计分析显示，在现有经济技术条件下存在合理技术经济水平段长。随垂深增加，水平井合理技术经济水平段长总体呈上升趋势。

7.3 加砂强度

加砂强度是指单位段长支撑剂量，一定程度上反映了水平井分段压裂强度。加砂强度是页岩气水平井分段压裂核心参数之一，Utica 页岩油气藏水平井综合开发效果影响因素相关系数矩阵图也显示加砂强度与百米段长产油当量和单位钻压成本产油当量都存在强相关性。目前较为普遍的认识是提高加砂强度能够有助于提高单井产量。由于加砂强度和用液强度具备强相关性，本章重点针对加砂强度进行分析。

本节主要针对 Utica 深层页岩油气藏投产井进行统计分析，通过不同统计维度分析合理水平段长。引入百米段长产油当量作为技术指标、单位钻压成本产油当量作为经济指标同时评价不同水平段长水平井开发效果。前述开发效果影响因素分析显示，水平井开发技术和经济指标受多重因素影响，加砂强度和垂深是影响水平井开发效果的主控因素。因此，本节主要采用两种统计方法分析水平井合理加砂强度，分别为分布频率统计法和单因素统计分析方法。分布频率统计方法是指将不同垂深范围水平井按照技术指标和经济指标排序，选取前 25% 水平井对应加砂强度做统计频率分析，初步确定水平井合理加砂强度范围。单因素统计分析方法是指对不同垂深范围内不同加砂强度对应技术和经济指标进行综合统计分析，确定合理加砂强度范围。

图 7-7（a）为 Utica 页岩油气藏不同垂深水平井合理技术加砂强度统计分布图。垂深小于 2000 m 统计百米段长产油当量排序前 25% 水平井 5 口，统计平均加砂强度 2.93 t/m、P25 加砂强度 2.69 t/m、P50 加砂强度 2.75 t/m、P75 加砂强度 3.28 t/m。垂深 2000~2500 m 统计百米段长产油当量排序前 25% 水平井 36 口，统计平均加砂强度 2.79 t/m、P25 加砂强度 1.75 t/m、P50 加砂强度 2.43 t/m、P75 加砂强度 3.14 t/m。垂深 2500~3000 m 统计百米段长产油当量排序前 25% 水平井 478 口，统计平均加砂强度 2.88 t/m、P25 加砂强度 2.00 t/m、P50 加砂强度 2.76 t/m、P75 加砂强度 3.59 t/m。

图 7-7（b）为 Utica 页岩油气藏不同垂深水平井合理经济加砂强度统计分布图。垂深小于 2000 m 统计单位钻压成本产油当量排序前 25% 水平井 4 口，统计平均加砂强度 2.82 t/m、P25 加砂强度 2.63 t/m、P50 加砂强度 2.72 t/m、P75 加砂强度 3.01 t/m。垂深 2000~2500 m 统计单位钻压成本产油当量排序前 25% 水平井 82 口，统计平均加砂强

度 2.19 t/m、P25 加砂强度 1.69 t/m、P50 加砂强度 1.89 t/m、P75 加砂强度 2.50 t/m。垂深 2500～3000 m 统计单位钻压成本产油当量排序前 25% 水平井 437 口，统计平均加砂强度 2.60 t/m、P25 加砂强度 1.90 t/m、P50 加砂强度 2.41 t/m、P75 加砂强度 3.23 t/m。

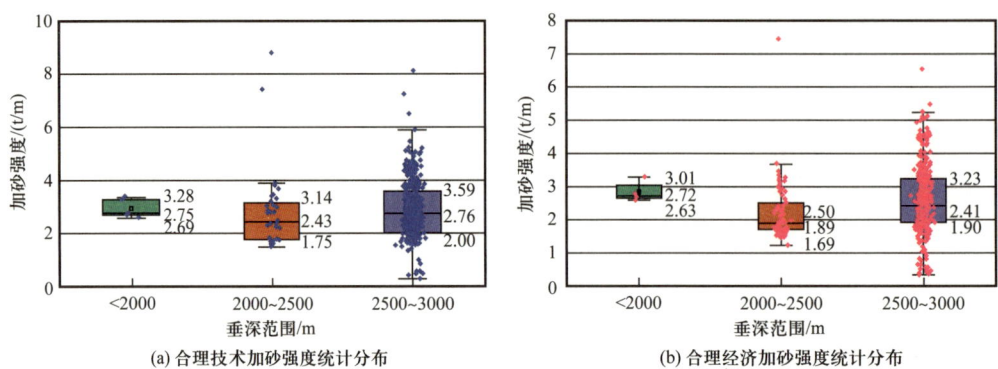

图 7-7　Utica 页岩油气藏不同垂深水平井合理技术和经济加砂强度统计分布

将不同垂深范围水平井对应合理技术及经济加砂强度统计范围进行叠加，确定合理技术经济加砂强度范围。图 7-8 为 Utica 页岩油气藏不同垂深水平井合理技术与经济加砂强度叠加图。垂深小于 2000 m 水平井统计合理技术加砂强度范围 2.58～3.36 t/m、合理经济加砂强度范围 2.58～3.28 t/m，综合确定合理经济技术加砂强度范围 2.58～3.28 t/m。垂深 2000～2500 m 水平井统计合理技术加砂强度范围 1.46～8.90 t/m、合理经济加砂强度范围 1.20～7.43 t/m，综合确定合理经济技术加砂强度范围 1.46～7.43 t/m。垂深 2500～3000 m 水平井统计合理技术加砂强度范围 0.26～11.90 t/m、合理经济加砂强度范围 0.32～6.51 t/m，综合确定合理经济技术加砂强度范围 0.32～6.51 t/m。

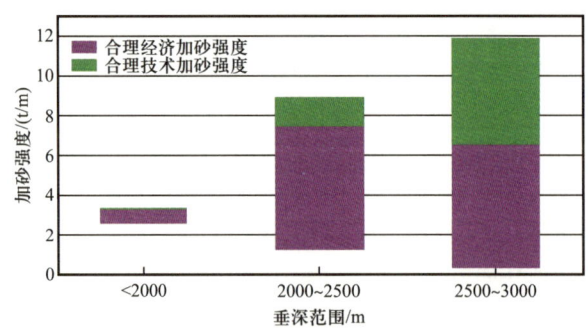

图 7-8　Utica 页岩油气藏不同垂深水平井合理技术与经济加砂强度叠合图

Utica 页岩油气藏不同垂深水平井分布频率统计合理技术经济加砂强度结果显示，随垂深范围增加，合理技术经济加砂强度总体呈增加趋势。分布频率统计合理技术经济加砂强度变化趋势符合常规认识。随垂深增加，需要更高的加砂强度以支撑有效裂缝，合理技术经济加砂强度呈增加趋势。

在分布频率统计方法基础上，继续沿用垂深小于 2000 m、2000～2500 m 和

2500～3000 m 分类方式，对不同加砂强度水平井开发效果进行单因素综合统计分析。加砂强度范围按照小于 0.50 t/m、0.50～1.00 t/m、1.00～1.50 t/m、1.50～2.00 t/m 和加砂强度超过 2.00 t/m 进行区间划分。

图 7-9 为 Utica 页岩油气藏垂深小于 2000 m 水平井不同加砂强度综合开发效果统计图。垂深小于 2000 m 范围内，加砂强度 1.00～1.50 t/m 统计水平井 2 口，平均百米段长产油当量 2796 t/100m，平均单位钻压成本产油当量 99 t/万美元。加砂强度 1.50～2.00 t/m 统计水平井 2 口，平均百米段长产油当量 1902 t/100m，平均单位钻压成本产油当量 63.7 t/万美元。加砂强度大于 2.00 t/m 统计水平井 10 口，平均百米段长产油当量 8537 t/100m，平均单位钻压成本产油当量 235.5 t/万美元。

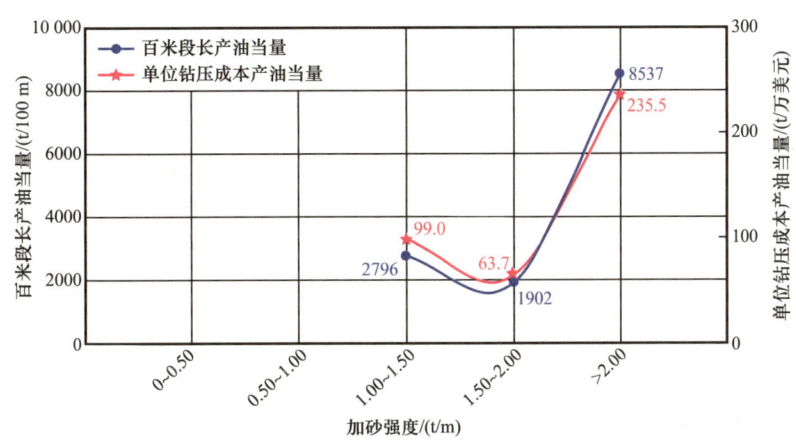

图 7-9　Utica 页岩油气藏垂深小于 2000 m 水平井不同加砂强度综合开发效果统计图

垂深小于 2000 m 水平井加砂强度单因素统计分析显示，技术开发指标百米段长产油当量随加砂强度增加呈先下降后增加的变化趋势。峰值百米段长产油当量为 8537 t/100 m，对应加砂强度范围为大于 2.00 t/m。经济开发指标单位钻压成本产油当量与百米段长产油当量变化趋势相似，随加砂强度增加而呈现先下降后增加趋势。峰值单位钻压成本产油当量为 235.5 t/万美元，对应加砂强度范围为大于 2.00 t/m。综合技术与经济开发指标变化特征，认为垂深小于 2000 m 水平井合理加砂强度范围为大于 2.00 t/m。

图 7-10 为 Utica 页岩油气藏垂深 2000～2500 m 水平井不同加砂强度综合开发效果统计图。垂深 2000～2500 m 范围内，加砂强度 0～0.50 t/m 统计水平井 6 口，平均百米段长产油当量 4856 t/100m，平均单位钻压成本产油当量 117.7 t/万美元。加砂强度 0.50～1.00 t/m 统计水平井 7 口，平均百米段长产油当量 3535 t/100 m，平均单位钻压成本产油当量 160.2 t/万美元。加砂强度 1.00～1.50 t/m 统计水平井 51 口，平均百米段长产油当量 5058 t/100 m，平均单位钻压成本产油当量 176.6 t/万美元。加砂强度 1.50～2.00 t/m 统计水平井 307 口，平均百米段长产油当量 5711 t/100 m，平均单位钻压成本产油当量 192.1 t/万美元。加砂强度大于 2.00 t/m 统计水平井 558 口，平均百米段长产油当量 5550 t/100 m，平均单位钻压成本产油当量 163.6 t/万美元。

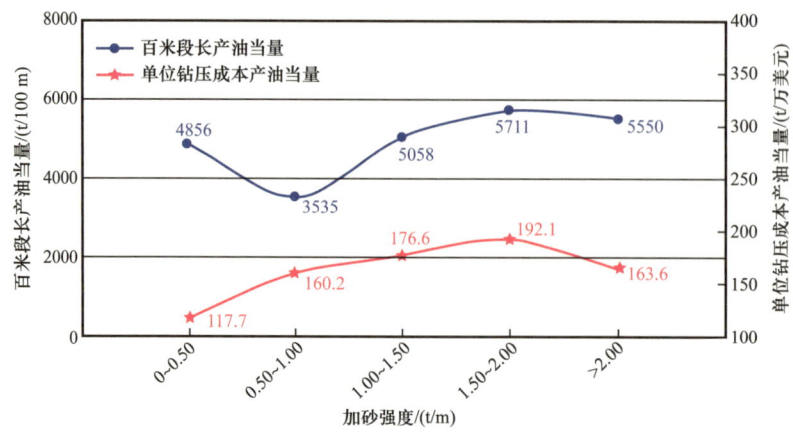

图 7-10　Utica 页岩油气藏垂深 2000～2500 m 水平井不同加砂强度综合开发效果统计图

　　垂深 2000～2500 m 水平井加砂强度单因素统计分析显示，技术开发指标百米段长产油当量随加砂强度增加呈先下降后增加变化趋势。峰值百米段长产油当量为 5711 t/100 m，对应加砂强度范围为 1.50～2.00 t/m。加砂强度超过 2.00 t/m 时，百米段长产油当量随加砂强度增加而呈略微下降趋势。经济开发指标单位钻压成本产油当量与百米段长产油当量变化趋势相反，随加砂强度增加而呈先增加后降低的趋势。峰值单位钻压成本产油当量为 192.1 t/万美元，对应加砂强度范围为 1.50～2.00 t/m。加砂强度超过 2.00 t/m 时，经济开发指标单位钻压成本产油当量呈下降趋势。综合技术与经济开发指标变化特征，认为垂深 2000～2500 m 水平井合理加砂强度范围为 1.50～2.00 t/m。

　　图 7-11 为 Utica 页岩油气藏垂深 2500～3000 m 水平井不同加砂强度综合开发效果统计图。垂深 2500～3000 m 范围内，加砂强度 0～0.50 t/m 统计水平井 15 口，平均百米段长产油当量 8710 t/100 m，平均单位钻压成本产油当量 311.7 t/万美元。加砂强度 0.50～1.00 t/m 统计水平井 24 口，平均百米段长产油当量 8471 t/100 m，平均单位钻压成本产油当量 349.6 t/万美元。加砂强度 1.00～1.50 t/m 统计水平井 32 口，平均百米段长产油当量 8148 t/100 m，平均单位钻压成本产油当量 269.9 t/万美元。加砂强度 1.50～2.00 t/m 统计水平井 376 口，平均百米段长产油当量 8765 t/100 m，平均单位钻压成本产油当量 279.6 t/万美元。加砂强度大于 2.00 t/m 统计水平井 726 口，平均百米段长产油当量 10 846 t/100 m，平均单位钻压成本产油当量 303.9 t/万美元。

　　垂深 2500～3000 m 水平井加砂强度单因素统计分析显示，技术开发指标百米段长产油当量随加砂强度增加呈先下降后升高的变化趋势。峰值百米段长产油当量为 10 846 t/100 m，对应加砂强度范围为大于 2.00 t/m。经济开发指标单位钻压成本产油当量随加砂强度增加而呈先增加后下降，再增加趋势。峰值单位钻压成本产油当量为 349.6 t/万美元，对应加砂强度范围为 0.50～1.00 t/m。综合技术与经济开发指标变化特征，认为垂深 2500～3000 m 水平井合理加砂强度范围为大于 2.00 t/m。

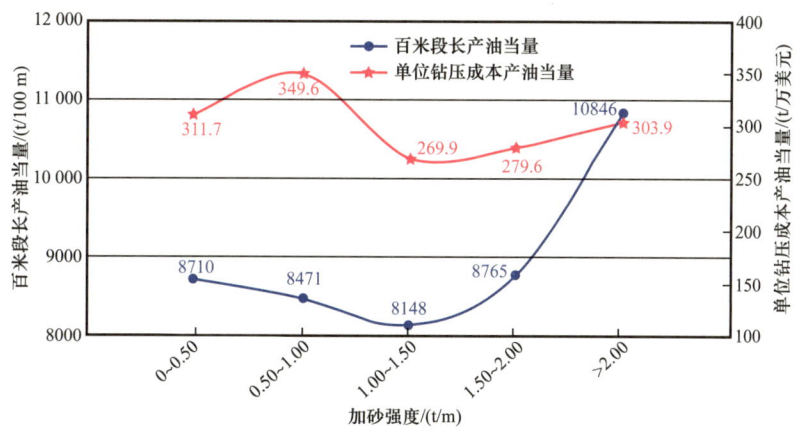

图 7-11 Utica 页岩油气藏垂深 2500～3000 m 水平井不同加砂强度综合开发效果统计图

7.4 小结

本章重点对 Utica 深层页岩油气藏历年投产页岩气水平井进行统计分析，重点评价垂深、水平段长和加砂强度等因素对气井开发效果的影响，以为其他页岩气藏开发提供参考。引入百米段长产油当量和单位钻压成本产油当量分别作为水平井开发效果评价的技术指标和经济指标，综合技术指标和经济指标定量描述不同开发技术政策条件下的水平井开发效果。技术指标百米段长产油当量主要影响因素包括加砂强度、用液强度和垂深。经济指标单位钻压成本产油当量主要影响因素包括垂深、测深、水平段长、水垂比和平均段间距。

垂深是页岩油气藏开发的关键指标之一，直接影响水平井钻完井、分段压裂、开发特征及开发成本。百米段长产油当量与单位钻压成本产油当量呈相似变化趋势，随垂深增加，技术指标和经济指标同步增加，综合开发效果随垂深增加而增加。

综合技术与经济开发指标变化特征，认为垂深小于 2000 m 水平井合理加砂强度范围为大于 2.00 t/m。垂深 2000～2500 m 水平井合理加砂强度范围为 1.50～2.00 t/m。垂深 2500～3000 m 水平井合理加砂强度范围为大于 2.00 t/m。

第8章 展 望

Utica 页岩气田是美国最早开发的页岩气田，2010 年之前也一直是美国最大的页岩气田，为典型中深—深层常压页岩气藏。气田埋深浅，核心区埋深 1982~2592 m，以常压为主。Utica 页岩气藏特征与国内海相浅层及海陆过渡相浅层页岩气藏特征相似，具备一定可对比性。表 8-1 给出了 Utica 页岩气藏特征参数表。作为北美开发最早的页岩气藏，Utica 页岩气藏开发特征可为国内海相浅层常压页岩气和海陆过渡相页岩气开发提供参考借鉴。

表 8-1　Utica 页岩气藏特征参数表

气藏特征	描述
所属盆地	Fort Worth 盆地
地理位置	得克萨斯州
地层时代	密西西比纪
沉积环境	前陆盆地、深水陆棚相
气藏面积	13 000 km^2
地质储量	12.6×10^{12} m^3
技术可采储量	1.23×10^{12} m^3
储量丰度	9.7×10^8 m^3/km^2
地层厚度	30~180 m
岩相特征	高密度富含有机质和硅质、同时含油和化石的薄层页岩，高硬度均质含油和化石黑色石灰岩
矿物组成	30%~50% 石英，10%~50% 黏土矿物（伊利石为主），0~30% 方解石、白云石和菱铁矿，7% 长石，5% 黄铁矿，微量磷酸盐和石膏
力学特征	杨氏模量 60~70 GPa，泊松比 0.23~0.30
有机碳含量	1%~5% 之间，平均为 2.5%~3.5%
有机质类型	Ⅱ型干酪根为主
热成熟度	0.8%~1.4%
地层压力系数	1.00~1.10
地层压力	20~28 MPa

续表

气藏特征	描述
地层温度	55~110 ℃
钻遇深度	950~3050 m
储层孔隙度	4.0%~5.0%
储层渗透率	小于 0.01 mD
含气饱和度	70%~80%
含气量	8.5~9.9 m^3/t

通过 Utica 页岩气藏水平井钻完井、分段压裂、开发指标、开发成本及合理开发技术政策探讨，主要获得以下认识：

（1）埋深是页岩气藏关键开发指标，图 8-1 给出了 Utica 页岩气藏水平井百米段长 EUR 随埋深统计曲线，统计结果显示随埋深增加，相同加砂强度条件下气井百米段长 EUR 整体呈线性增加规律。其他条件保持恒定时，气藏压力和含气量呈线性增加，气井开发指标呈线性增加规律。随埋深增加，原始地层温度、地层压力、岩石力学性质、破裂压力和闭合压力等特征参数呈增加趋势，这也为深层页岩气开发带来了诸多挑战。因此，不同埋深气井需探索针对性开发技术政策。

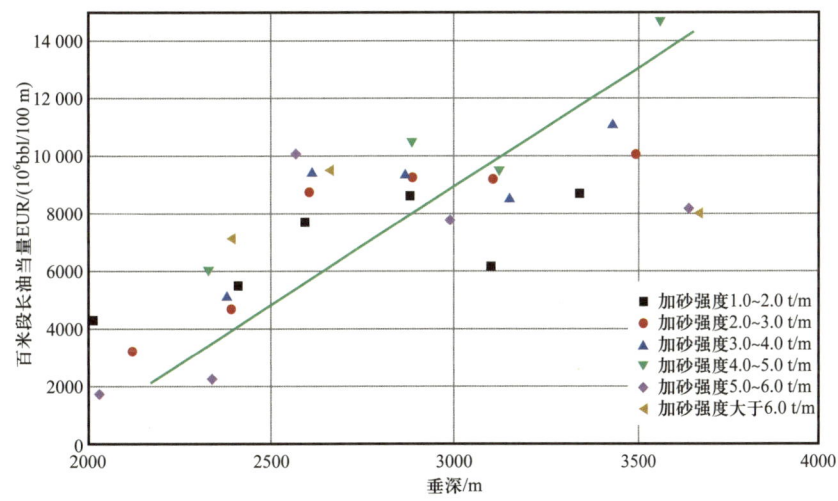

图 8-1　Utica 页岩气藏水平井百米段长 EUR 与埋深统计曲线

（2）不同埋深页岩气井水平段长与加砂强度存在合理匹配关系。Utica 页岩气藏不同埋深气井水平段长与加砂强度分析结果显示随水平段长增加，技术指标百米段长 EUR 整体呈下降趋势，经济指标单位钻压成本产气量呈先上升后下降趋势，水平段长和加砂强度存在合理匹配关系。

图 8-2 给出了 Utica 页岩气藏埋深 2000～2500 m 气井水平段长与加砂强度图版。水平段长低于 2000 m 时，随加砂强度增加，技术指标百米段长油当量 EUR 整体呈增加趋势，经济指标单位钻压成本产油当量整体呈下降趋势，加砂强度保持在 1.0～2.0 t/m 范围内即可实现最大经济效益。水平段长 2000～2250 m 时，经济指标综合单位钻压成本产气量峰值对应加砂强度范围为 1.0～2.0 t/m。水平段长 2250～2500 m 时，经济指标综合单位钻压成本产气量峰值对应加砂强度范围为 4.0～5.0 t/m。水平段长 2500～2750 m 时，经济指标综合单位钻压成本产气量峰值对应加砂强度范围为 4.0～5.0 t/m。随水平段长增加，合理加砂强度整体呈增加趋势。由此预测，水平段长超过 2750 m 时，需要更高的合理加砂强度范围。

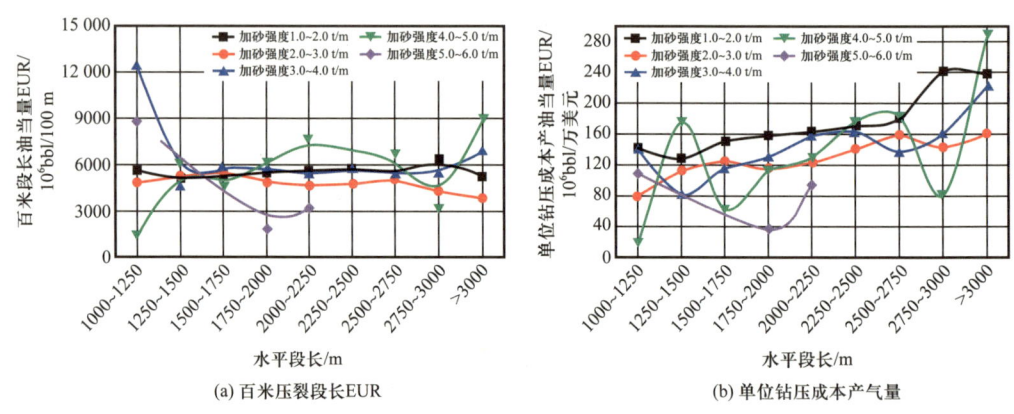

图 8-2 Utica 页岩气藏埋深 2000～2500 m 气井水平段长与加砂强度图版

图 8-3 给出了 Utica 页岩气藏埋深 2500～3000 m 气井水平段长与加砂强度图版。高强度加砂（4.0-6.0 t/m）：在中等水平段长（2000～2500 m）时表现最佳，EUR 达到峰值。但随着水平段长进一步增加（大于 2500 m），EUR 明显下降，可能受裂缝延伸效率降低或施工难度增加的影响。低强度加砂（1.0～3.0 t/m）：在较短水平段长（1000～1750 m）时表现稳定，但 EUR 值普遍低于高强度加砂；在长水平段（大于 2500 m）时反而下降幅度较小，显示出更好的适应性。

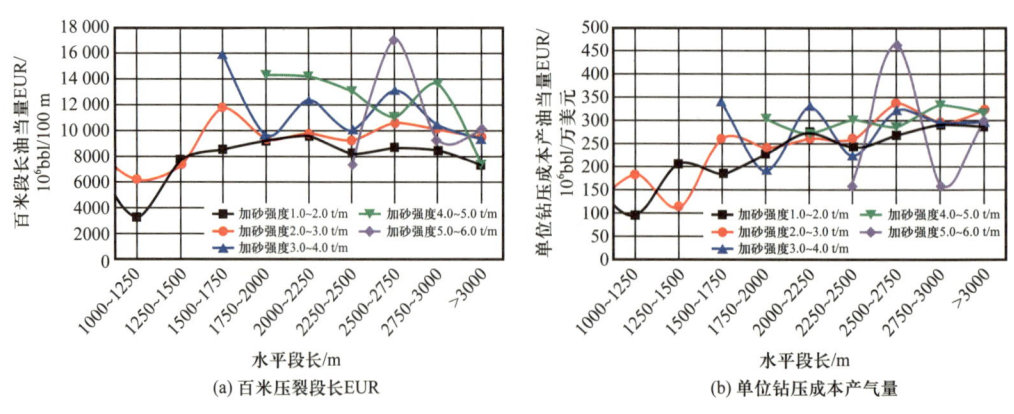

图 8-3 Utica 页岩气藏埋深 2500～3000 m 气井水平段长与加砂强度图版

此外，加砂强度与单位钻压成本总体呈负相关性。在低加砂强度（1.0～3.0 t/m）时，单位钻压成本整体较高（如1000 m段长时达450 m³/美元），但随着水平段长增加，成本下降显著（如大于3000 m时降至约100 m³/美元），表明长水平段可稀释固定成本。在高加砂强度（4.0～6.0 t/m）：成本起点较低（1000 m时约200 m³/美元），但随段长增加成本先快速下降后趋于平缓，中长段长（2000～2750 m）时成本效益最优（最低至50 m³/美元）。

根据不同埋深页岩气藏水平井水平段长与加砂强度统计结果，将实际统计合理水平段长与加砂强度数据点绘制散点图。根据实际统计数据散点变化规律近似绘制Utica页岩气藏不同埋深范围气井合理水平段长与加砂强度匹配关系图版（图8-4）。图版显示加砂强度恒定时，随埋深增加，气井合理水平段长整体呈缩短趋势。埋深范围保持恒定时，加砂强度与合理水平段长整体较为稳定，呈小幅波动。

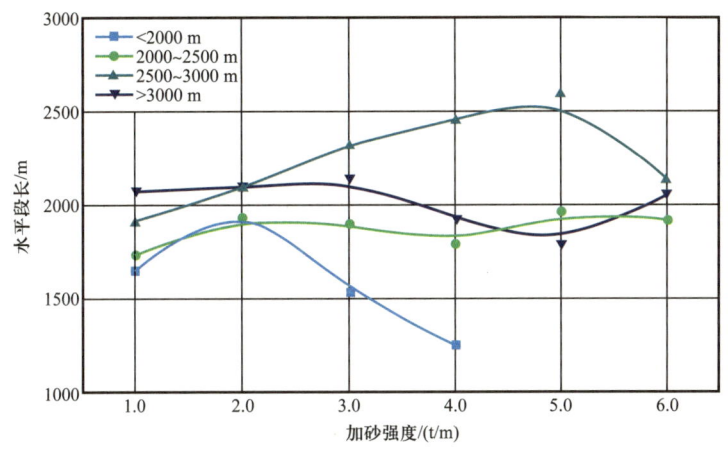

图8-4　Utica页岩气藏水平井合理水平段长与合理加砂强度匹配关系图版

（3）标准指标学习曲线。

页岩气水平井水垂比、平均段间距、加砂强度、用液强度、钻完井成本占单井钻压成本比例、压裂成本占单井钻压成本比例、单段压裂成本、百米段长压裂成本、百吨砂量EUR、百米段长EUR和单位钻压成本产气量可作为标准指标用于不同气藏间进行横向对比分析。

表8-2给出了Utica页岩气藏埋深小于2000 m气井不同年度标准指标统计P25、P50和P75值。根据P50值统计结果，目前Utica页岩气藏埋深小于2000 m气井钻井水垂比逐年呈增加趋势，2020年水垂比稳定在1.07。水平井分段压裂平均段间距由初期超过94 m逐年上涨至2013年的124 m。加砂强度呈逐年增加趋势，加砂强度由初期1.03 t/m增加至2019年3.03 t/m。用液强度由初期13 m³/m逐年增加至2019年的28 m³/m。单井钻完井压裂总成本中，钻完井成本占比38%～67%，压裂成本占比33%～62%，2020年钻完井成本占比50%、压裂成本占比50%。百米段长压裂成本总体呈下降趋势，百米段长压裂成本由初期10万美元/100 m上升至2020年的19.3万美元/100 m。百吨砂量EUR分布在

1478～5636 t/100 t。百米段长 EUR 整体呈逐年减小趋势，由初期 3889 t/100 t 减小至 2020 年的 1067 t/100 t。单位钻压成本产油当量呈逐年减小趋势，表明开发成本逐年增加，单位钻压成本产油当量由初期 306.7 t/美元逐年减小至 2020 年的 27.5 t/美元。

表 8-2 Utica 页岩气藏垂深小于 2000 m 浅层水平井历年标准指标统计表

标准指标	统计方式	2011 年	2012 年	2013 年	2014 年	2015 年	2016 年	2017 年	2018 年	2019 年	2020 年
水垂比	P25	0.51	0.50	0.59	0.65	—	—	0.87	—	0.37	0.45
	P50	0.61	0.63	0.71	0.71	—	—	0.89	—	0.42	1.07
	P75	0.78	0.72	0.76	0.78	—	—	0.91	—	0.68	1.69
平均段间距/m	P25	69	70	104	—	—	—	—	—	—	—
	P50	94	73	124	—	—	—	—	—	—	—
	P75	101	86	144	—	—	—	—	—	—	—
砂液比/(t/m³)	P25	0.05	0.07	0.13	0.13	—	—	—	—	0.03	—
	P50	0.06	0.08	0.14	0.14	—	—	—	—	0.10	—
	P75	0.07	0.12	0.16	0.17	—	—	—	—	0.17	—
用液强度/(m³/m)	P25	11	10	7	7	—	—	—	—	26	—
	P50	13	13	9	10	—	—	—	—	28	—
	P75	15	15	11	11	—	—	—	—	31	—
加砂强度/(t/m)	P25	0.72	0.74	1.10	1.09	—	—	—	—	0.76	—
	P50	1.03	0.97	1.35	1.31	—	—	—	—	3.03	—
	P75	1.46	1.09	1.49	1.56	—	—	—	—	5.29	—
钻完井成本占单井钻压成本比例/%	P25	32	34	29	31	—	—	63	—	42	50
	P50	39	40	40	38	—	—	67	—	49	50
	P75	47	47	49	52	—	—	70	—	56	50
压裂成本占单井钻压成本比例/%	P25	53	53	51	48	—	—	30	—	44	50
	P50	61	60	60	62	—	—	33	—	51	50
	P75	68	66	71	69	—	—	37	—	59	50
百米段长压裂成本/(万美元/100 m)	P25	9.4	8.5	9.7	6.8	—	—	6.8	—	14.7	19.3
	P50	10.0	9.2	11.6	10.8	—	—	6.9	—	14.8	19.3
	P75	11.8	10.9	13.4	12.4	—	—	7.0	—	14.9	19.3

续表

标准指标	统计方式	2011年	2012年	2013年	2014年	2015年	2016年	2017年	2018年	2019年	2020年
百米段长产油当量 / t/100 m	P25	1538	955	1384	1481	—	—	3000	—	—	1067
	P50	3889	2483	1941	1828	—	—	3414	—	—	1067
	P75	4898	5010	2741	2575	—	—	3828	—	—	1067
百吨砂量产油当量 / t/100t	P25	1631	2223	1016	956	—	—	—	—	—	—
	P50	3611	5636	1377	1478	—	—	—	—	—	—
	P75	5529	7956	2475	1938	—	—	—	—	—	—
单位钻压成本产油当量 / t/万美元	P25	109.5	53.8	59.8	88.5	—	—	128.9	—	—	27.5
	P50	248.3	150.0	94.5	99.9	—	—	168.3	—	—	27.5
	P75	306.7	347.7	158.6	178.5	—	—	207.8	—	—	27.5

表8-3给出了Utica页岩气藏埋深2000~2500 m气井不同年度标准指标统计P25、P50和P75值。根据P50值统计结果，目前Utica页岩气藏埋深2000~2500 m气井钻井水垂比逐年呈增加趋势，2020年水垂比稳定在0.71。水平井分段压裂平均段间距一直稳定在120 m左右。加砂强度呈逐年增加趋势，加砂强度由初期1.25 t/m增加至2020年2.83 t/m。用液强度由初期13 m^3/m逐年增加至2020年的18 m^3/m。单井钻完井压裂总成本中，钻完井成本占比36%~60%，压裂成本占比40%~64%，2020年钻完井成本占比36%、压裂成本占比64%。百米段长压裂成本总体呈下降趋势，百米段长压裂成本由初期12.5万美元/100 m下降至2020年的12万美元/100 m。百吨砂量EUR分布在3000~25 240 t/100 t，2020年气井百吨砂量EUR为5916 t/100 t。百米段长EUR整体呈稳定趋势，由初期5713 t/100 m变为2020年的5749 t/100 m。

表8-3 Utica页岩气藏垂深2000~2500 m中深层水平井历年标准指标统计表

标准指标	统计方式	2011年	2012年	2013年	2014年	2015年	2016年	2017年	2018年	2019年	2020年
水垂比	P25	0.45	0.49	0.57	0.61	0.63	0.47	0.71	0.61	0.71	0.59
	P50	0.57	0.59	0.65	0.71	0.68	0.47	0.86	0.70	0.85	0.71
	P75	0.68	0.70	0.75	0.81	0.90	0.47	0.96	0.81	1.07	0.75
平均段间距 / m	P25	88	110	116	117	—	—	—	—	—	—
	P50	121	124	120	120	—	—	—	—	—	—
	P75	134	162	126	123	—	—	—	—	—	—

续表

标准指标	统计方式	2011年	2012年	2013年	2014年	2015年	2016年	2017年	2018年	2019年	2020年
砂液比 / t/m³	P25	0.05	0.07	0.08	0.11	0.07	—	0.11	0.12	0.11	0.13
	P50	0.12	0.10	0.12	0.12	0.14	—	0.13	0.13	0.12	0.15
	P75	0.12	0.12	0.14	0.14	0.18	—	0.13	0.15	0.15	0.15
用液强度 / m³/m	P25	10	11	9	9	10	—	12	12	3	9
	P50	13	13	11	12	12	—	15	18	3	18
	P75	15	15	13	13	16	—	19	20	20	20
加砂强度 / t/m	P25	0.89	0.84	1.05	1.11	1.35	—	1.24	1.57	0.28	1.28
	P50	1.25	1.08	1.34	1.47	1.77	—	1.60	2.46	0.32	2.83
	P75	1.50	1.48	1.54	1.69	1.86	—	2.41	2.97	3.05	2.98
钻完井成本占单井钻压成本比例 / %	P25	35	33	33	33	44	60	45	36	36	34
	P50	42	40	40	41	59	60	51	45	38	36
	P75	51	51	50	50	67	60	64	63	42	48
压裂成本占单井钻压成本比例 /%	P25	49	49	50	50	33	40	36	37	58	52
	P50	58	60	60	59	41	40	49	55	62	64
	P75	65	67	67	67	56	40	55	64	64	66
百米段长压裂成本 / （万美元 / 100 m）	P25	10.0	8.7	8.8	8.4	6.7	6.2	7.3	8.7	9.4	7.5
	P50	12.5	11.7	11.6	10.9	7.3	6.2	8.3	10.1	10.0	12.0
	P75	15.6	15.4	14.5	14.0	12.6	6.2	9.7	12.1	11.5	12.1
百米段长产油当量 / t/100 m	P25	3612	2791	2199	3416	4102	2537	5810	4308	3257	5749
	P50	5713	4944	5543	5838	6696	2537	7654	5611	7055	5749
	P75	7425	7000	8009	7554	10 151	2537	9008	7222	9051	5749
百吨砂量产油当量 / t/100 t	P25	4078	4866	1733	2419	3538	—	3745	2379	14 970	5916
	P50	5795	7084	4355	3611	5135	—	5321	3000	25 240	5916
	P75	7657	9683	6738	4665	6928	—	7147	4587	37 763	5916
单位钻压成本产油当量 / t/ 万美元	P25	163.2	130.8	103.9	165.9	168.1	164.0	397.9	252.6	125.3	428.0
	P50	268.0	285.1	298.0	298.4	344.1	164.0	538.9	314.7	156.8	428.0
	P75	345.1	380.4	405.0	416.8	471.7	164.0	599.5	405.4	374.0	428.0

表 8-4 给出了 Utica 页岩气藏埋深 2500～3000 m 气井不同年度标准指标统计 P25、P50 和 P75 值。根据 P50 值统计结果，目前 Utica 页岩气藏埋深 2500～3000 m 气井钻井水垂比逐年呈先增加后减小趋势，2020 年水垂比稳定在 0.44。水平井分段压裂平均段间距由初期 106 m 上升至 2013 年的 127 m。加砂强度呈逐年降低趋势，加砂强度由初期 1.41 t/m 下降至 2020 年 0.99 t/m。用液强度由初期 16 m³/m 逐年降低至 2020 年的 9 m³/m。单井钻完井压裂总成本中，钻完井成本占比 36%～56%，压裂成本占比 44%～64%，2020 年钻完井成本占比 54%、压裂成本占比 46%。百米段长压裂成本总体呈下降趋势，百米段长压裂成本由初期 15.4 万美元/100 m 下降至 2020 年的 10.3 万美元/100 m。百吨砂量 EUR 分布在 2514～7913 t/100 t。百米段长 EUR 整体呈逐年上升趋势，由初期 6593 t/100 m 上升至 2020 年的 10 253 t/100 m。单位钻压成本产油当量呈先下降后上升趋势，2019 年单位钻压成本产油当量仅为 98.7 t/万美元。

表 8-4 Utica 页岩气藏垂深 2500～3000 m 中深层水平井历年标准指标统计表

标准指标	统计方式	2011 年	2012 年	2013 年	2014 年	2015 年	2016 年	2017 年	2018 年	2019 年	2020 年
水垂比	P25	0.42	0.43	0.40	0.41	0.48	0.53	0.64	0.76	0.67	0.41
	P50	0.49	0.51	0.52	0.56	0.72	0.56	0.70	0.86	0.81	0.44
	P75	0.56	0.58	0.61	0.64	0.80	0.60	0.79	0.91	0.86	0.58
平均段间距/m	P25	100	72	124	—	—	—	—	—	—	—
	P50	106	79	127	—	—	—	—	—	—	—
	P75	137	122	135	—	—	—	—	—	—	—
砂液比/(t/m³)	P25	0.05	0.04	0.08	0.10	0.12	—	0.09	0.10	0.16	0.11
	P50	0.07	0.07	0.09	0.12	0.12	—	0.09	0.10	0.19	0.11
	P75	0.12	0.08	0.11	0.13	0.12	—	0.10	0.10	0.21	0.12
用液强度/(m³/m)	P25	12	14	14	11	12	—	11	12	14	7
	P50	16	17	17	14	14	—	12	13	15	9
	P75	19	20	22	16	15	—	13	14	19	11
加砂强度/(t/m)	P25	1.02	0.79	1.37	1.42	1.49	—	1.08	1.23	2.84	0.82
	P50	1.41	1.30	1.77	1.59	1.69	—	1.09	1.34	2.87	0.99
	P75	1.83	1.57	1.89	1.85	1.78	—	1.12	1.35	2.90	1.17
钻完井成本占单井钻压成本比例/%	P25	35	33	29	40	47	45	46	48	38	46
	P50	43	42	36	49	56	45	54	56	52	54
	P75	50	53	47	58	66	45	67	61	55	64

续表

标准指标	统计方式	2011年	2012年	2013年	2014年	2015年	2016年	2017年	2018年	2019年	2020年
压裂成本占单井钻压成本比例/%	P25	50	47	53	42	34	55	33	39	45	36
	P50	57	58	64	51	44	55	46	44	48	46
	P75	65	67	71	60	53	55	54	52	62	54
百米段长压裂成本/（万美元/100 m）	P25	12.6	11.7	11.7	7.8	9.0	8.3	6.4	6.6	10.1	6.3
	P50	15.4	15.0	17.0	11.2	10.2	8.4	8.1	6.8	10.2	10.3
	P75	17.9	19.3	20.2	17.1	15.5	8.4	9.8	7.1	10.6	14.4
百米段长产油当量/t/100 m	P25	5060	3143	1645	3417	4537	347	6117	5758	1623	7394
	P50	6593	6761	4101	4725	5599	519	7283	8208	1623	10 253
	P75	7696	8918	6334	6643	8010	691	7651	9288	1623	12 146
百吨砂量产油当量/t/100 t	P25	5025	1436	732	1822	2612	—	5217	4192	—	7173
	P50	6956	7913	2514	4255	3239	—	6368	5995	—	7663
	P75	14 276	9753	5781	4965	5589	—	6973	7626	—	8153
单位钻压成本产油当量/t/万美元	P25	199.0	100.8	164.9	58.2	166.5	22.8	292.2	382.1	98.7	258.9
	P50	251.4	310.6	182.4	166.6	234.6	34.4	387.5	498.8	98.7	457.8
	P75	338.5	381.9	238.3	289.4	324.3	45.9	439.3	577.0	98.7	656.7

参 考 文 献

[1] 徐向华, 王健, 李茗, 等. Appalachian 盆地页岩油气勘探开发潜力评价[J]. 资源与产业, 2014, 16(6): 9.

[2] Wickstrom L H, Erenpreiss M S, Riley R A, et al. Geology and activity update of the Ohio Utica-point pleasant play, presentation by Ohio department of natural resources[C]. Division of geological survey at Ohio Oil & Gas association meeting, march 16, 2012.

[3] Smith C J, Mccolloch G H J, Hohn M E, et al. West virginia geological and economic survey's coal sourcing program: helping consumers find the right coal[J]. Am. Assoc. Pet. Geol. Bull. (United States), 1986, 70(8): 1070.

[4] Wickstrom L, Perry C, Riley R, et al. The Utica-Point pleasant shale play of Ohio[R]. https://geosurvey.ohiodnr.gov/portals/geosurvey/energy/UticaPoint Pleasant_presentation.pdf Accessed December 4, 2015.

[5] U.S. Energy Information Administration. Utica shale play geology review[R]. 2017.

[6] McDonald J, Christopher B T W. Regional EOR potential of the Utica/Point pleasant in Ohio[R]. 2022.

[7] Wang F P, Reed R M. Pore networks and fluid flow in gas shales[R]. SPE 124253-MS, 2009.

[8] Konstantinovskaya E, Malo M, Castillo D A. Present-day stress analysis of the St. Lawrence lowlands sedimentary basin (Canada) and implications for caprock integrity during CO_2 injection operations[J]. Tectonophysics, 2012, 518-521 (none): 119-137.

[9] Zhu J M. Integrated reservoir characterization of a Utica Shale with focus on sweet spot discrimination[J]. Interpretation, 2020, 8(3): 1-14.

[10] Antoine B, Frederic B. Evaluation of In-Situ stress environment in the utica play and implications on completion design and well performance[C]. Unconventional resources technology conference, 2016.